PEIDIANWANG SHIGONG GONGYI
BIAOZHUN TUJI

配电网施工工艺标准图集

（10kV电缆部分）

国网浙江省电力有限公司绍兴供电公司　组编

中国电力出版社
CHINA ELECTRIC POWER PRESS

内 容 提 要

本书是指导基层配电网建设管理单位强化配电网工程精益化管理水平，提升配电网工程质量管理能力、提高配电网供电可靠性等工作的有效手段。

本书为《配电网施工工艺标准图集（10kV 电缆部分）》，全书分为两部分，共 14 章，主要内容包括 10kV 冷缩式电缆中间接头和终端头制作安装、10kV 预制式终端头制作安装、10kV 热缩式电缆中间接头和终端头制作安装、10kV 欧式可触摸电缆接头制作安装、排管砂土（混凝土）包封施工工艺、电缆沟施工工艺、电缆井施工工艺、电缆井（沟）盖板制作以及直埋敷设施工工艺。

本书可供电力系统从事电力建设工程管理、施工、安装、生产运行等专业人员使用。

图书在版编目（CIP）数据

配电网施工工艺标准图集．10kV 电缆部分 / 国网浙江省电力有限公司绍兴供电公司组编．—北京：中国电力出版社，2020.3

ISBN 978-7-5198-3212-4

Ⅰ．①配… Ⅱ．①国… Ⅲ．①配电线路－工程施工－图集②配电线路－电力电缆－工程施工－图集 Ⅳ．① TM726-64

中国版本图书馆 CIP 数据核字（2019）第 273484 号

出版发行：中国电力出版社
地　　址：北京市东城区北京站西街 19 号（邮政编码 100005）
网　　址：http://www.cepp.sgcc.com.cn
责任编辑：崔素媛（010-63412392）
责任校对：黄　蓓　于　维
装帧设计：赵姗姗
责任印制：杨晓东

印　　刷：三河市航远印刷有限公司
版　　次：2020 年 3 月第一版
印　　次：2020 年 3 月北京第一次印刷
开　　本：787 毫米 ×1092 毫米　16 开本
印　　张：12.5
字　　数：273 千字
定　　价：79.00 元

编委会

主　　编　刘理峰　黄武浩

副主编　盛　晔　张　弛　周关连

参　　编　苏毅方　陈　蕾　周　晨　马振宇

宋　璐　孙瑜择　张　烁　潘峰舟

沈　祥　李云飞　章赞武　孟永平

马　力　刘安文　王乾鹏　陈海军

韩　洁　殷常斌　余海尧　杨　炀

张金鹏　刘　炜　陈　超　汪晓琴

崔佳嘉　傅　颖　孟喆煜　章　政

安　东　金煜煦　陈　璇

前言
preface

为完善配电网标准化建设，提高配电网工程建设工艺水平，国网浙江省电力有限公司绍兴供电公司组织配电网设计、施工及管理人员组成专业工作团队，在广泛征求配电网专业施工人员和管理人员意见的基础上，对配电网施工工艺相关标准做了充分收集和应用研讨，结合《国家电网公司配电网工程典型设计（2016年版）》的要求，编写了“配电网施工工艺标准图集”丛书。

“配电网施工工艺标准图集”丛书分为三个分册，分别为“10kV架空线路部分”“10kV电缆部分”“低压部分”。

本分册包括10kV电缆施工环节完整工序及工艺要求，图文并茂、简明易懂，配套有动态制作过程短视频，使读者能快速掌握10kV电缆施工流程和制作工艺。

本书由国网浙江省电力有限公司绍兴供电公司组织编写，本书在编写工作中，得到了相关单位及专家的大力支持，在此致以衷心的感谢。

由于水平有限，本书难免有疏漏和不妥之处，敬请广大读者批评指正。

编　者

2019年11月

目录
contents

第二部分

第10章 排管砂土（混凝土）包封施工工艺 136

第11章 电缆沟施工工艺 142

第12章 电缆井施工工艺 156

第13章 电缆井（沟）盖板制作 176

第14章 直埋敷设施工工艺 179

附录 189

第一部分

第1章

电缆作业前准备

1.1 施工人员安排

10kV 电缆附件制作安装施工应由经过培训、熟悉工艺、取得上岗证等相关资质的专业技术人员进行。

1.2 危险点分析与控制措施

1 明火作业现场应配备灭火器，并及时清理杂物。

2 使用移动电气设备时，必须装设漏电保护器。

3 搬运电缆附件时，工作人员应相互配合，轻搬轻放，不得抛接。

4 用刀或其他切割工具时，正确控制切割方向。

5 使用液化气枪应先检查液化气瓶、减压阀、液化喷枪。点火时火头不准对人，以免人员烫伤。其他工作人员应对火头保持一定距离，用后及时关闭阀门。

6 施工时，电缆沟边上方禁止堆放工具及杂物，以免掉落伤人。

1.3 电缆附件安装作业条件

1 室外作业应避免在雨天、雾天、大风天气及湿度在 70% 以上的环境下进行。遇紧急故障处理时，应做好防护措施并经上级主管领导批准才能作业。在尘土较多及重灰污染区，应搭临时帐篷。

2 冬季施工气温低于 0℃时，应预先加热电缆。

3 根据现场实际情况放置待接电缆的位置，对电缆进行绝缘检测，合格后方可制作安装。

1.4 填用施工作业票、动火工作票（详见附录）

根据相关规定填用施工作业票、动火工作票（必要时），详见附录。

1.5 召开站班会

开始工作前，现场负责人集中所有作业人员召开站班会，布置工作任务、明确各工作面工作负责人和专责监护人，说明作业范围、作业特点，进行安全措施、技术措施交底，对各专业班组间的工作面配合和程序进行交底，告知危险点及其防控措施、安全操作注意事项、发生事故时的应急措施和其他安全注意事项，交底结束作业人员确认并签字。

1.6 准备安全用具、工器具和材料

1 根据相关要求使用安全围栏等安全措施。

2 准备作业所需的专用工具、一般工器具、仪器仪表、电源设施等工器具。

3 根据需要选用热缩（预制、冷缩）交联中间接头，以及其他装置性材料、消耗性材料。

第2章

10kV 冷缩式电缆中间接头制作安装

2.1 10kV 冷缩式电缆中间接头制作安装工艺流程图

不同生产厂家的附件安装工艺尺寸略有不同，本图集所介绍的工艺尺寸仅供参考（见图 2-1）。

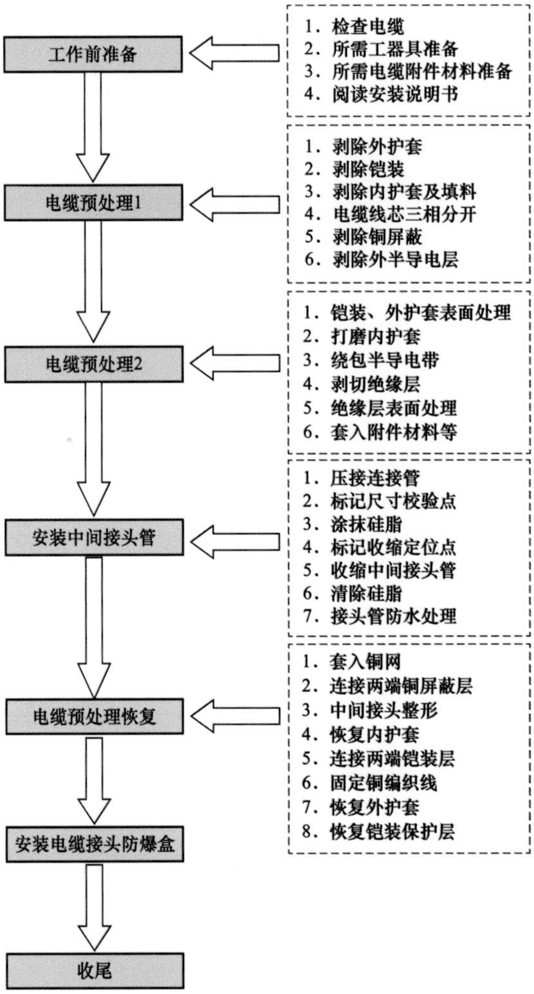

图 2-1 10kV 冷缩式电缆中间接头制作安装工艺流程图

2.2 工作前准备

检查电缆

安装电缆附件前，应检查电缆，确认电缆状况良好，电缆无受潮进水、绝缘偏心、明显的机械损伤等不良缺陷（见图 2-2 ～图 2-4）。

图 2-2　擦拭电缆准备外观检查

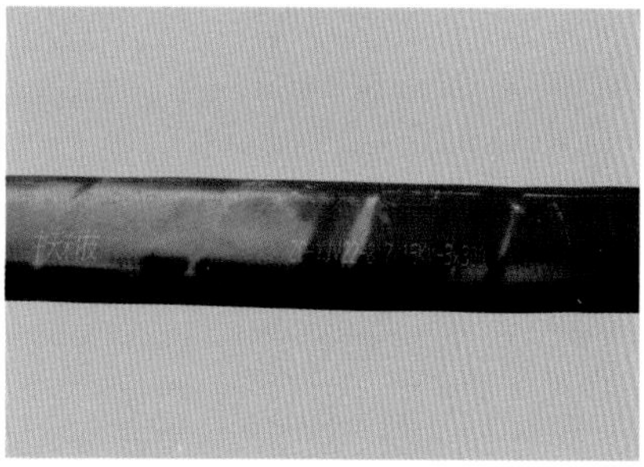

图 2-3　电缆外观检查

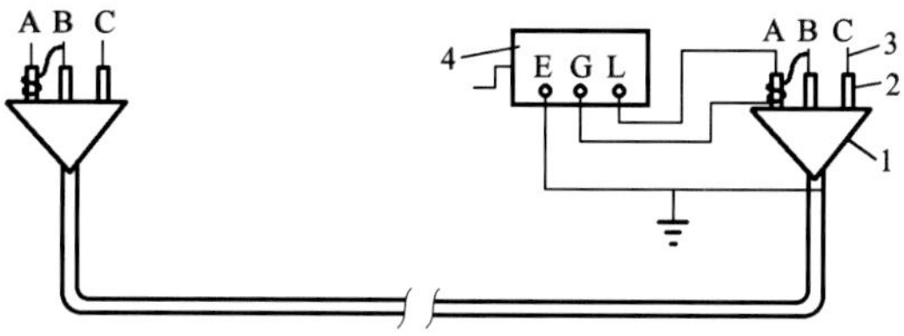

图 2-4　电缆受潮测试

1—电缆终端头；2—套管或绕包的绝缘；3—线芯导体；4—500 ～ 2500V 绝缘电阻表

所需工器具准备

安装电缆附件前，应做好施工用工器具检查，确保施工用工器具齐全完好，便于操作，状况清洁（见图 2-5、图 2-6、表 2-1）。

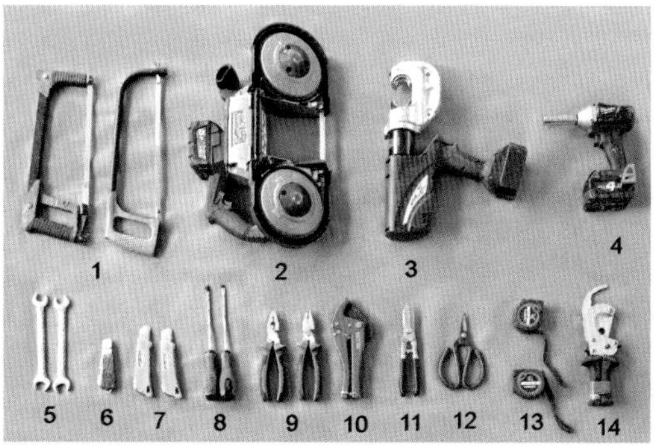

图 2-5　安装制作所需工具

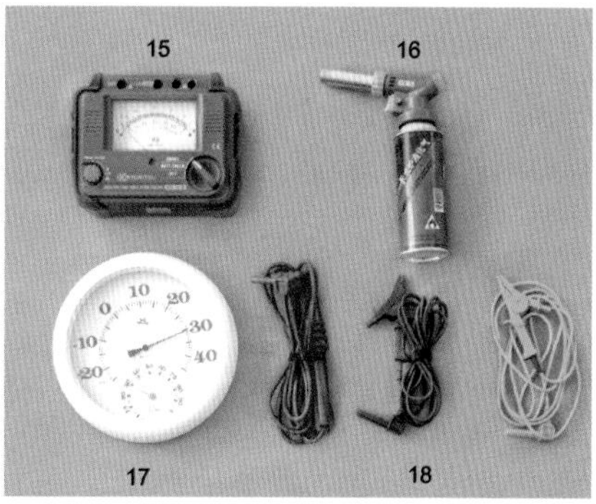

图 2-6　安装制作所需器具

表 2-1　制作安装所需工器具表

序号	名称	规格	单位	数量	用途
1	手锯		把	2	切割铠装层
2	电锯		把	1	切割电缆

续表

序号	名称	规格	单位	数量	用途
3	电压钳		把	1	压接铜接管
4	电动扳手		把	1	拧螺丝
5	扳手	17/19	把	2	拧螺丝
6	电工刀		把	1	切割外护套、填充层
7	墙纸刀		把	2	切割填充层、半导电层
8	起子		把	2	协助切割铠装层、铜屏蔽层等
9	克丝钳		把	2	剥半导电层
10	切割刀		把	1	协助切割绝缘层
11	切割剪刀		把	1	协助切割较硬的物体
12	剪刀		把	1	协助切割填充层
13	卷尺		把	2	测量尺寸
14	割刀		把	1	协助切割分相电缆
15	绝缘电阻表		只	1	测量电缆绝缘电阻
16	液化气喷灯		只	1	加热热缩套
17	温湿度计		只	1	测量温度、湿度
18	绝缘电阻表连接线		根	3	协助测量电缆绝缘电阻

所需电缆附件材料准备

电缆附件规格应与电缆匹配，零部件应齐全无损伤，绝缘材料不得受潮、过期（见图 2-7、图 2-8、表 2-2）。

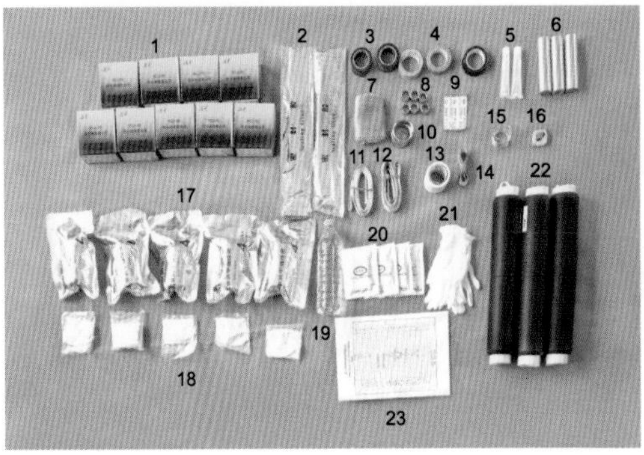

图 2-7 安装制作所需附件材料

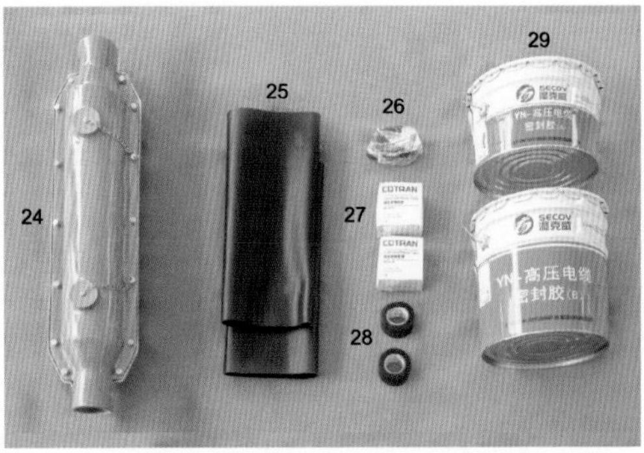

图 2-8 安装制作所需防爆盒材料

表 2-2　　制作安装所需附件材料表

序号	名称	规格	单位	数量
1	防水带		卷	9
2	密封胶		包	2
3	半导电带		卷	2
4	PVC 胶带	三色	卷	3
5	硅脂		支	2
6	连接管		支	3
7	铜网		卷	3
8	恒力弹簧	小	个	6
9	创可贴		张	2
10	恒力弹簧	大	个	2
11	铜编织带	长	根	1
12	铜编织带	短	根	3
13	PVC 胶带	白色	卷	1
14	砂纸		张	若干
15	铜丝	ϕ 2.0	卷	1
16	卷尺		把	1
17	装甲带		卷	5
18	橡胶手套		双	5
19	纯净水		瓶	1
20	清洁巾		袋	4
21	纱手套		双	2
22	接头管		只	3
23	说明书、装箱单		份	1
24	防爆盒盒体		只	1
25	热缩柔性套管		根	2
26	防火泥		份	1
27	防水带		卷	2
28	PVC 胶带		卷	2
29	密封胶	A 胶、B 胶	组	1

阅读安装说明书

施工前仔细阅读随材料箱的制作安装说明书，审核说明书是否正确，确认附件安装次序。

2.3 10kV 冷缩式电缆中间接头安装的制作步骤及工艺要求

电缆预处理 1

两根待接电缆两端校直、锯齐。根据（图 2-9 ～图 2-13）所示尺寸（见图 2-14）将电缆剥开处理，锯切铠装时切勿损伤内护套。

注意点： 尺寸 A 应严格按表 2-3 的规定。

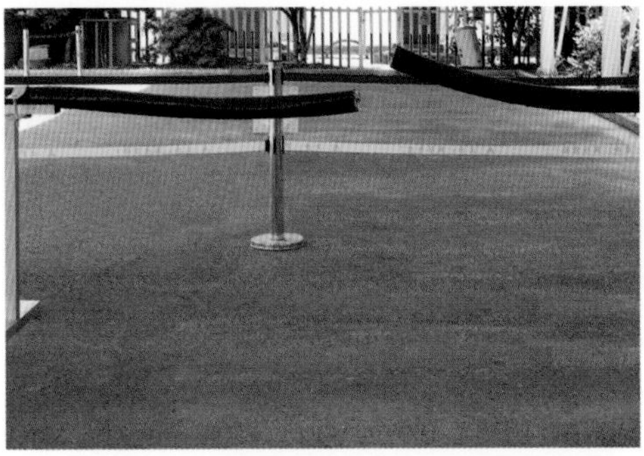

图 2-9　待接电缆在支架上固定

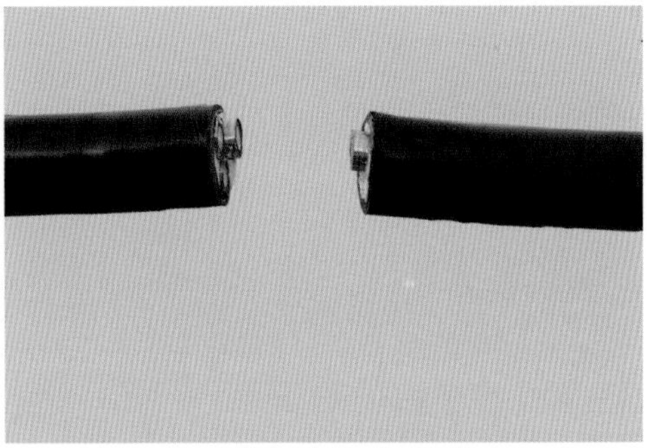

图 2-10　校直后的电缆

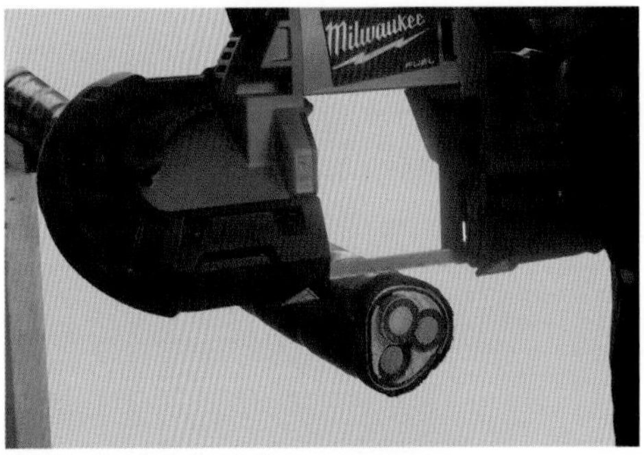

图 2-11　待接电缆两端锯齐

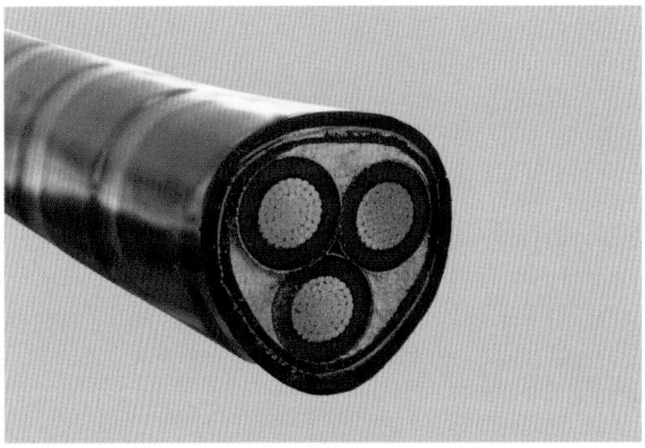

图 2-12　校直、锯齐后的电缆（一）

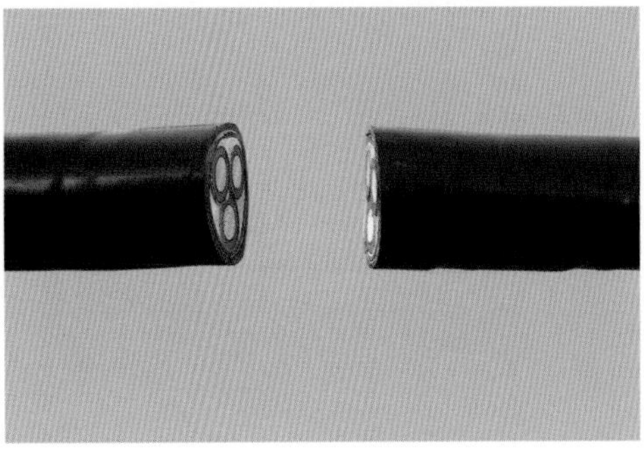

图 2-13　校直、锯齐后的电缆（二）

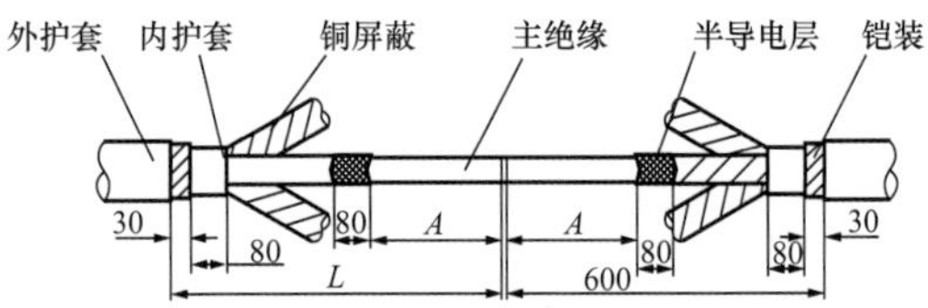

图 2-14　开剥尺寸

表 2-3　　外护套、半导电层开剥尺寸

导体截面范围（mm^2）	A（mm）	L（mm）
25 ～ 50	155	700
70 ～ 120	165	800
150 ～ 240	175	800
300 ～ 400	180	900

1 剥除外护套。自电缆末端向下分别量取（见图 2-15）900mm（见图 2-16）、600mm（见图 2-17）作为电缆外护套的末端，向上剥去电缆外护套（见图 2-18）。

工艺要求：剥除外护套。在电缆的两侧套入附件中的内外护套管。在剥切电缆外护套时，应分两次进行，以避免电缆铠装层铠装松散。先将电缆末端外护套保留 100mm，然后按规定尺寸剥除外护套，要求断口平整。外护套断口以下 100mm 部分用砂纸打毛并清洁干净，以保证外护套收缩后密封性能可靠。

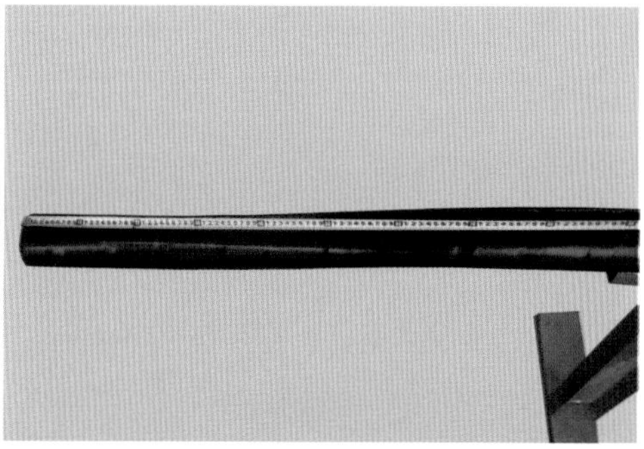

图 2-15　自电缆末端向下分别量取

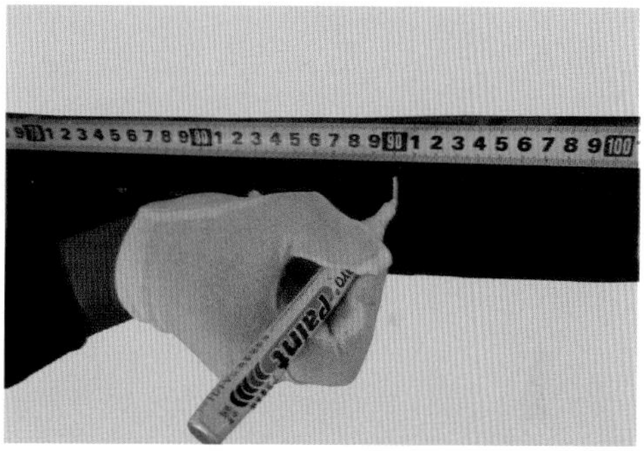

图 2-16　自电缆末端量取 900mm 并做好记号

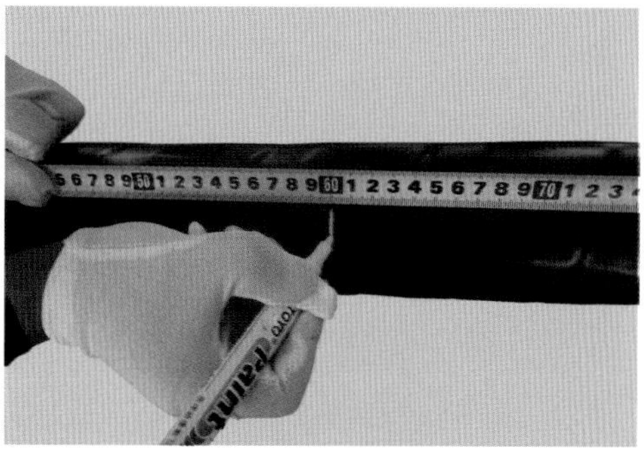

图 2-17 另一端量取 600mm 并做好记号

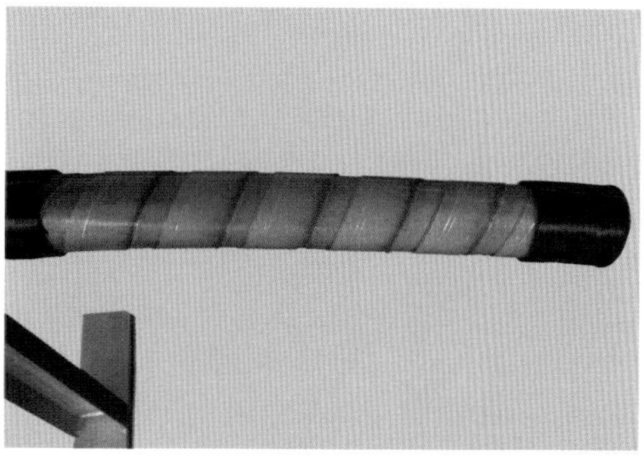

图 2-18　剥去电缆外护套

2 剥除铠装。自电缆外护套的末端向上保留 30mm 长铠装（见图 2-19），其余铠装去掉。

工艺要求：剥除铠装。按规定尺寸在铠装上绑扎铜线，绑线的缠绕方向应与铠装的缠绕方向一致，使铠装越绑越紧不致松散。绑线用 ϕ 2.0 的铜线，每道 3 ～ 4 匝（见图 2-20）。锯铠装时，其圆周锯痕深度应均匀，不得锯透，以免损伤内护套（见图 2-21）。剥铠装时，应首先沿锯痕将铠装卷断（见图 2-22、图 2-23），铠装断开后再向电缆端头剥除（见图 2-24、图 2-25）。要求开剥尺寸正确，钢铠不松散、无毛刺。

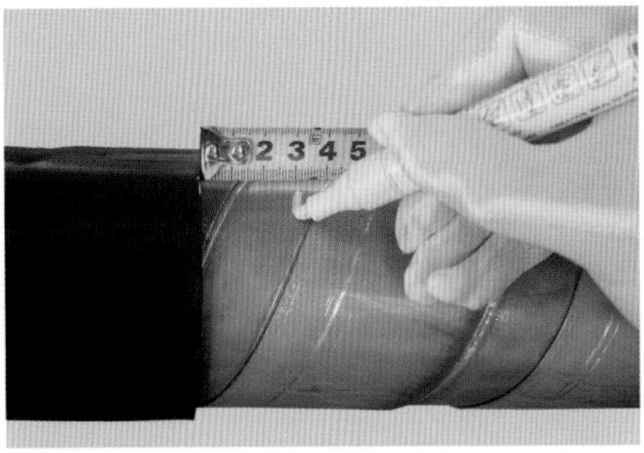

图 2-19 自电缆外护套末端向上量取 30mm 并做记号

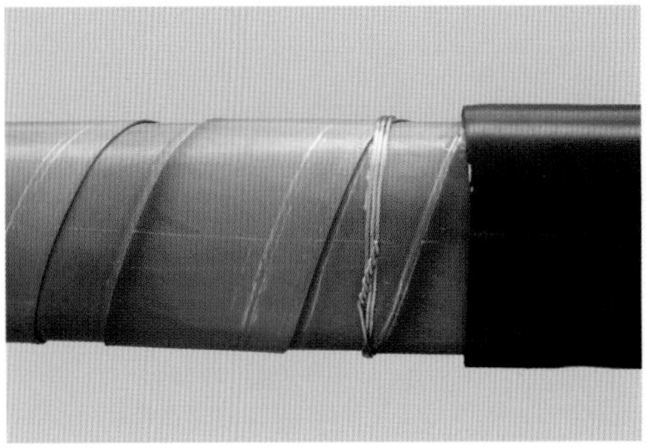

图 2-20 在铠装上绑扎上铜线

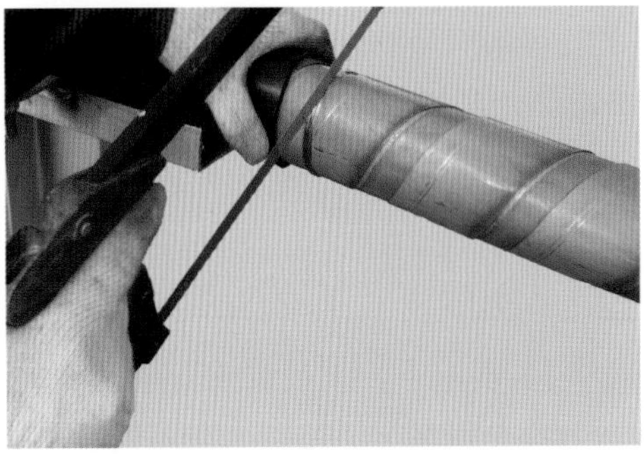

图 2-21 锯铠装层

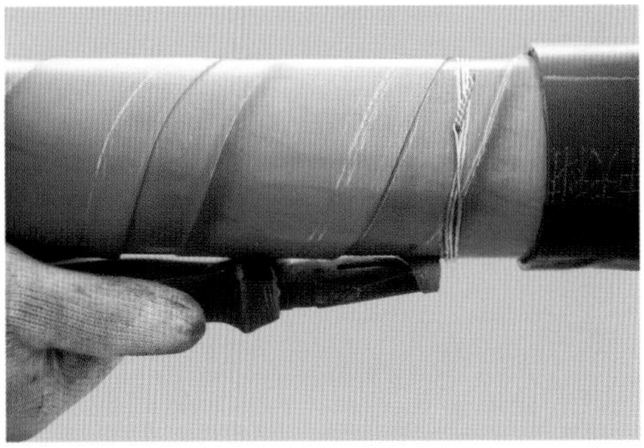

图 2-22 剥除铠装层（一）

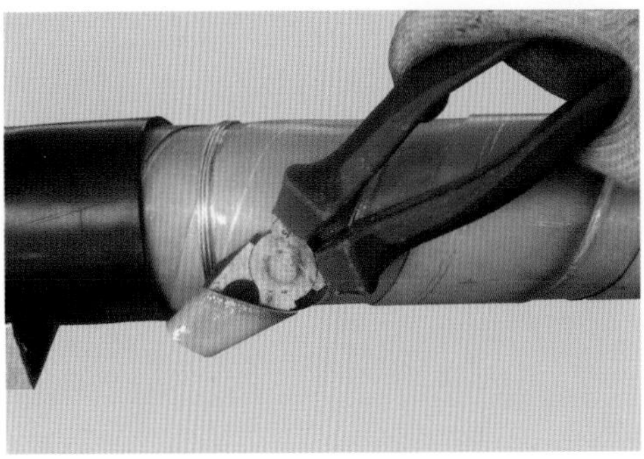

图 2-23 剥除铠装层（二）

图 2-24 二次剥切外护套

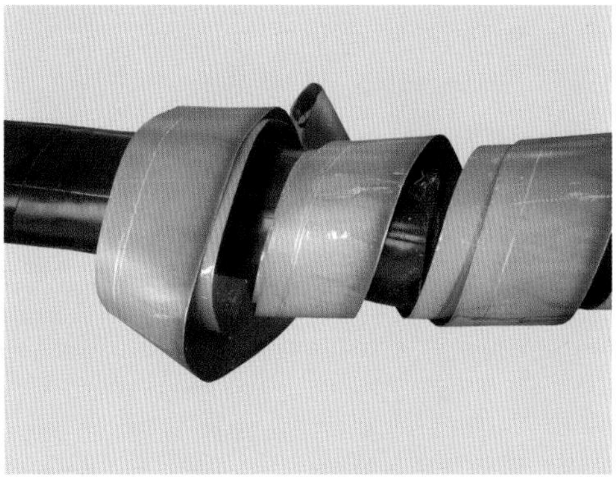

图 2-25　取出剥除的铠装

3 剥除内护套及填料。自电缆铠装的末端向上保留 80mm 长内护套(见图 2-26)，其余内护套及填料剥除。

工艺要求：剥除内护套及填料。在应剥除内护套处用刀横向切一环形痕（见图 2-27），深度不超过内护套厚度的一半。纵向剥除内护套时（见图 2-28），切口应在两芯之间（见图 2-29），防止切伤金属屏蔽层。剥除内护套后应将金属屏蔽带末端用聚氯乙烯粘带扎牢 (见图 2-30)，防止松散。切除填料时刀口应向外 (见图 2-31)，防止损伤金属屏蔽层。

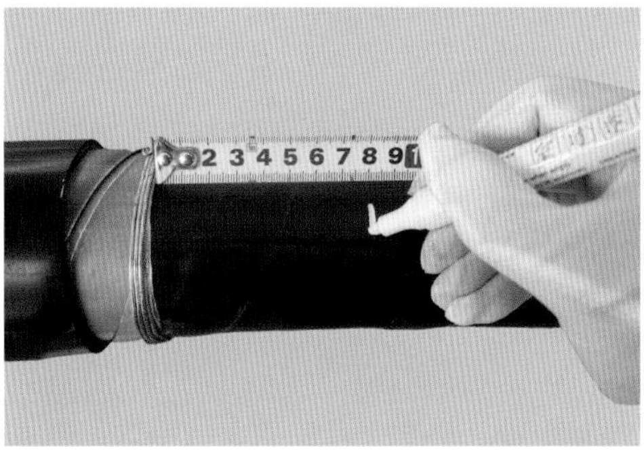

图 2-26　铠装的末端向上量取 80mm 并做记号

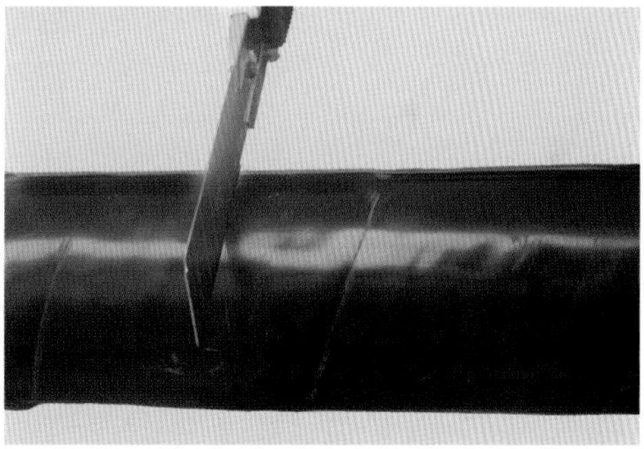

图 2-27　用刀在内护套上横向切一环痕

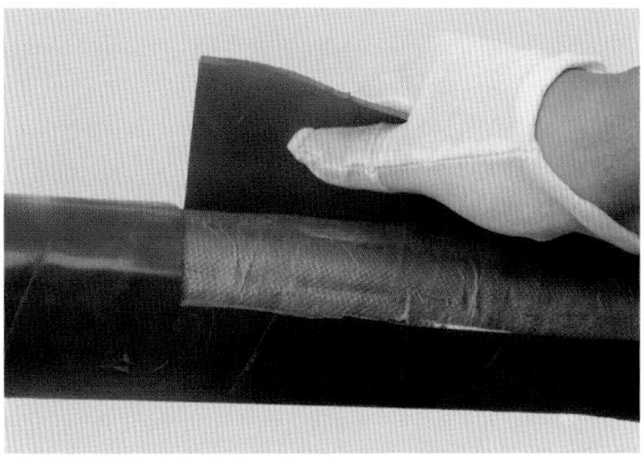

图 2-28　剥除多余内护套

图 2-29　纵向切割内护套

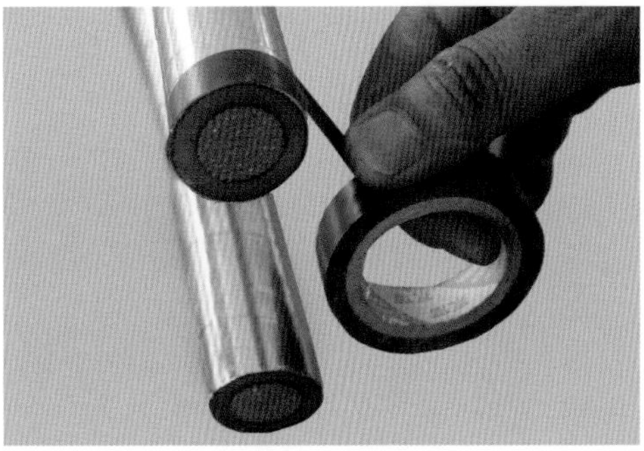

图 2-30 金属屏蔽带末端用聚氯乙烯粘带扎牢

图 2-31 切除填料

4 电缆线芯三相分开。

工艺要求：在电缆线芯分叉处将线芯扳弯（见图 2-32），弯曲度不宜过大，以便于操作为宜，但须保证弯曲半径符合规定要求，避免铜屏蔽层变形、折皱和损坏。

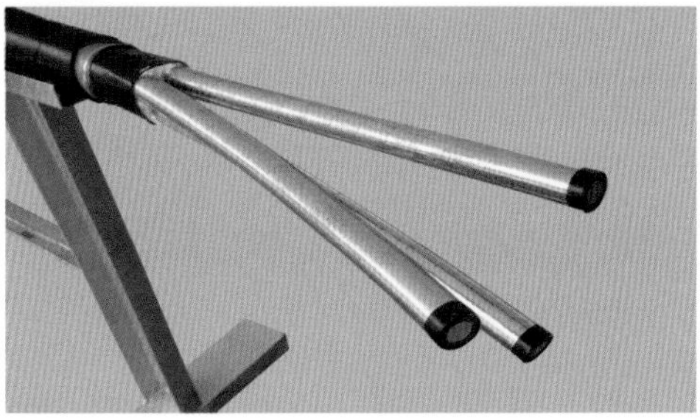

图 2-32 三相线芯分开

5 剥除铜屏蔽。自电缆末端向下各量取 180mm+80mm 长作为电缆铜屏蔽的末端（见图 2-33），向上剥去电缆铜屏蔽。

工艺要求：剥除铜屏蔽层时，在其断口处用 ϕ 2.0 的镀锡铜线扎紧或用恒力弹簧固定。切割时，只能环切一刀痕，不能切透，以防损伤半导电层。剥除时，应从刀痕处开剥（见图 2-34），断开后向线芯端部剥除（见图 2-35）。要求铜屏蔽层开剥尺寸正确，铜屏蔽不松散，断口应切割平整，不得有尖端和毛刺（见图 2-36）。

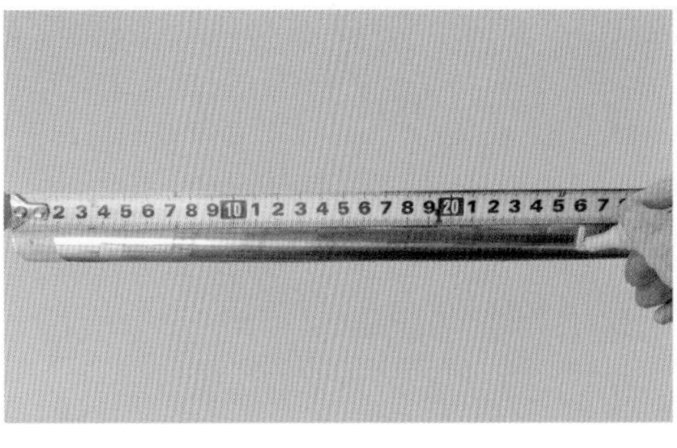

图 2-33 自电缆末端向下各量取 180mm+80mm 并做记号

图 2-34 断口处用恒力弹簧固定

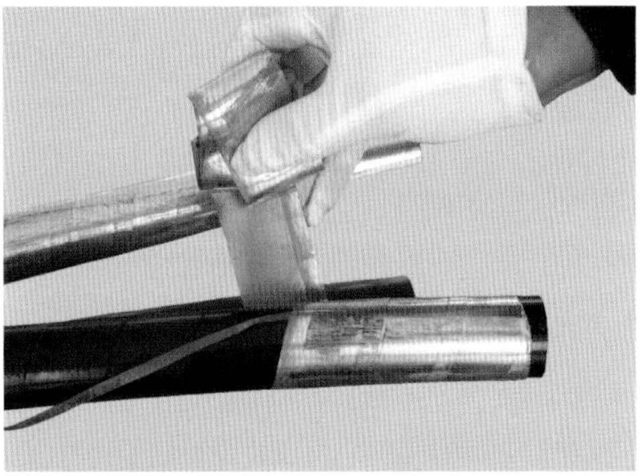

图 2-35 剥去多余铜屏蔽

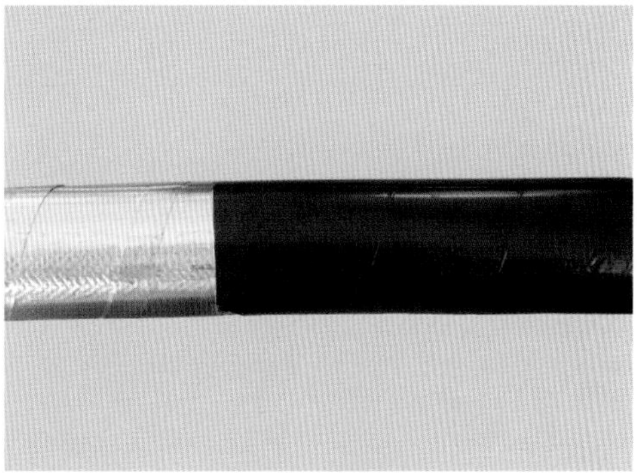

图 2-36 铜屏蔽层的断口平整

6 剥除外半导电层。自电缆末端向下各量取 180mm 作为电缆外半导电层的末端（见图 2-37），向上剥去电缆外半导电层（见图 2-38）。

工艺要求：外半导电层应剥除干净，不得留有残迹。剥除后必须用细砂纸将绝缘表面吸附的半导电粉尘打磨干净（见图 2-39），并擦拭光洁（见图 2-40）。剥除外半导电层时，刀口不得伤及绝缘层。要求开剥尺寸正确，半导电切口平整、无毛刺，绝缘层无损伤。

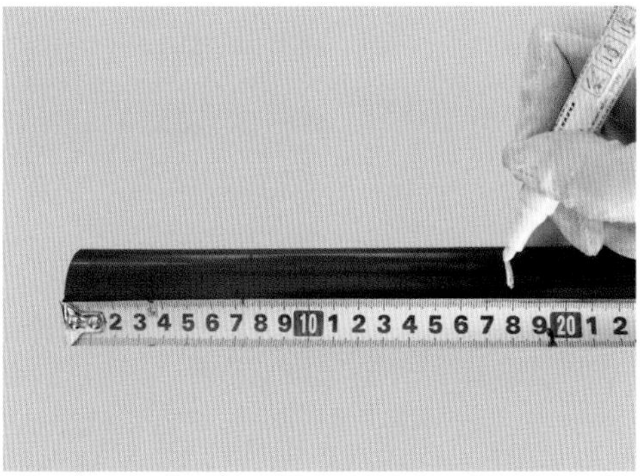

图 2-37 自电缆末端向下各量取 180mm 并做记号

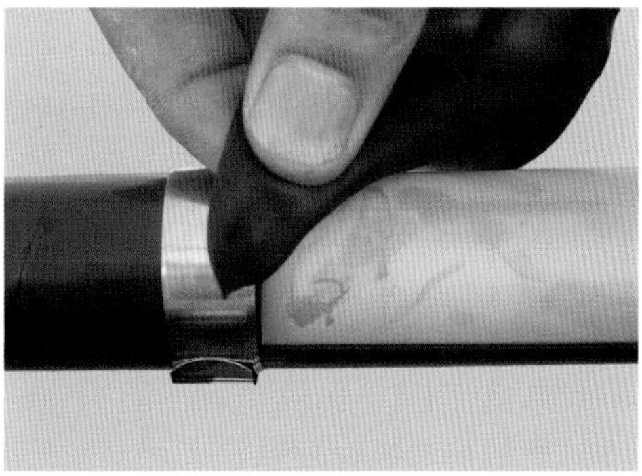

图 2-38 去除多余外半导电层

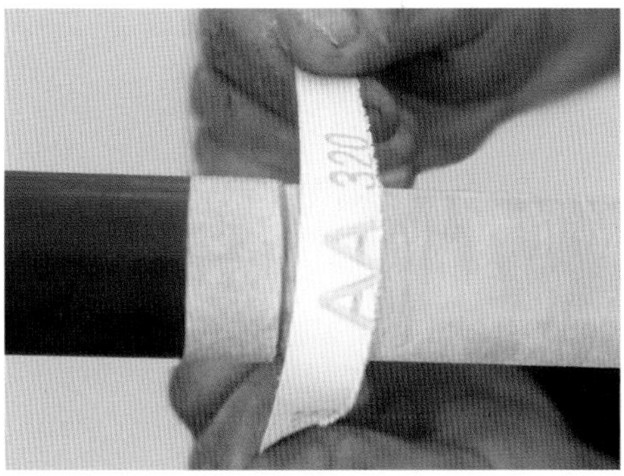

图 2-39 打磨绝缘表面吸附的半导电粉尘

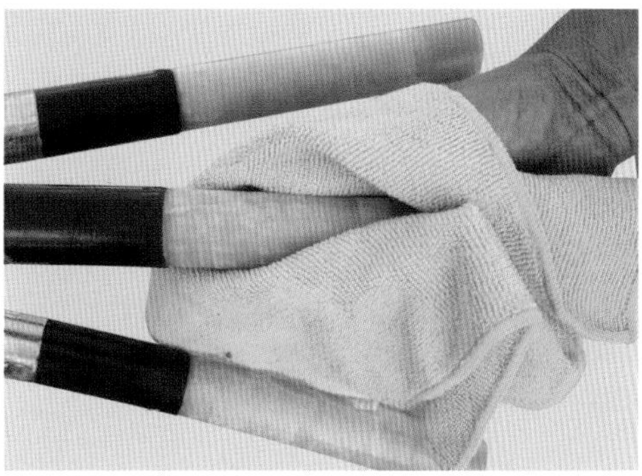

图 2-40 将打磨后的绝缘层擦拭光洁

电缆预处理 2

1 铠装、外护套表面处理。锉光剩余铠装表面（见图 2-41），清理外护套表面（见图 2-42）。

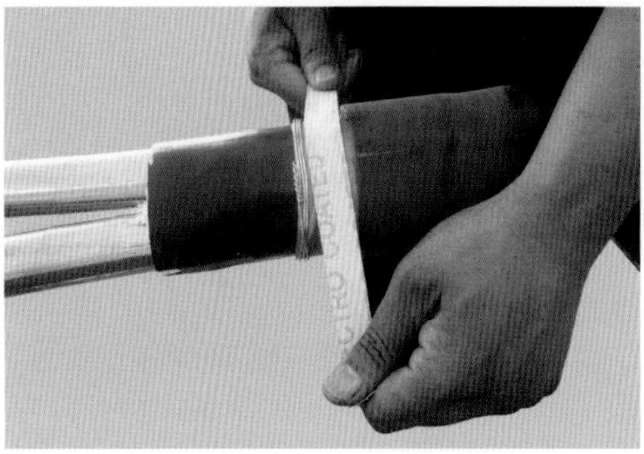

图 2-41 锉光铠装表面

图 2-42 处理后的铠装表面和外护套表面

2 打磨内护套。将剥切口以下 50 ～ 100mm 外护套及内护套打磨粗糙（见图 2-43 ～图 2-45）。

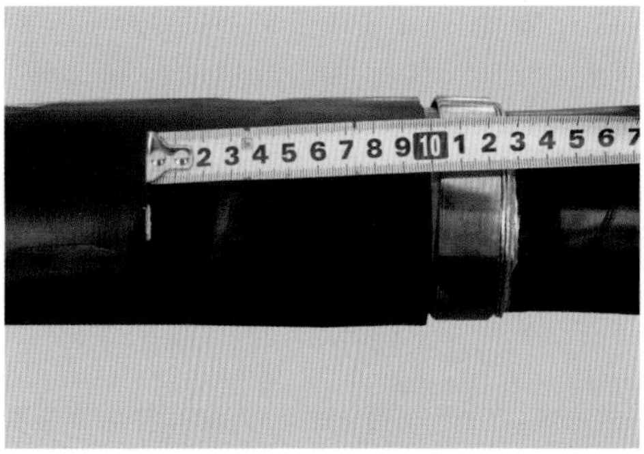

图 2-43 量取剥切口以下 100mm 外护套并做记号

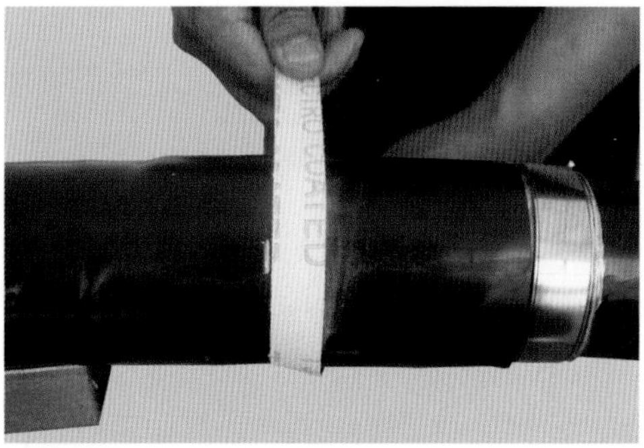

图 2-44 打磨外护套

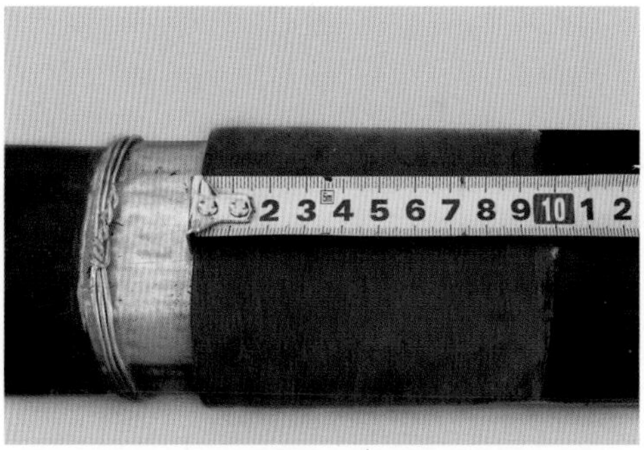

图 2-45 打磨粗糙后的外护套表面

3 绕包半导电带。在铜屏蔽切断处绕包半导电带，将铜屏蔽端口包覆住加以固定（见图 2-46、图 2-47）。

工艺要求：将外半导电层端部切削成小斜坡，注意不得损伤绝缘层。用砂纸打磨后，半导电层端口应平齐，坡面应平整光洁，与绝缘层平滑过渡。

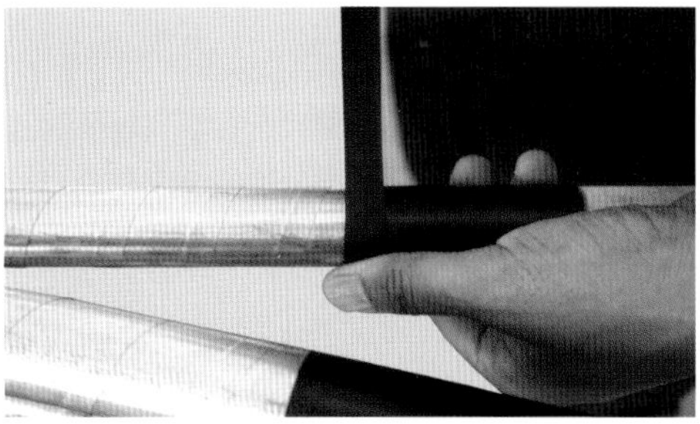

图 2-46　半导电带绕包铜屏蔽端口

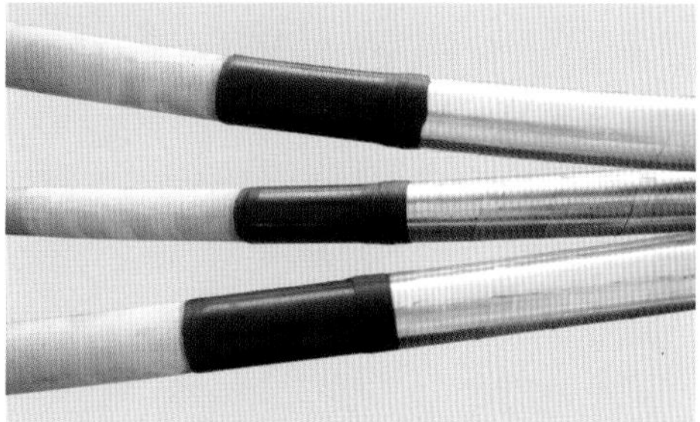

图 2-47　铜屏蔽端口包覆上半导电带

4 剥切绝缘层。按 1/2 连接管长切去绝缘层（见图 2-48 ～图 2-50）。

工艺要求：要求剥切尺寸正确，线芯不松散。

注意点：连接管最大长度参见表 2-4，绝缘层末端倒角去毛刺（见图 2-51）。半导电层末端用刀具倒角（见图 2-52），使半导电层与绝缘层平滑过渡。

表 2-4　　连接管最大长度

导体截面范围（mm^2）	长度（mm）	导体截面范围（mm^2）	长度（mm）
25 ～ 50	80	150 ～ 240	120
70 ～ 120	100	300 ～ 400	140

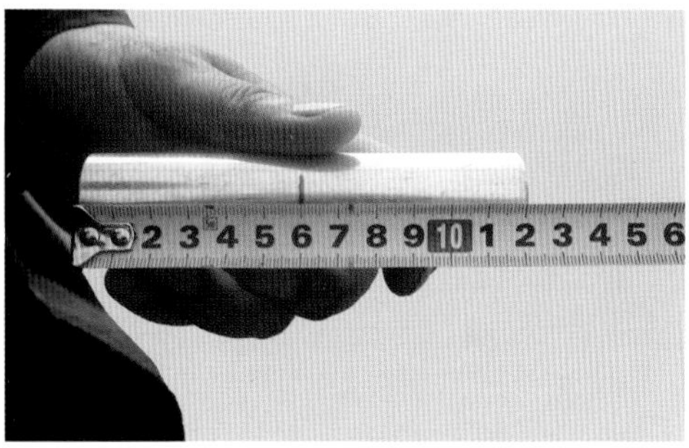

图 2-48　测量连接管长度

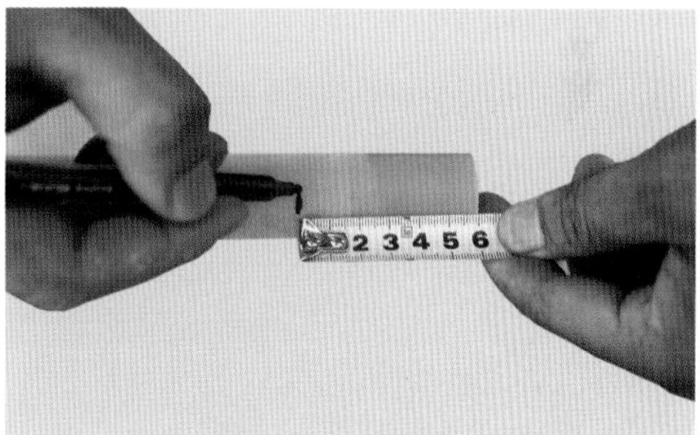

图 2-49　量取 1/2 连接管长并做记号

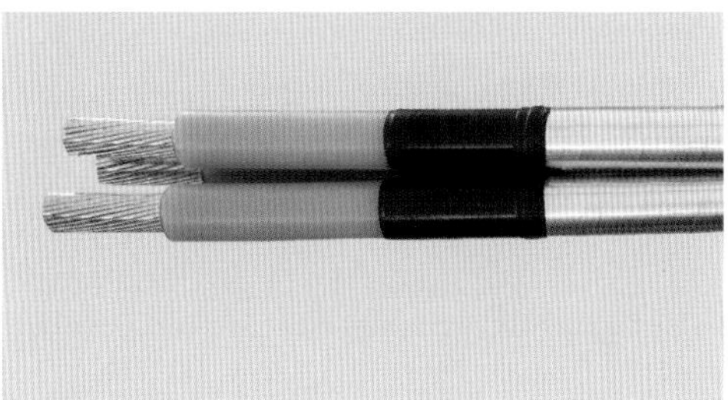

图 2-50　切除多余的绝缘层

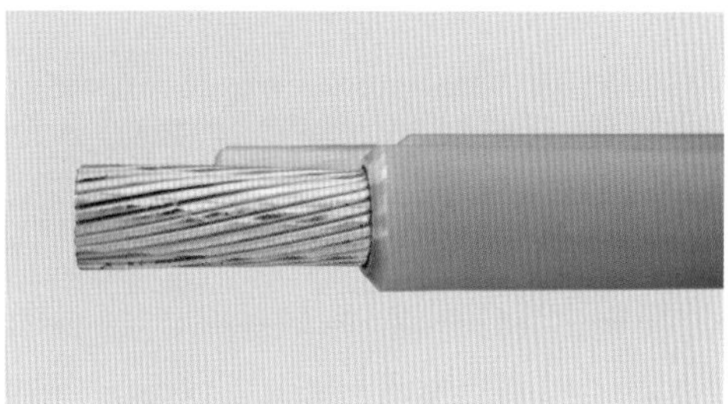

图 2-51　绝缘层末端倒角

图 2-52 半导电层末端用刀倒角

5 绝缘层表面处理。用细砂纸打磨绝缘层表面，以除去残留的半导电颗粒（见图 2-53）。

工艺要求：要求绝缘层表面清洁、光滑，并做好保洁措施。

图 2-53 打磨后的绝缘层表面

6 套入附件材料等。在剥开较短的一端套上铜网（见图 2-54）和中间接头防爆盒热缩管，在剥开较长的一端装入冷缩接头主体（见图 2-55）和中间接头防爆盒热缩管，拉线端方向如图 2-56 所示。

工艺要求：中间接头管应套在电缆铜屏蔽保留较长一端的线芯上，套入前必须将绝缘层、外半导电层、铜屏蔽层用清洁纸依次清洁干净。套入时，应注意塑料衬管条伸出一端先套入电缆线芯。

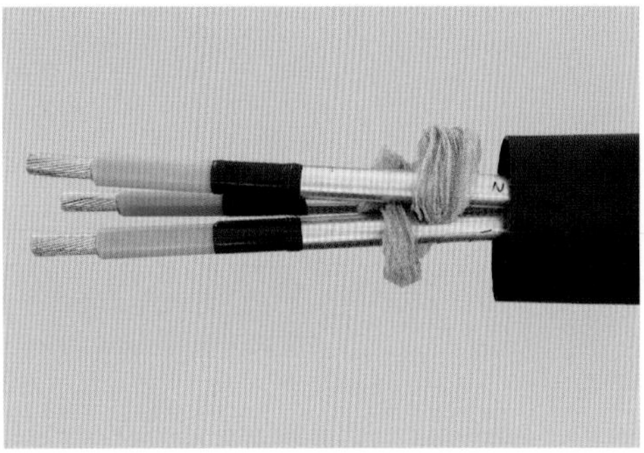

图 2-54 较短的一端套上铜网

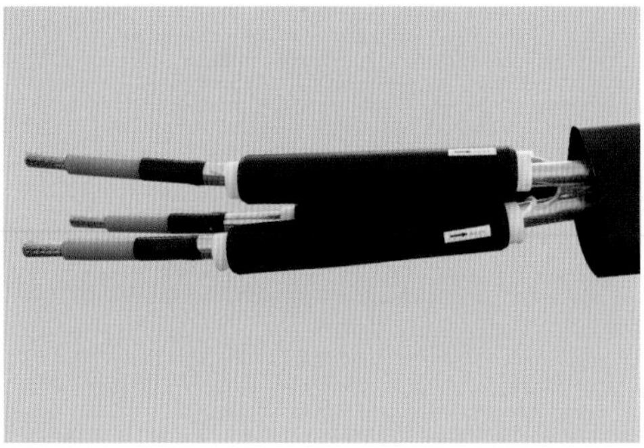

图 2-55 较长的一端装入冷缩接头主体

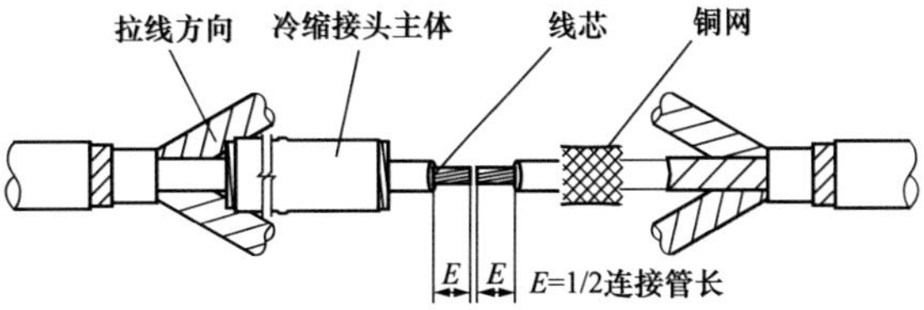

图 2-56　拉线方向

安装中间接头管

1 压接连接管。装上连接管，按工艺要求进行压接，锉平连接管上的棱角、毛刺，清洗金属细粒。120mm 及以下截面电缆可在连接管上绕包半导电带，直至外径与电缆绝缘外径基本相同。

工艺要求：必须事先检查连接管与电缆线芯标称截面是否相符，压接模具与连接管规范尺寸应配套。连接管压接时，两端线芯应顶牢，不得松动（见图 2-57）。严格注意压接顺序（先中间后两边）。使用液压钳对称压接至少 4 道（见图 2-58 ～图 2-60），围压形成棱线应成一条直线（见图 2-61）。压接后，连接管表面尖端、毛刺用锉刀和砂纸打磨平整光洁（见图 2-62、图 2-63），必须用清洁纸将绝缘表面和连接管表面清洁干净（见图 2-64）。应特别注意不能在中间接头端头位置留有金属粉屑或其他导电物体。连接管表面应无棱角、毛刺、细粒。

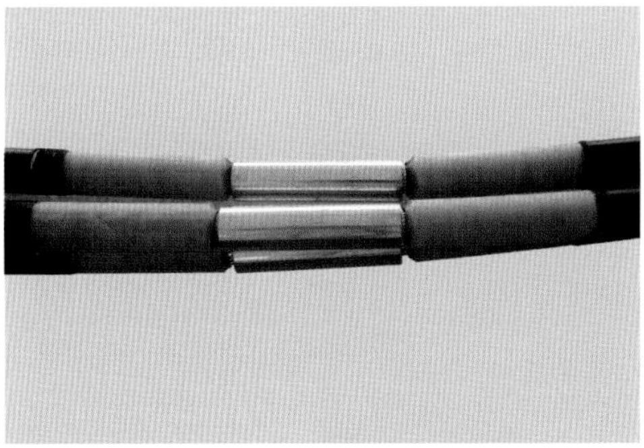

图 2-57　装上连接管

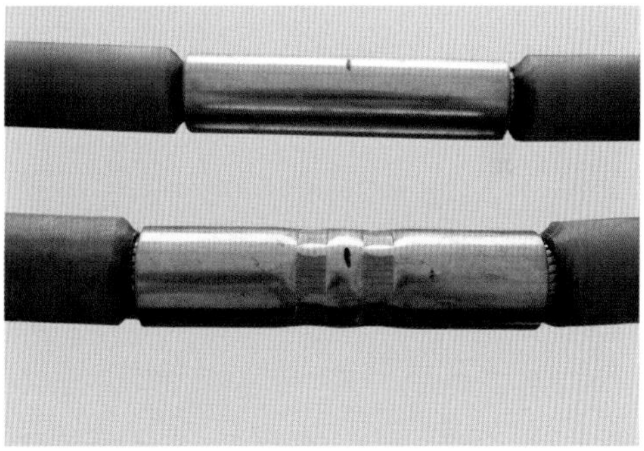

图 2-58　连接其中一相连接管（一）

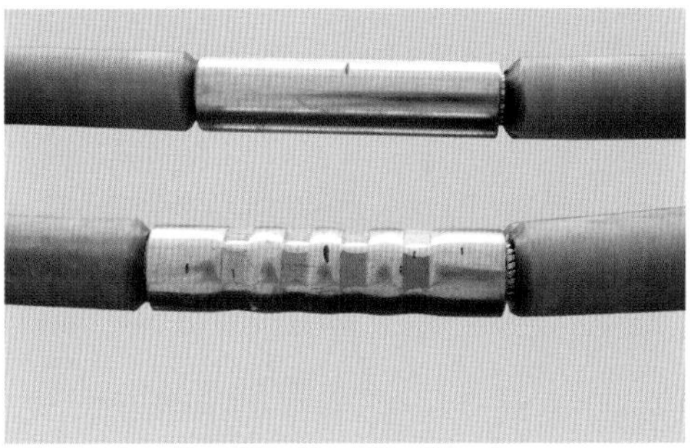

图 2-59　连接其中一相连接管（二）

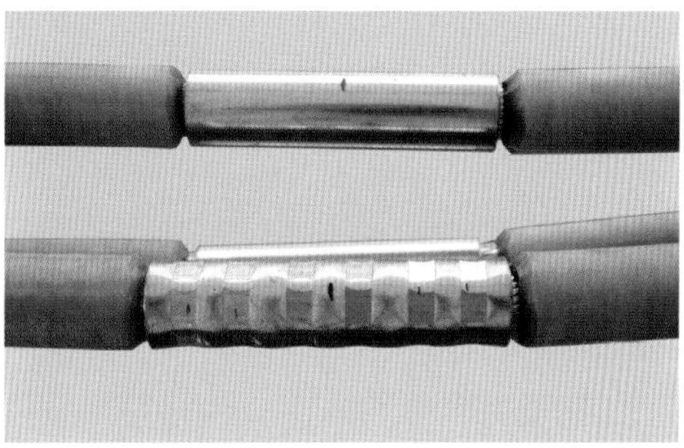

图 2-60　连接其中一相连接管（三）

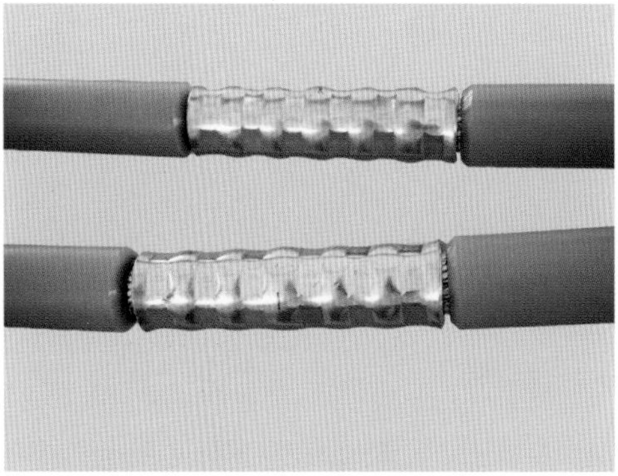

图 2-61 三相连接管压接完毕

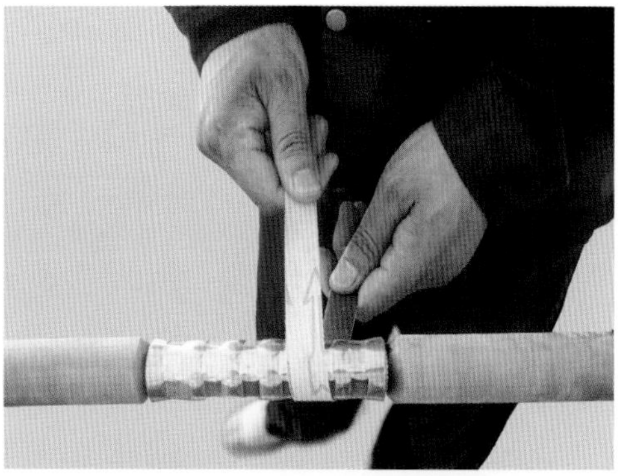

图 2-62 锉平连接管上棱角、毛刺

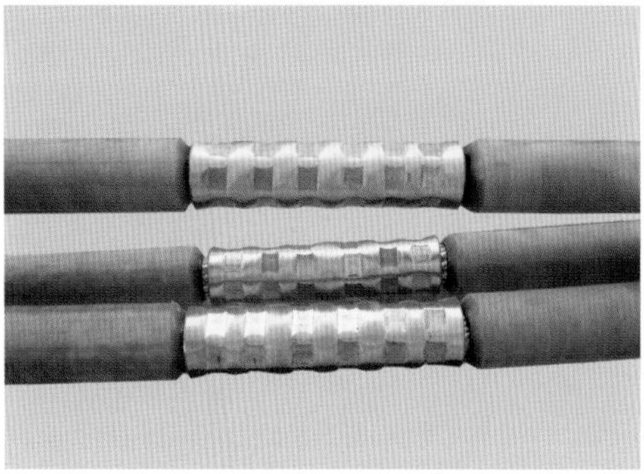

图 2-63 连接管光滑无毛刺

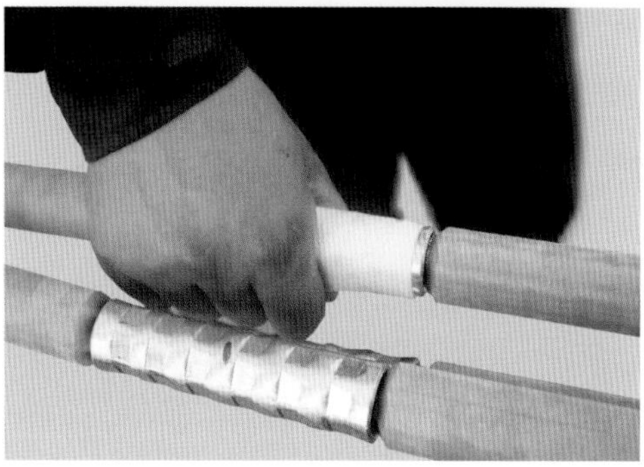

图 2-64 清洁连接管金属细粒

2 标记尺寸校验点。测量绝缘端口之间的尺寸 L，然后根据 L 的一半，确定中心点（见图 2-65）。从中心点 B 量 300mm 在一边的铜屏蔽上找尺寸校验点（见图 2-66）。

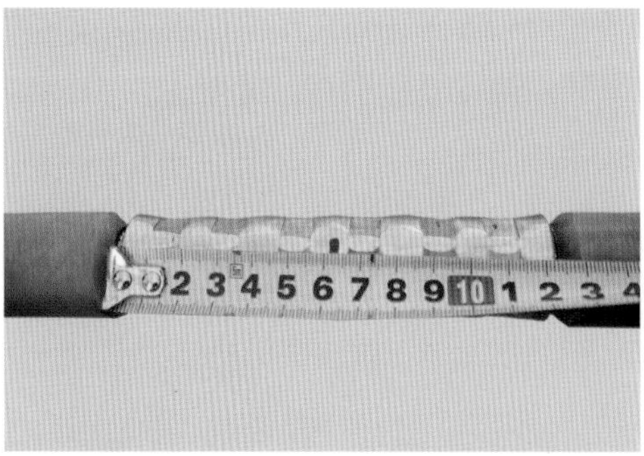

图 2-65 量测中心点并做记号

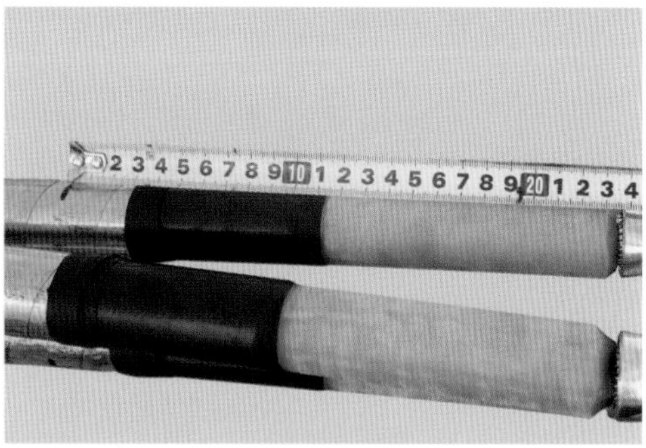

图 2-66 量测校验点

3 涂抹硅脂。用清洗巾清洗绝缘层表面，待清洗剂干燥后在绝缘层上均匀抹一层硅脂。

工艺要求：清洗巾应从绝缘层抹向半导电层（见图 2-67），清洁巾不得重复使用。涂抹硅脂须待绝缘层表面干燥后进行，硅脂应涂抹均匀（见图 2-68 ～图 2-70）。

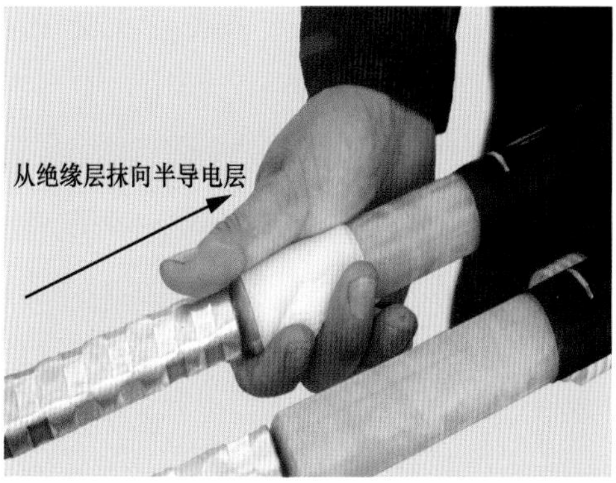

图 2-67　清洗绝缘层表面

图 2-68　绝缘层上涂抹硅脂（一）

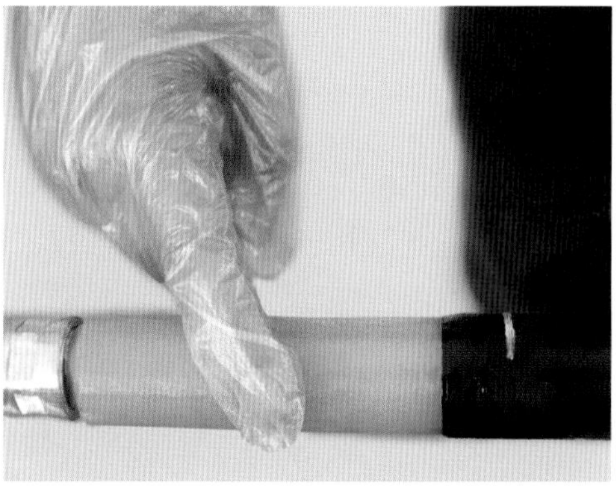

图 2-69　绝缘层上涂抹硅脂（二）

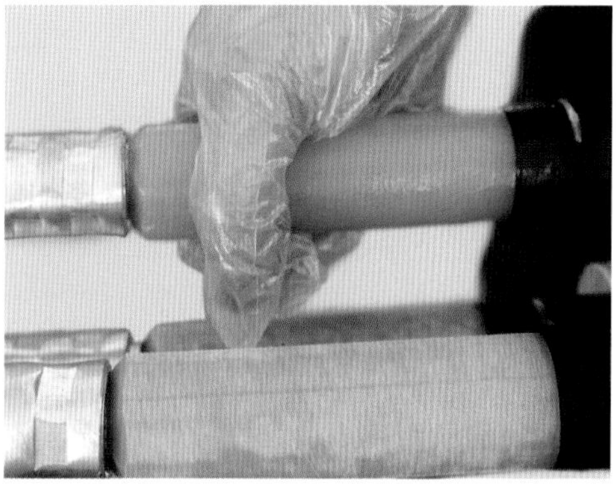

图 2-70　绝缘层上涂抹硅脂（三）

4 标记收缩定位点。在半导电层上距半导电层末端 25mm 处做一记号为收缩定位点（见图 2-71）。

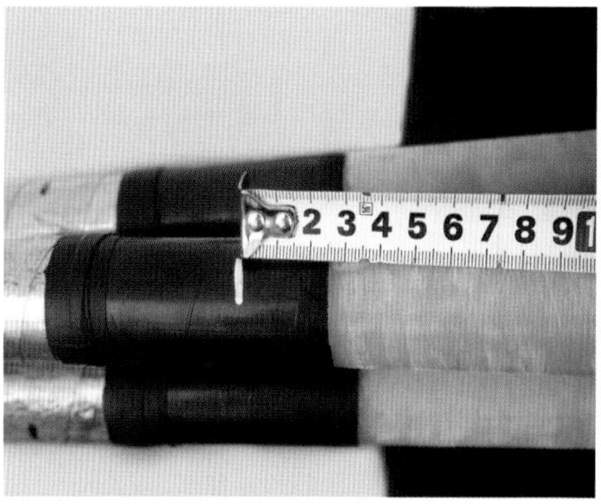

图 2-71　测量收缩定位点并做记号

5 收缩中间接头管。将接头对准收缩定位点，抽去支撑条使接头收缩，在接头完全收缩后马上校正接头中心点到尺寸校验点的距离（见图 2-72）。如有偏差，尽快左右拉动接头以进行调整。

工艺要求：在中间接头管安装区域表面均匀涂抹一薄层硅脂，并经认真检查后，将中间接头管移至中心部位，其一端必须与记号齐平（见图 2-73）。抽出衬管条时，应沿逆时针方向进行，其速度必须缓慢均匀，使中间接头管自然收缩。定位后用双手从接头中间向两端圆周捏一捏，使中间接头内壁结构与电缆绝缘、外半导电层有更好的界面接触。将中间接头管和电缆绝缘用塑料面进行临时保护，以防碰伤和灰尘杂物落入，保持环境清洁。要求收缩定位点无偏差，抽去支撑条方向正确，收缩后的冷缩接头主体位置正确（见图 2-74）。

注意点：收缩后，检查中间接头的两端是否与电缆外导电层搭接住，搭接长度不小于 12mm。

6 清除硅脂。抹去多余的硅脂（见图 2-75）。

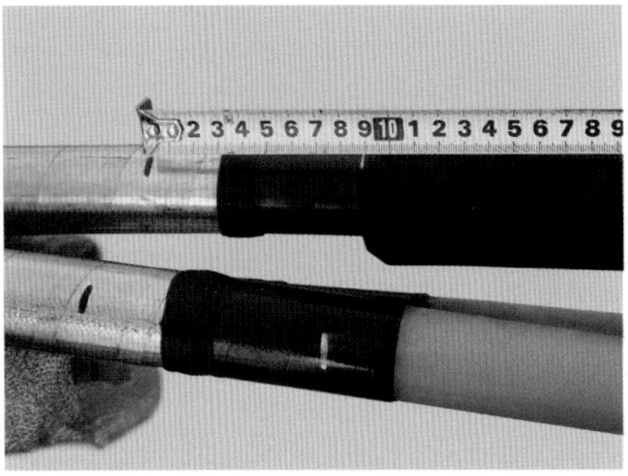

图 2-72 测量接头中心点到尺寸校验点的距离

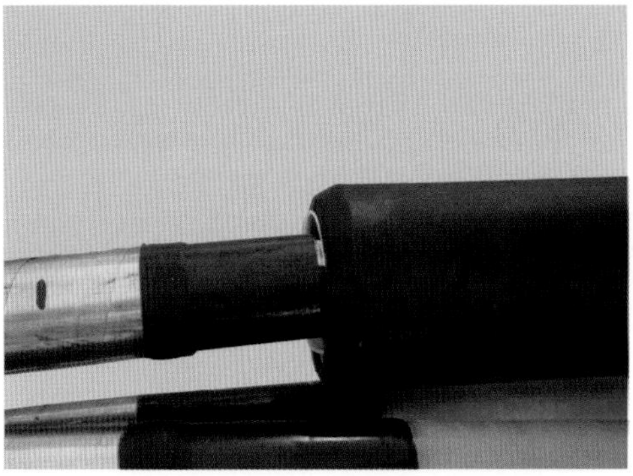

图 2-73 接头对准收缩定位点

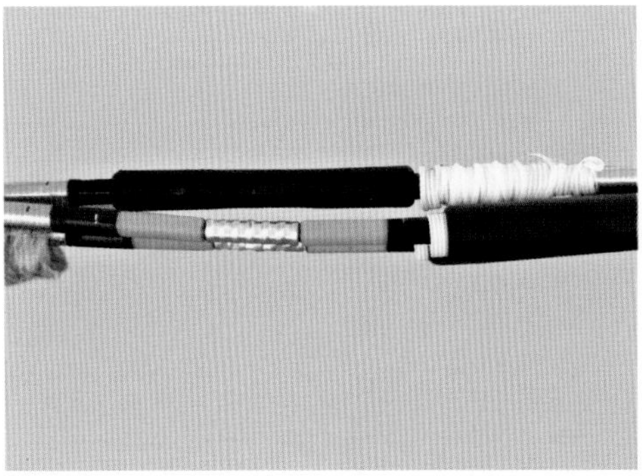

图 2-74 一相收缩后的冷缩管

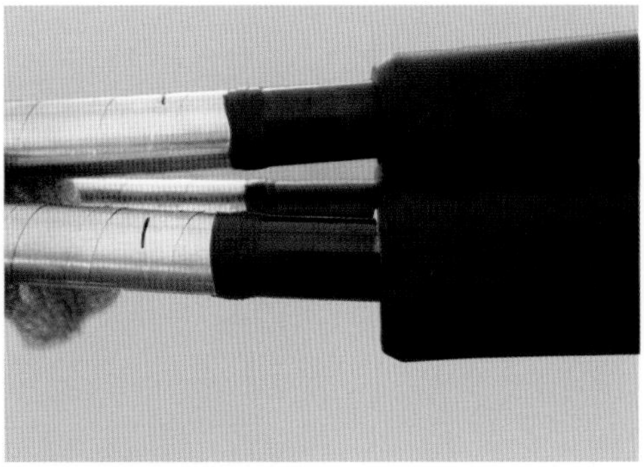

图 2-75 抹去多余的硅脂

7 接头管防水处理。在中间接头两端的半导电层用砂纸打毛（见图 2-76、图 2-77）后绕防水胶带（见图 2-78、图 2-79）。

工艺要求：绕包防水带。绕包时将胶带拉伸至原来宽度的 3/4，完成后，双手用力挤压所包胶带，使其紧密贴附。

注意点：涂胶粘剂一面朝里。

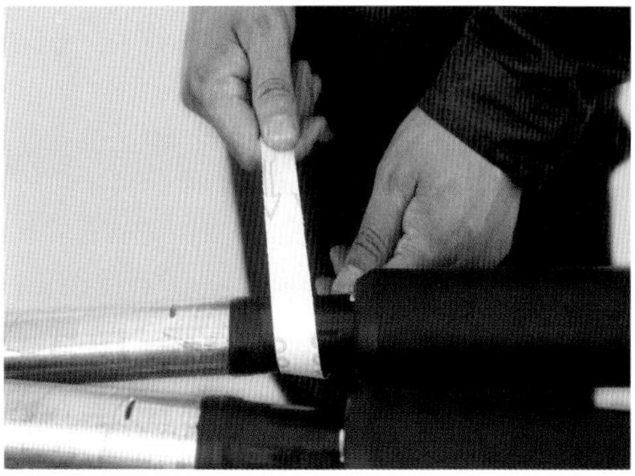

图 2-76　打毛中间接头两端的半导电层

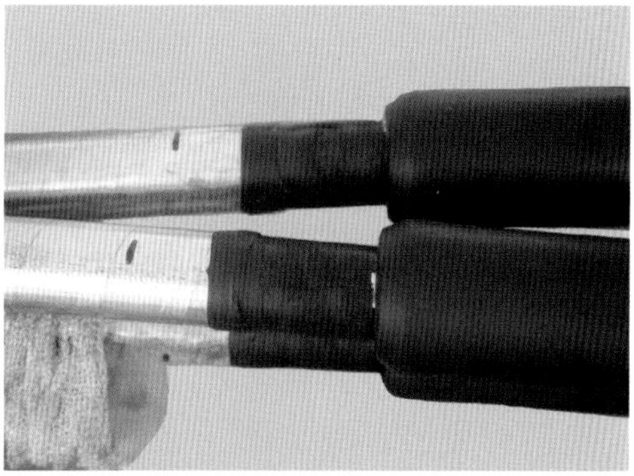

图 2-77　打毛后的半导电层

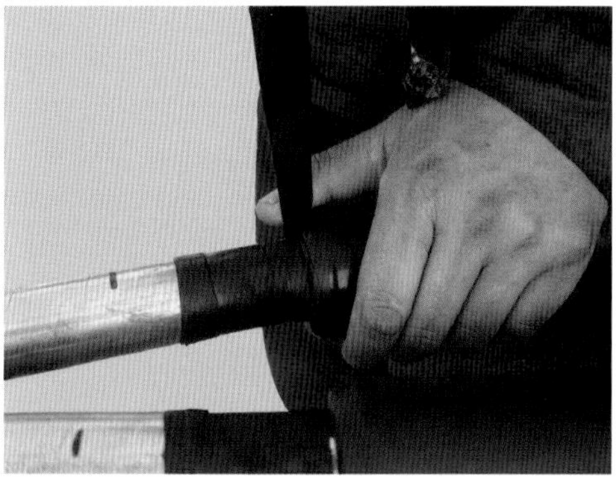

图 2-78　接头两端绕包防水带（一）

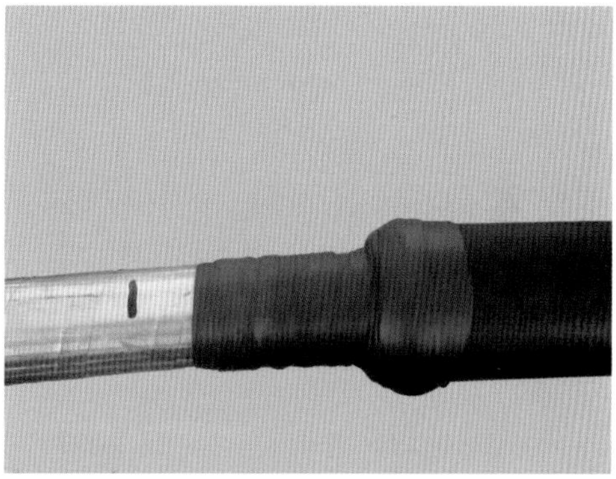

图 2-79　接头两端绕包防水带（二）

电缆预处理恢复

1 套入铜网。拉开铜网，在装好的每相接头主体上套上铜网（见图 2-80）。

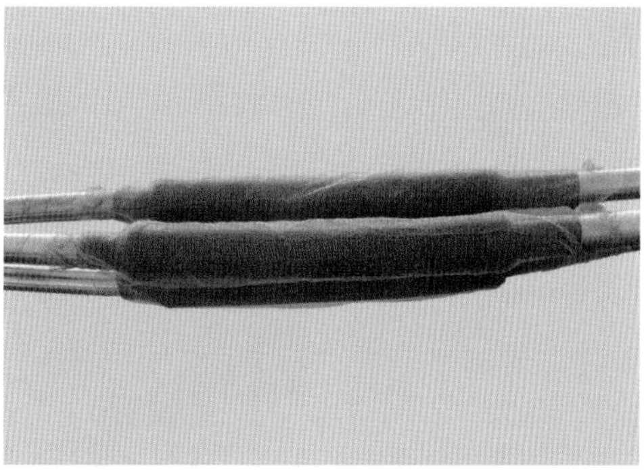

图 2-80　在接头主体上套上铜网

2 连接两端铜屏蔽层。每相各加一根接地铜编织线，把接地铜编织线和铜网一起用恒力弹簧（小）卡在铜屏蔽上扎紧，并在恒力弹簧处绕 PVC 胶带。

工艺要求：铜编织线两端与铜屏蔽连接时，将铜编织带端头呈宽度方向略加展开，夹入（见图 2-81）并反折入恒力弹簧之中（见图 2-82），用力收紧，并用

PVC 胶带缠紧固定（见图 2-83、图 2-84），以增加铜编织带与铜屏蔽的接触面和稳固性。

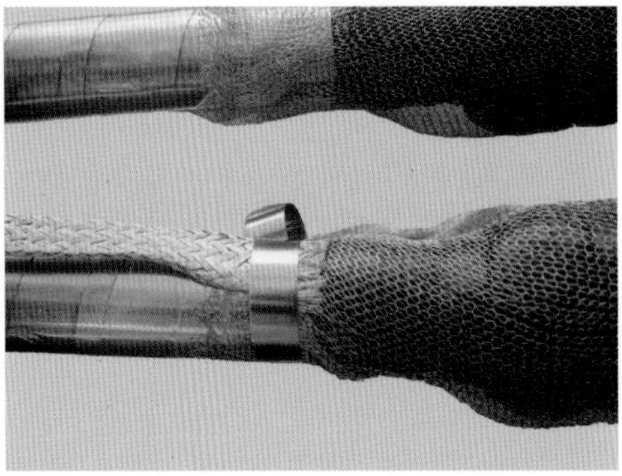

图 2-81 铜编织带端头呈宽度方向略加展开夹入恒力弹簧

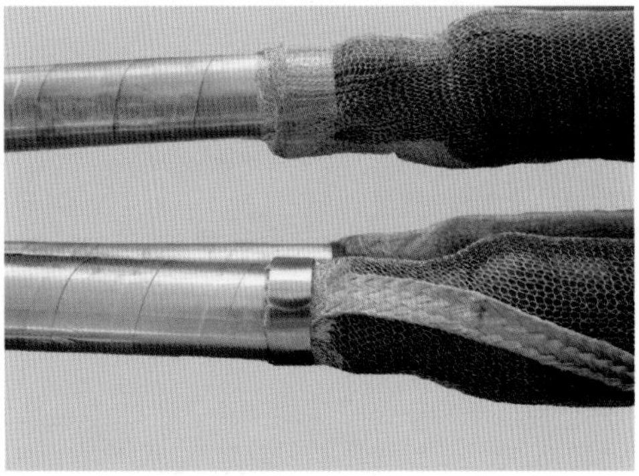

图 2-82 铜编织带反折入恒力弹簧

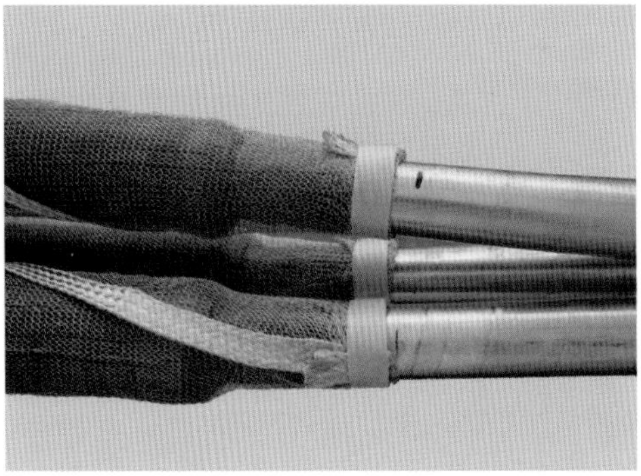

图 2-83 恒力弹簧处绕包 PVC 胶带

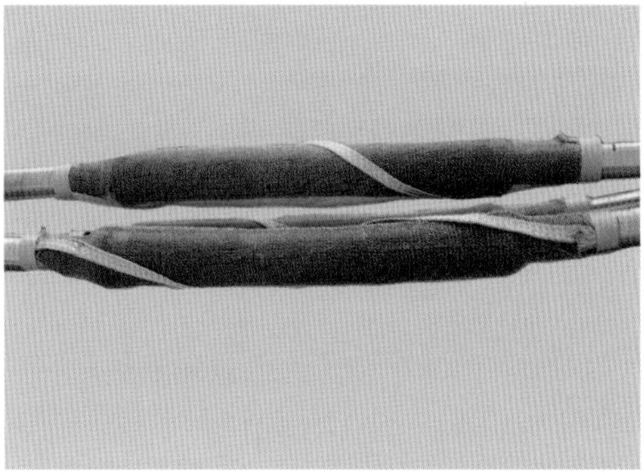

图 2-84 连接好两端铜屏蔽层

3 中间接头整形。将三相并拢整理，恢复内衬物，用 PVC 胶带绕扎。

工艺要求：电缆三相接头之间间隙，必须用填充料填充饱满（见图 2-85），再用 PVC 胶带或白布带将电缆三相并拢扎紧（见图 2-86、图 2-87），以增强接头整体结构的严密性和机械强度。

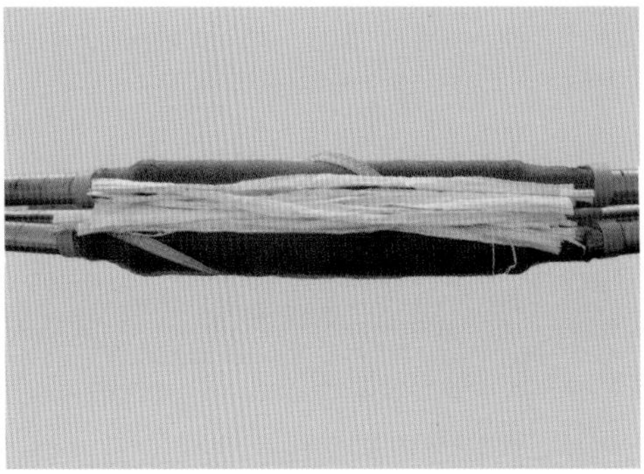

图 2-85 三相接头之间间隙用填充料填充饱满

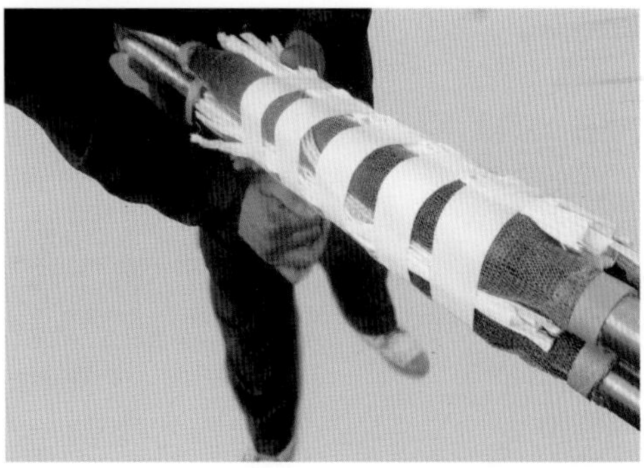

图 2-86 用 PVC 胶带将电缆三相并拢扎紧（一）

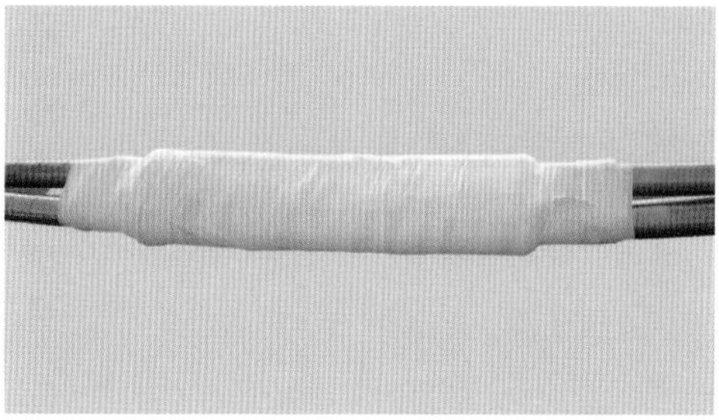

图 2-87　用 PVC 胶带将电缆三相并拢扎紧（二）

4 恢复内护套。在电缆内护套上绕密封胶（见图 2-88），从内护套一端以半搭包式绕防水胶带至另一端内护套（见图 2-89 ～图 2-91）。

工艺要求：绕包防水带。绕包时将胶带拉伸至原来宽度的 3/4，完成后，双手用力挤压所包胶带，使其紧密贴附。防水带应覆盖接头两端的电缆内护套足够长度。

注意点：防水胶带涂胶粘剂一面朝外。

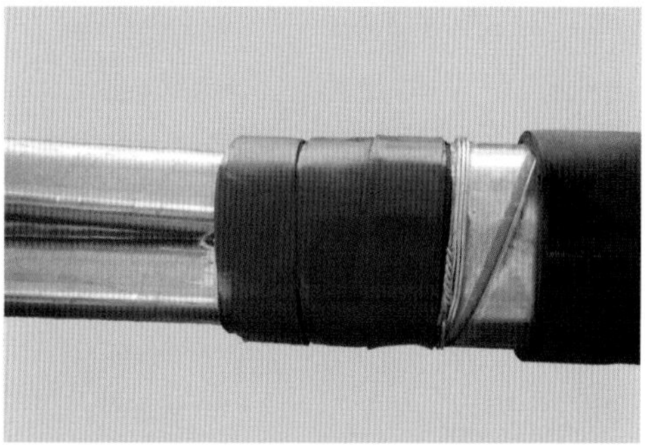

图 2-88　在内护套上绕密封胶

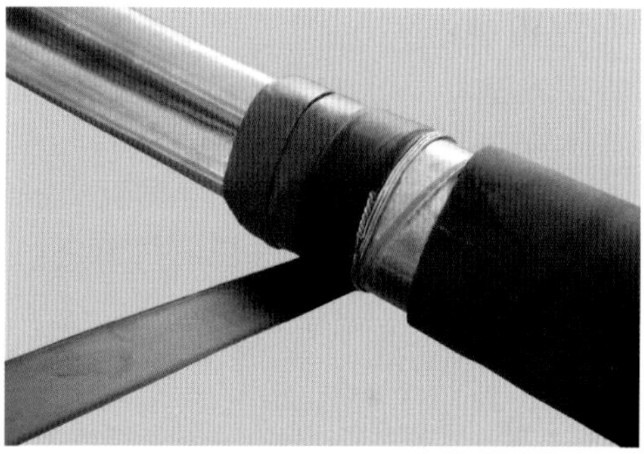

图 2-89　开始绕包防水带

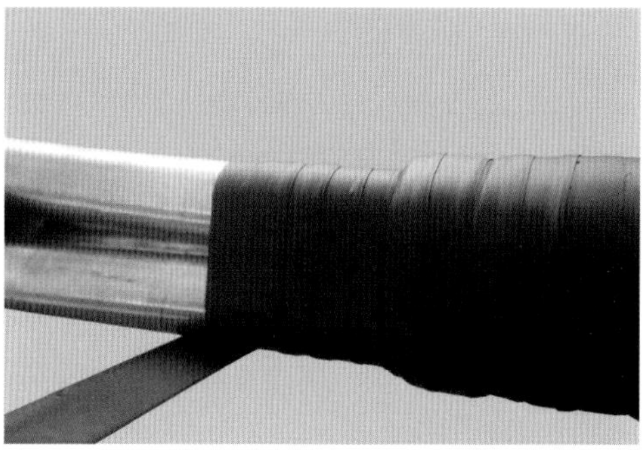

图 2-90　以半搭包式绕防水带

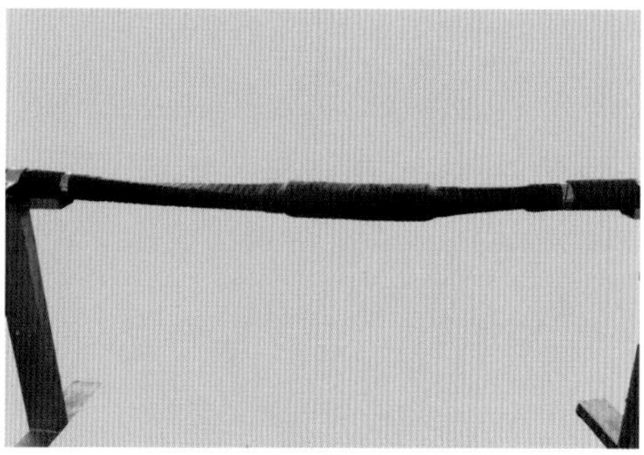

图 2-91　从内护套一端绕防水胶带至另一端内护套

5 连接两端铠装层。用接地铜编织线和恒力弹簧连接两端的钢铠（见图 2-92）。

工艺要求：铜编织带两端与铠装层连接时，必须先用锉刀或砂纸将钢铠表面进行打磨（见图 2-93、图 2-94），将铜编织带端头呈宽度方向略加展开（见图 2-95），夹入（见图 2-96）并反折入恒力弹簧之中（见图 2-97），用力收紧。

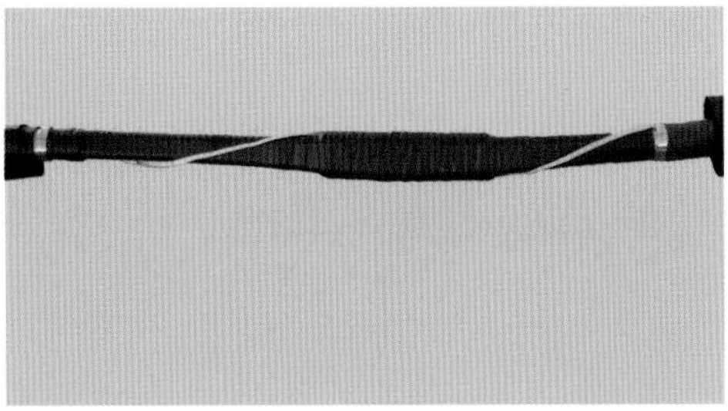

图 2-92 用接地铜编织线和恒力弹簧连接两端的钢铠

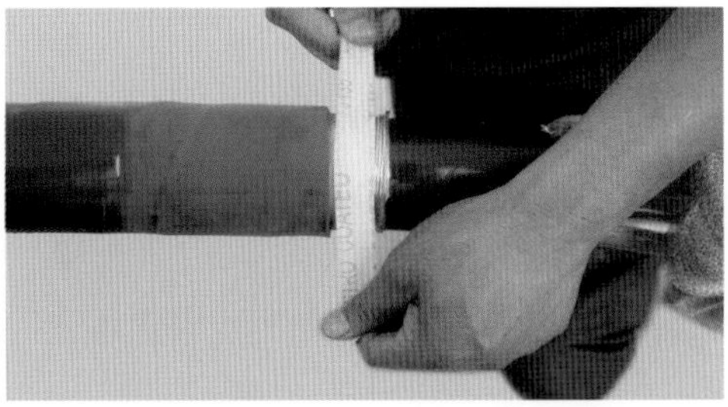

图 2-93 用砂纸打磨铜铠表面

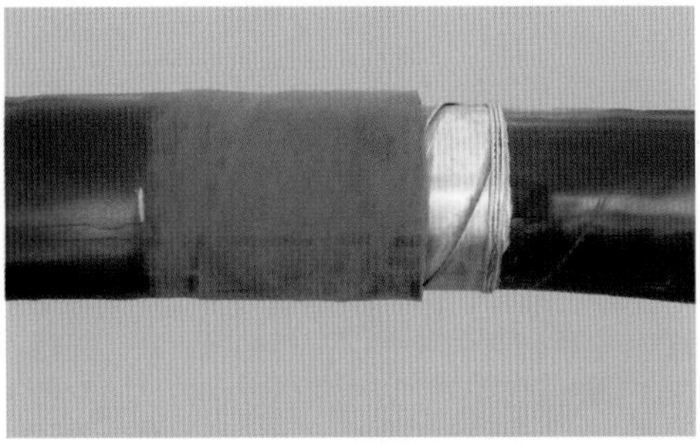

图 2-94 打磨后的铜铠表面

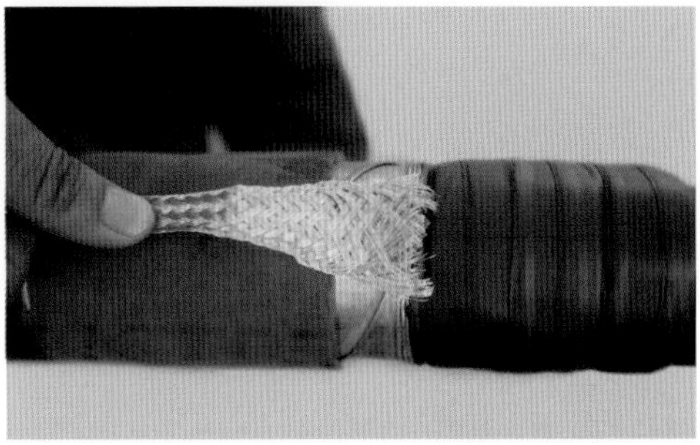

图 2-95 将铜编织带端头呈宽度方向略加展开

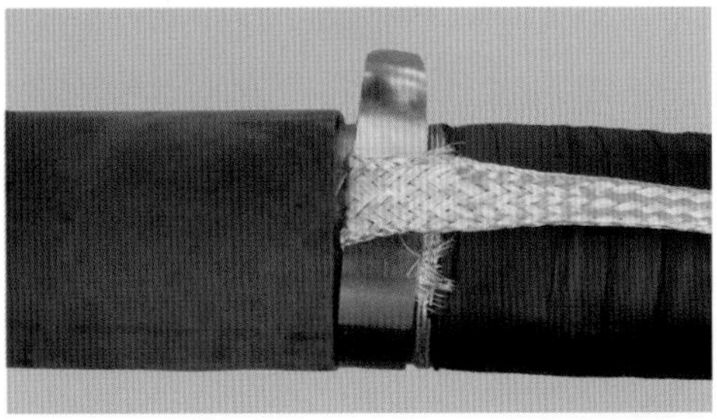

图 2-96 铜编织带夹入并反折入恒力弹簧之中

图 2-97 将恒力弹簧收紧

6 固定铜编织线。用 PVC 胶带绕扎使铜编织线紧贴内层防水带（见图 2-98）。

工艺要求：用 PVC 胶带缠紧固定恒力弹簧，以增加铜编织带与钢铠的接触面和稳固性。

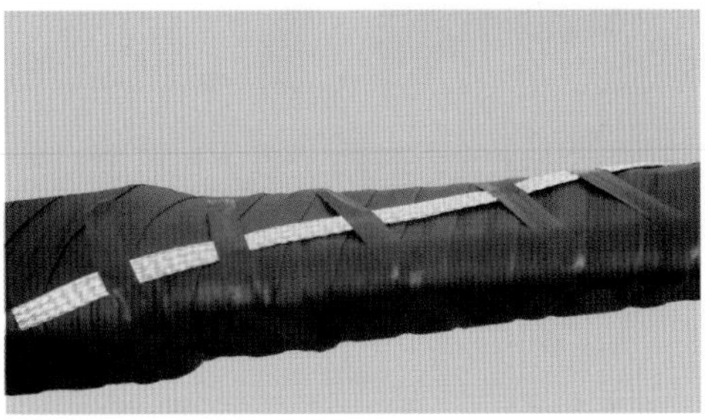

图 2-98 用 PVC 胶带绕扎铜编织线

7 恢复外护套。在电缆外护套及恒力弹簧上绕密封胶（见图 2-99），与内层防水胶带反方向，从外护套一端以半搭包式绕防水胶带至另一端外护套（见图 2-100、图 2-101），与两端外护套分别搭接 60mm（见图 2-102）。

工艺要求：绕包防水带绕包时将胶带拉伸至原来宽度的 3/4，完成后，双手用力挤压所包胶带，使其紧密贴附。防水带应覆盖接头两端的电缆外护套各 60mm。

注意点：防水胶带涂胶粘剂一面朝里。

图 2-99 在电缆外护套及恒力弹簧上绕包密封胶

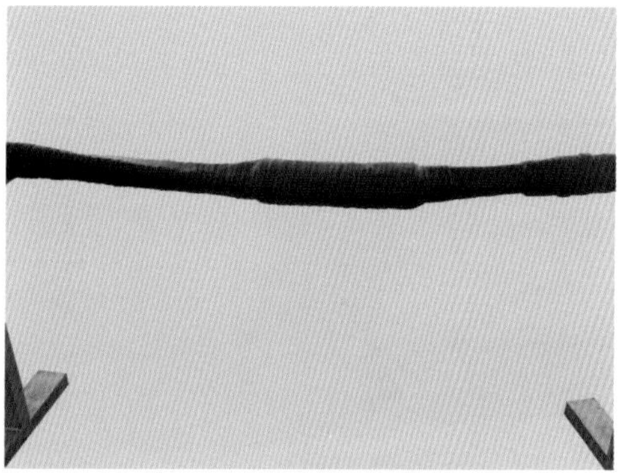

图 2-100 从外护套一端绕防水胶带至另一端外护套

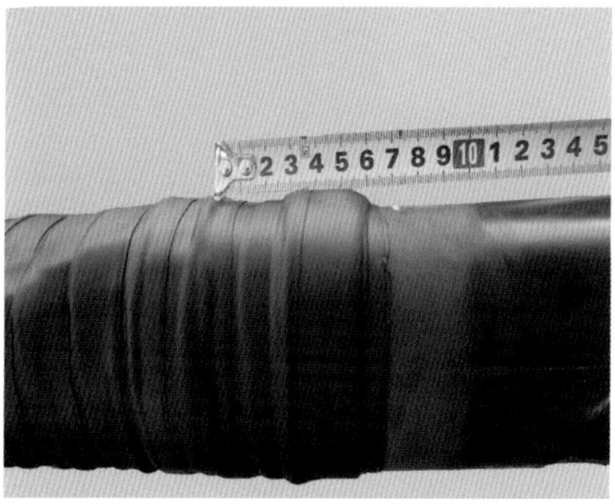

图 2-101 防水带与外护套搭接 60mm

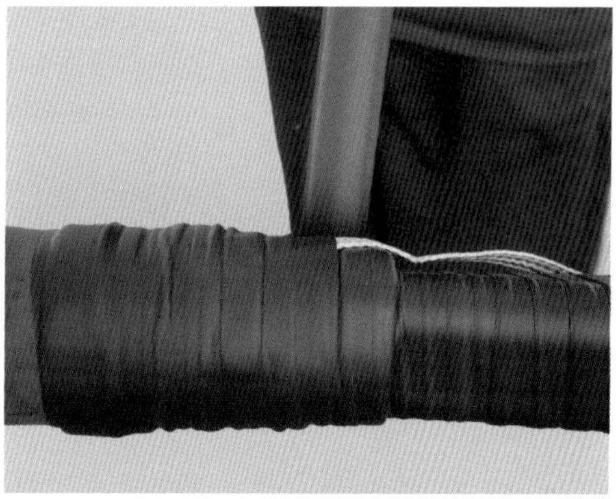

图 2-102 绕包防水带

8 恢复铠装保护层。以半搭包式绕装甲带（装甲带使用方法：带上塑胶手套，打开装甲带的外包装，倒入清水（见图 2-103）直至淹没装甲带（见图 2-104），轻压 3 ～ 5 下，并浸泡 10 ～ 15s，倒出清水后绕在规定位置。

工艺要求：绕包铠装带以半重叠方式绕包（见图 2-105、图 2-106），必须紧固，并覆盖接头两端的电缆外护套各 70mm（见图 2-107、图 2-108）。30min 以后方可进行电缆接头搬移工作，以免损坏外护层结构。

注意点：放置 30min 后再移动电缆。

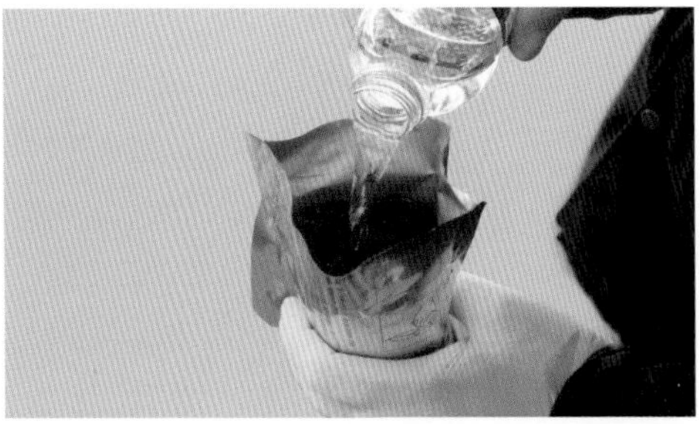

图 2-103 清水倒入装甲带的外包装

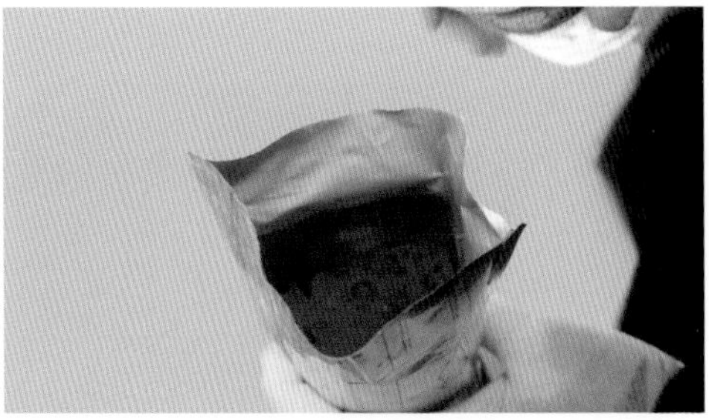

图 2-104 清水淹没装甲带，轻压 3 ~ 5 下，并浸泡 10 ~ 15s

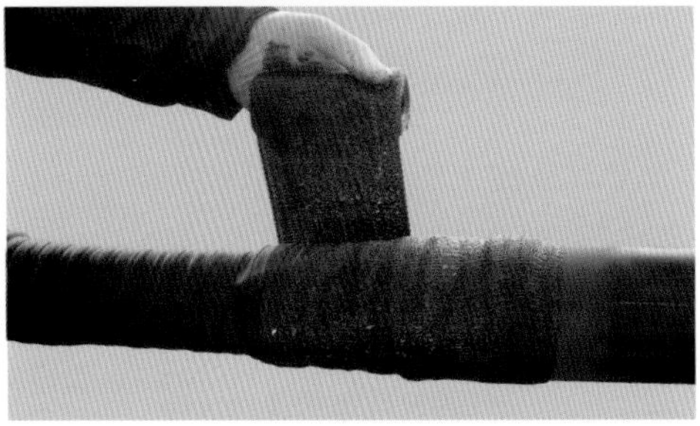

图 2-105 以半重叠方式绕包

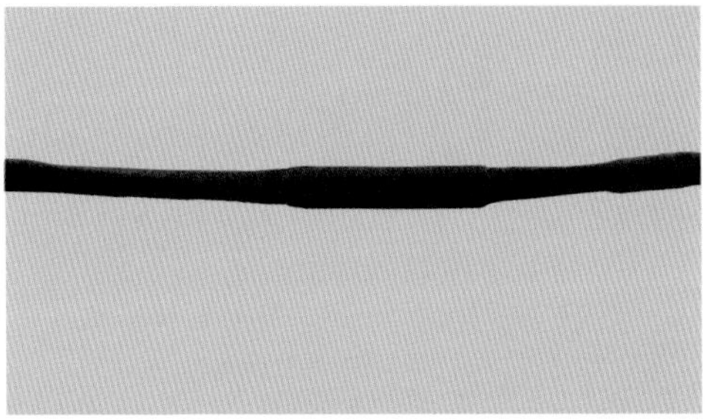

图 2-106 绕包装甲带后放置 30min

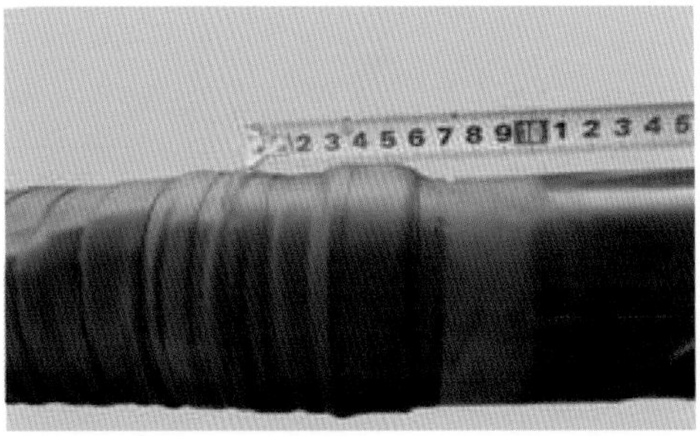

图 2-107 测量外护套 70mm 并做记号

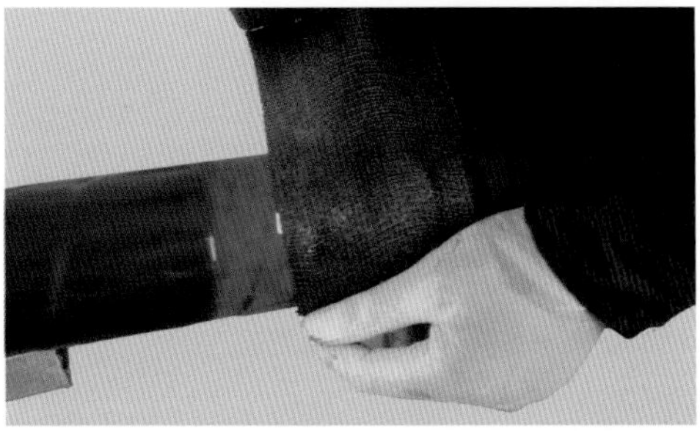

图 2-108 从 70mm 处开始绕包装甲带

安装电缆接头防爆盒

1 松开中间接头防爆盒盒体两侧的螺丝将两半式盒体打开（见图 2-109）。

注意点：注意保管好螺栓、螺母及垫片，以防丢失。

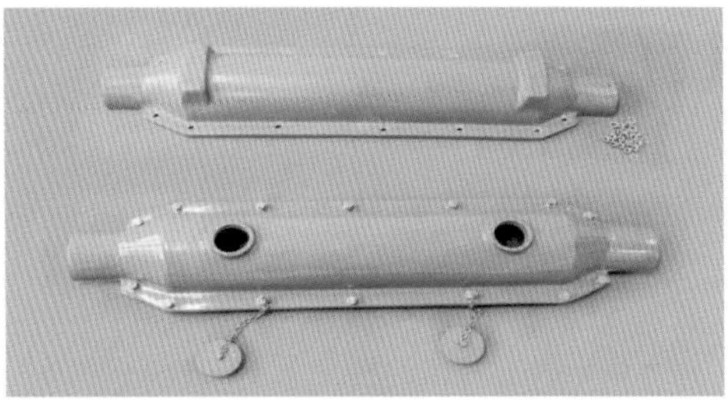

图 2-109 打开防爆盒盒体的螺丝

2 将中间接头置于接头盒下半部中间的位置（见图 2-110），在盒体两侧端部 A 区域根据电缆实际粗细（线径）先绕包硅橡胶密封条（或铠装带 / 防火泥），后在密封垫外绕包防水带进行固定（见图 2-111 ～图 2-114）。

注意点：盒体端部 A 处内径为 100mm。

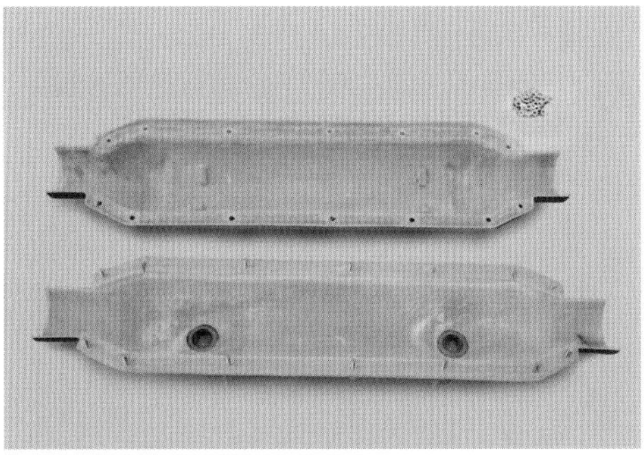

图 2-110　防爆盒 A 区域

图 2-111　绕包防火泥后再绕包防水袋

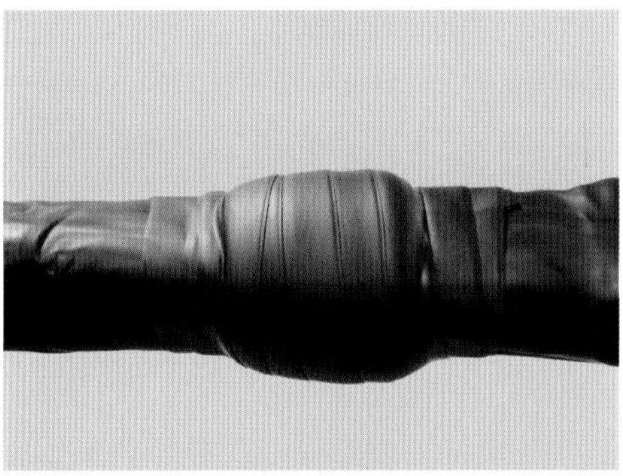

图 2-112　防水带绕包完成

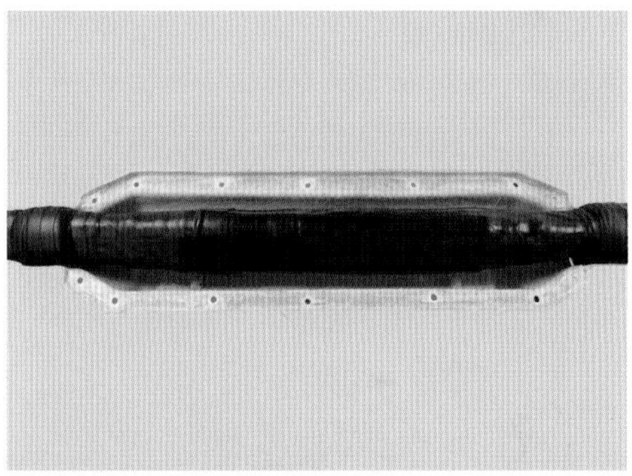

图 2-113　将中间接头置于接头盒下半部中间的位置

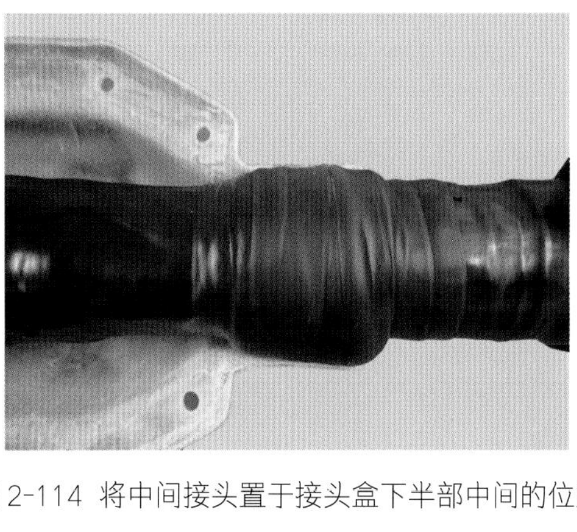

图 2-114　将中间接头置于接头盒下半部中间的位置

3 盖上盒体上半部，紧固盒体两侧的不锈钢螺栓；并将连接泄能孔盖的不锈钢链条另一端通过螺栓锁紧在盒体上（见图 2-115）。

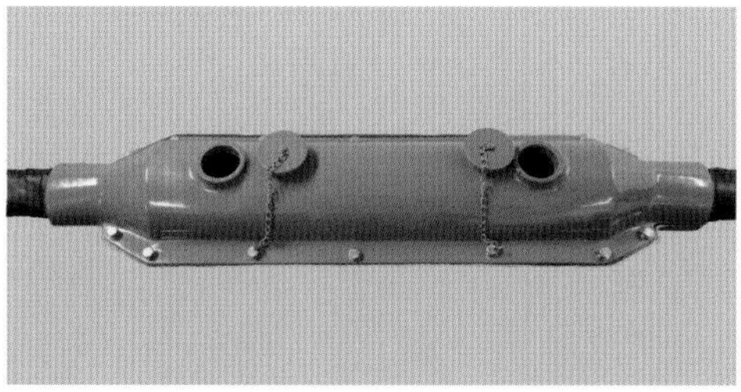

图 2-115 合上盒体上半部分

4 将两个热缩管分别放置在盒体两侧端口与电缆外护套间，采用喷灯加热，使热缩管回缩（见图 2-116 ～图 2-118）。

注意点：先加热回缩盒体端，再向外护套方向匀速加热收缩；加热时喷灯采用均匀、环状来回操作。

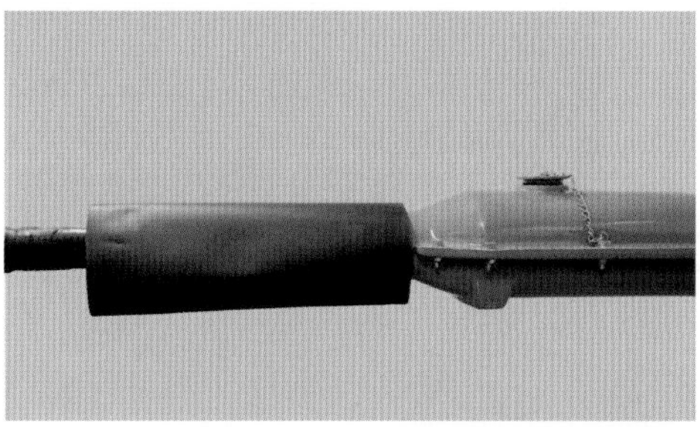

图 2-116 热缩管放置在盒体端口与外护套间

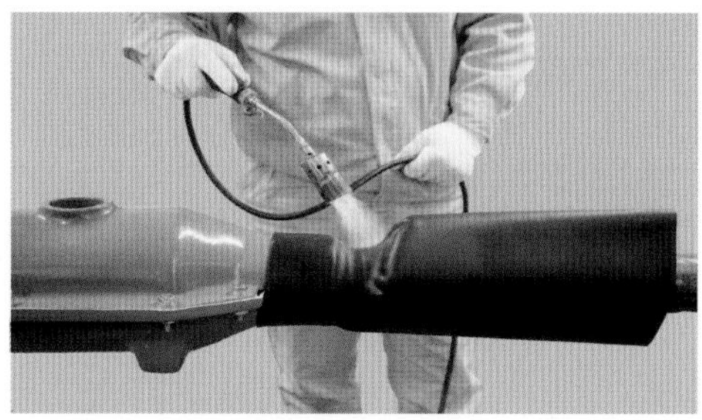

图 2-117 加热收缩热缩管

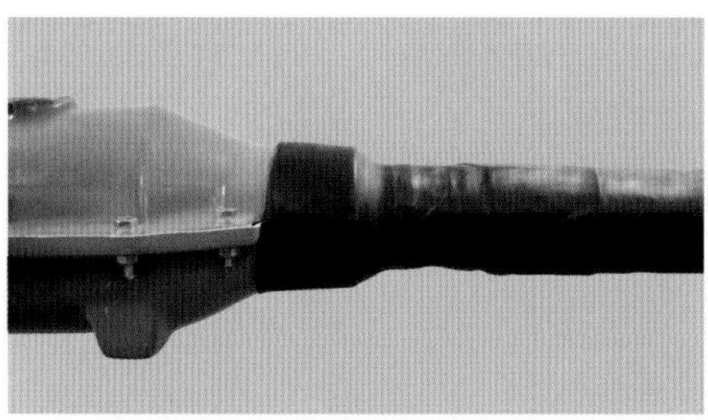

图 2-118 热缩管加热收缩在盒体和外护套上

5 在盒体两侧端口处绕包防水带（见图 2-119）。

图 2-119 盒体端部热缩管外绕包上防水带

6 在防水带外绕包黑色 PVC 胶带（见图 2-120）。

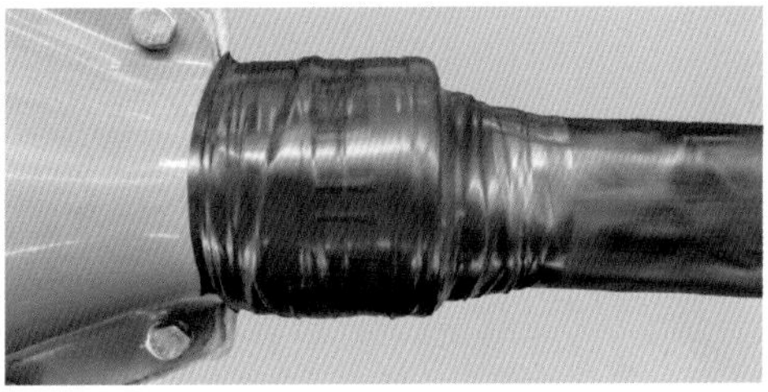

图 2-120　在防水带外绕包上 PVC 胶带

7 将一组高压电缆密封胶 A、B 同时倒入容器中（见图 2-121），并搅拌均匀（见图 2-122）。

图 2-121　将一组高压电缆密封胶 A、B 同时倒入容器中

图 2-122　将一组高压电缆密封胶 A、B 搅拌均匀

8 通过泻能孔将密封胶倒入盒体内，使盒体灌满高压电缆密封胶（见图 2-123）。

图 2-123　盒体灌满高压电缆密封胶

9 拧紧泻能孔盖子，完成全部工序（见图 2-124、图 2-125）。

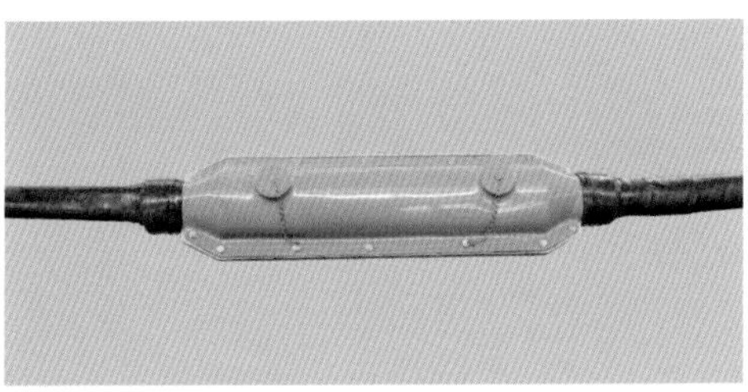

图 2-124　拧上泻能孔的盖子

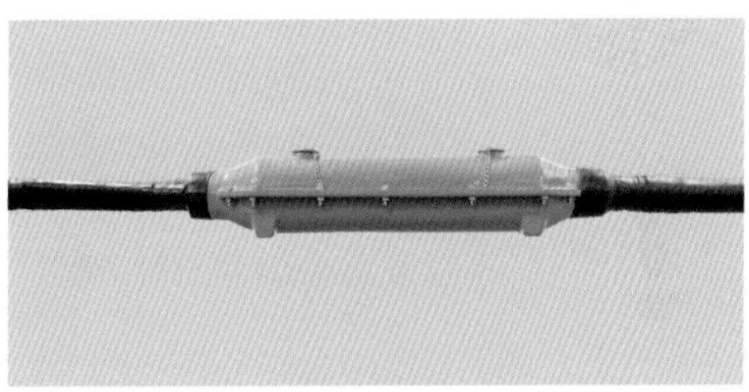

图 2-125　制作完成

第 3 章

10kV 冷缩式电缆终端头制作安装

3.1 10kV 冷缩式电缆终端头制作安装工艺流程

10kV 冷缩式电缆终端头制作安装工艺流程如图 3-1 所示。

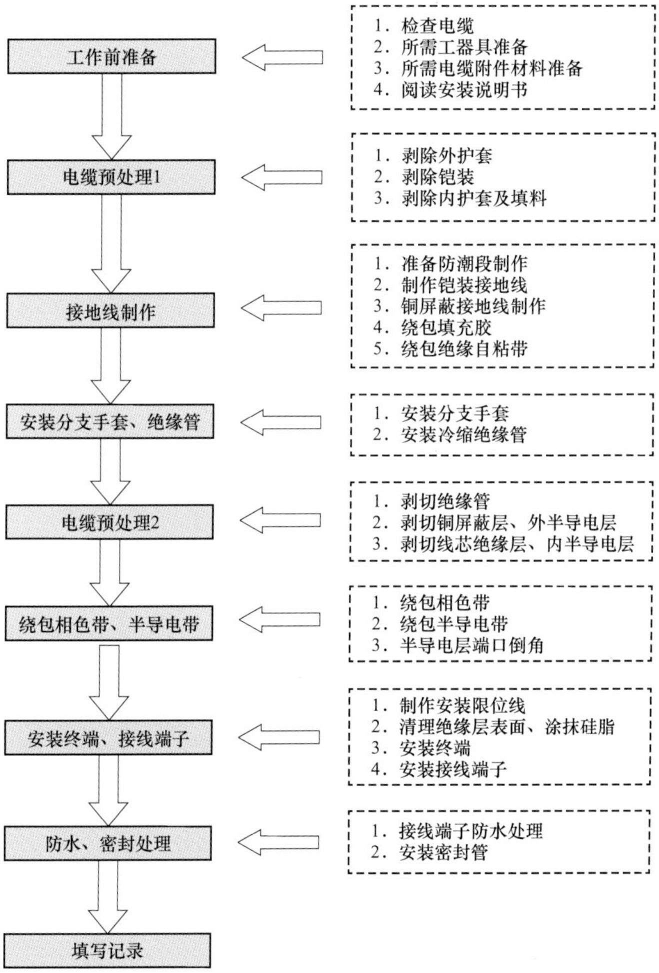

图 3-1　10kV 冷缩式电缆终端头制作安装工艺流程图

3.2 工作前准备

检查电缆

安装电缆附件前，应检查电缆，确认电缆状况良好，电缆无受潮进水、绝缘偏心、明显的机械损伤等不良缺陷（见图 3-2、图 3-3、图 3-4）。

图 3-2 擦拭电缆准备外观检查

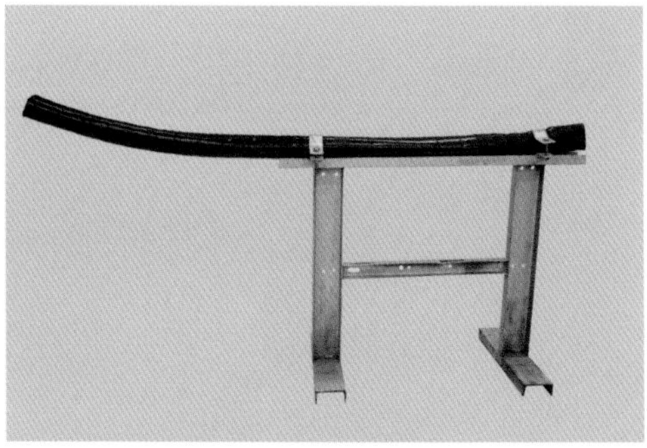

图 3-3 电缆外观检查

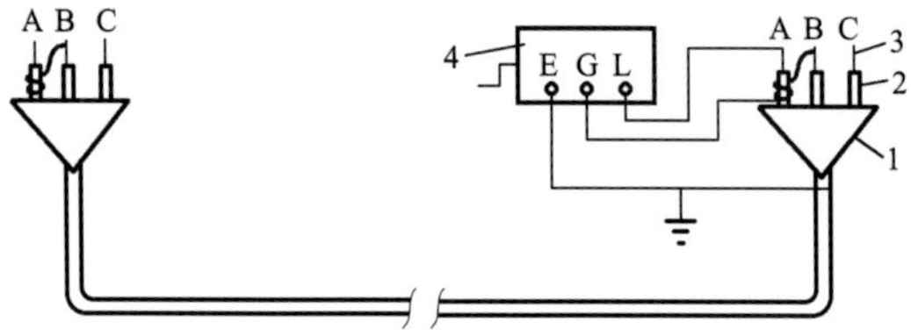

图 3-4 电缆受潮测试

1—电缆终端头；2—套管或绕包的绝缘；
3—线芯导体；4—500 ～ 2500V 绝缘电阻表

所需工器具准备

安装电缆附件前，应做好施工用工器具检查，确保施工用工器具齐全完好，便于操作，状况清洁（见图 3-5、表 3-1）。

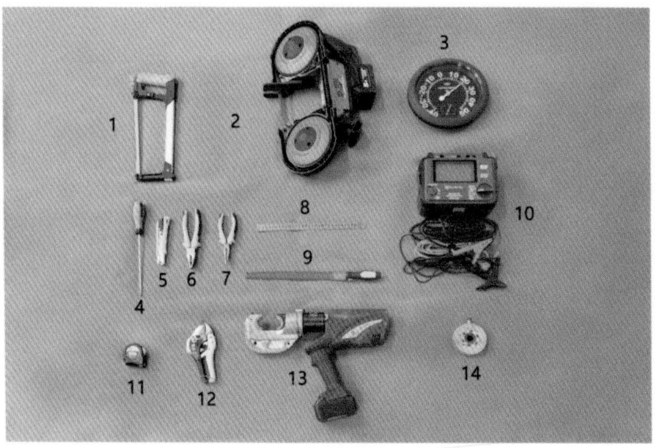

图 3-5 安装制作所需工器具

表 3-1　　制作安装所需工器具表

序号	名称	规格	单位	数量	用途
1	手锯		把	1	切割铠装层
2	电锯		把	1	切割电缆

续表

序号	名称	规格	单位	数量	用途
3	温湿度计		只	1	测量温度、湿度
4	起子		把	1	协助切割铠装层、铜屏蔽层等
5	墙纸刀		把	1	切割填充层、半导电层
6	克丝钳		把	1	剥半导电层
7	尖嘴钳		把	1	协助剥除外护套、内护套
8	直尺		把	1	测量尺寸
9	锉刀		把	1	协助打磨钢铠、端子的毛刺
10	绝缘电阻表及连线		套	1	测量电缆绝缘电阻
11	卷尺		把	1	测量尺寸
12	切割刀		把	1	协助切割绝缘层
13	液压钳		把	1	压接铜接管
14	倒角器		把	1	绝缘端部倒角

所需电缆附件材料准备

电缆附件规格应与电缆匹配，零部件应齐全无损伤，绝缘材料不得受潮、过期（见图 3-6、表 3-2）。

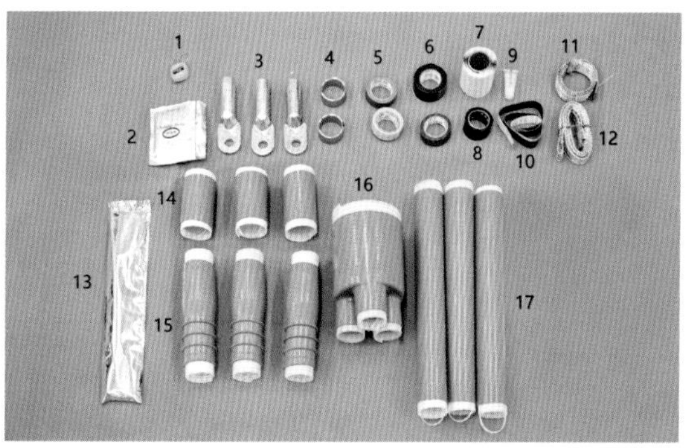

图 3-6　安装制作所需附件材料

表 3-2　制作安装所需附件材料表

序号	名称	规格	单位	数量
1	小卷尺		把	1
2	清洁巾	3 片 / 包	包	2
3	接线端子		个	3
4	恒力弹簧	大	个	2
5	PVC 胶带	黄、绿、红	卷	各 1 卷
6	绝缘自粘带	J-20、2m/ 卷	卷	1

续表

序号	名称	规格	单位	数量
7	防水胶带	1m/ 卷	卷	1
8	半导电带	1m/ 卷	卷	1
9	硅脂	10g	盒	2
10	砂带	240 号、320 号	m	各 0.45m
11	铜编织线	$10mm^2$	m	0.9
12	铜编织线	$25mm^2$	m	1
13	填充胶	200g/ 包	包	1
14	冷缩密封管		根	3
15	冷缩件		个	3
16	冷缩三支套		个	1
17	冷缩绝缘管		根	3

阅读安装说明书

施工前仔细阅读随材料箱的制作安装说明书，审核说明书是否正确，确认附件安装次序。

3.3 10kV 冷缩式电缆终端头安装的制作步骤及工艺要求

电缆预处理 1

1 剥除外护套。根据开剥尺寸所示（见图 3-7）剥去 *A* 长外护套（见表 3-3、图 3-8、图 3-9），具体可根据实际现场情况确定。

工艺要求：应分两次进行，以避免电缆铠装层铠装松散。先将电缆末端外护套保留 100mm（见图 3-10）。然后按规定尺寸剥除外护套（见图 3-11），要求断口平整。

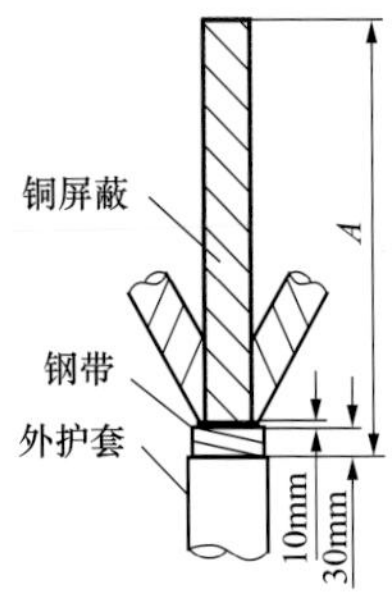

图 3-7 开剥尺寸

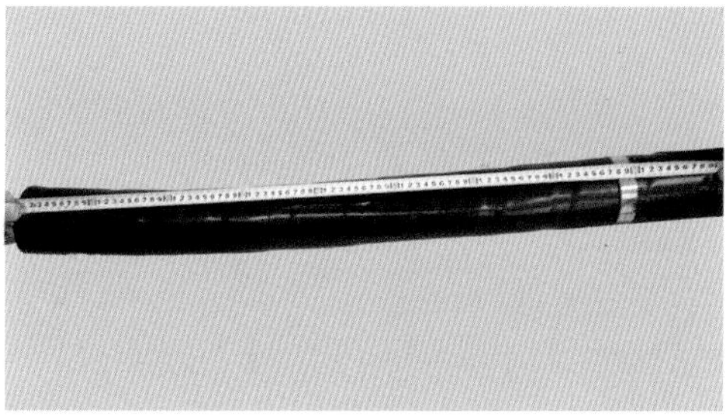

图 3-8　量取 A 尺寸

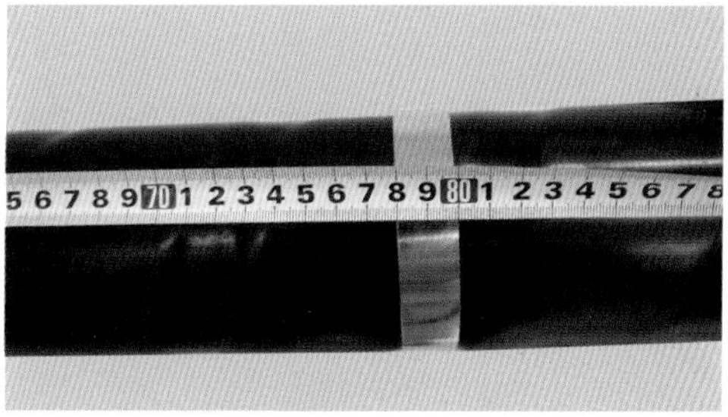

图 3-9　量取 A 尺寸

表 3-3　　　　　　　　　　开剥尺寸表

导体截面范围	A		B		C	
	户内	户外	户内	户外	户内	户外
35 ～ 630mm²	800	860	275	355	40	60

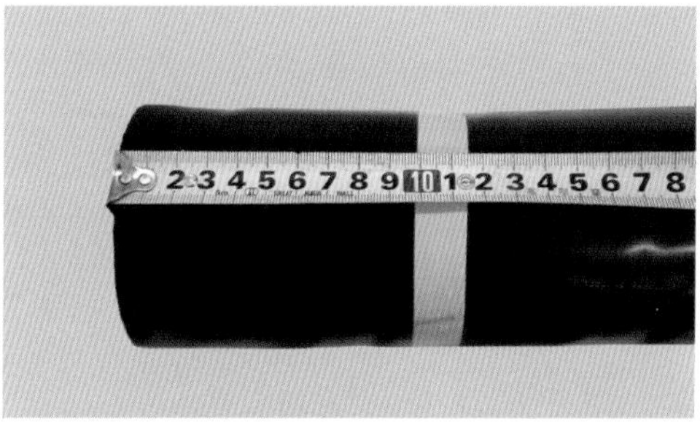

图 3-10　量取电缆末端保留的 100mm 尺寸

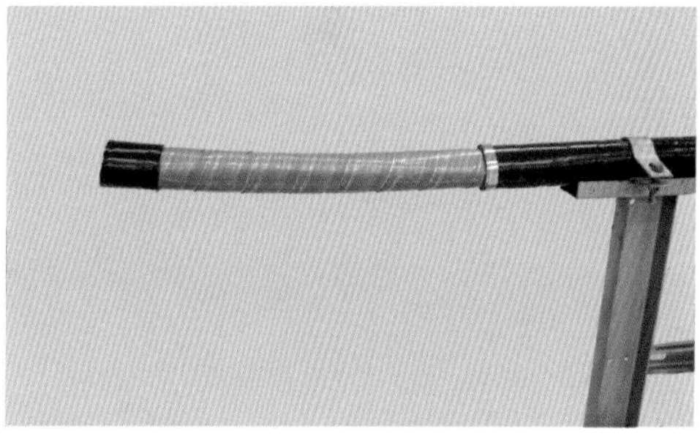

图 3-11　剥去外护套

2 剥除铠装。留下 30mm 钢带（见图 3-12），其余剥去（见图 3-13、图 3-14）。去除留下钢带表面的氧化层和油漆。

工艺要求：按规定尺寸在铠装上绑扎铜线或安装恒力弹簧，绑线的缠绕方向应与铠装的缠绕方向一致，致铠装越绑越紧不致松散。绑线用 ϕ 2.0 的铜线，每道 3 ～ 4 匝。锯铠装时，其圆周锯痕深度应均匀，不得锯透，不得损伤内护套。剥铠装时，应首先沿锯痕将铠装卷断，铠装断开后再向电缆端部剥除。

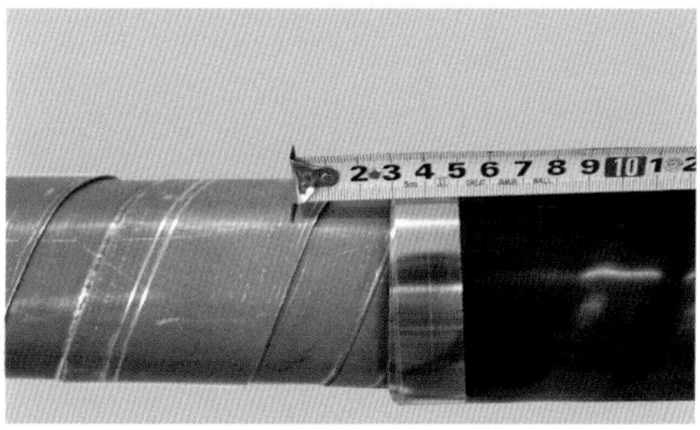

图 3-12　量取 30mm 钢铠并做记号

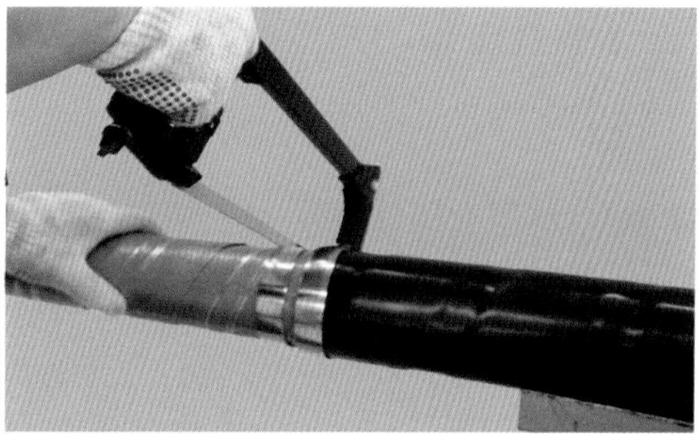

图 3-13　切割钢铠

图 3-14 切割后的钢铠断面平整、未损伤内护套

3 剥除内护套及填料。留 10mm 内护套（见图 3-15），其余剥去（见图 3-16）。用 PVC 胶带包扎每相端头铜屏蔽，剥去填充物（见图 3-17、图 3-18），三相分开（见图 3-19）。

工艺要求：在应剥除内护套处用刀横向切一环形痕，深度不超过内护套厚度的一半。纵向剥除内护套时，切口应在两芯之间，防止切伤金属屏蔽层。剥除内护套后应将金属屏蔽带末端用聚氯乙烯粘带扎牢，防止松散。切除填料时刀口应向外，防止损伤金属屏蔽层。

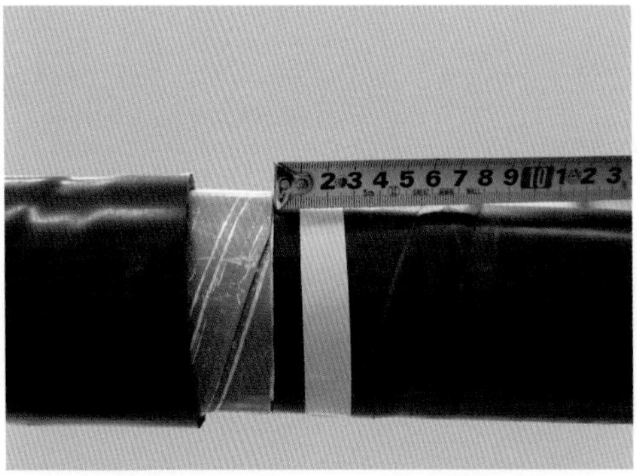

图 3-15 量取 10mm 内护套

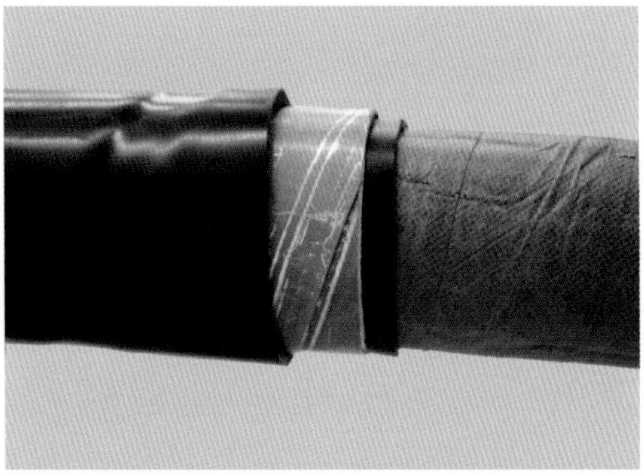

图 3-16 切除多余内护套

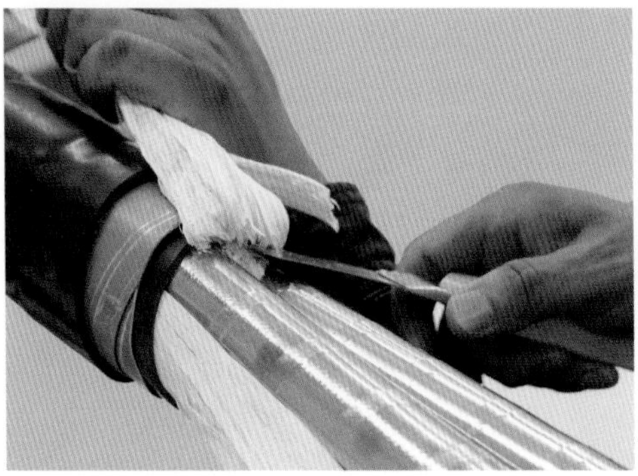

图 3-17 切除填充物

图 3-18 切除干净填充物

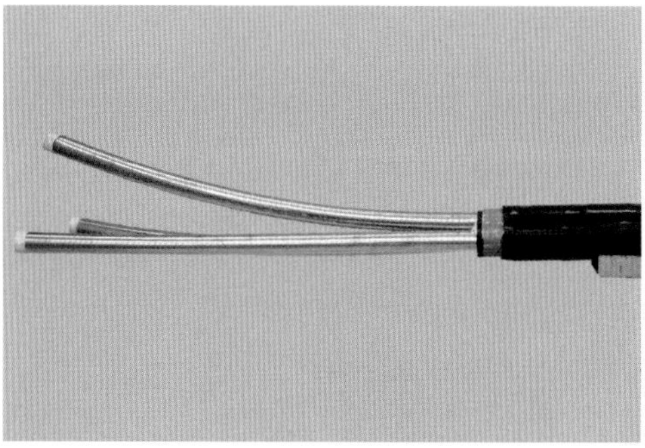

图 3-19　将三相分开

接地线制作

1 准备防潮段制作。擦去剥开处往下 50mm 长外护套表面的污垢（图 3-20、图 3-21），在 15mm 处均匀绕一层填充胶（图 3-22）。

工艺要求：自外护套断口向下 40mm 范围内的铜编织带必须做 20 ～ 30mm 的防潮段。

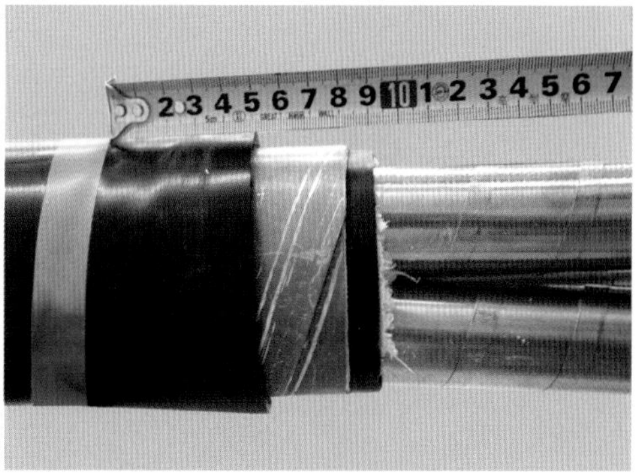

图 3-20　量取 50mm 长外护套

图 3-21　擦去剥开处往下 50mm 长外护套表面污垢

图 3-22　在 15mm 处均匀绕一层填充胶

2 制作铠装接地线。用恒力弹簧将铜编织线（较细的那根）卡在钢带上（见图 3-23），用 PVC 胶带包好恒力弹簧及钢带（见图 3-24），再在 PVC 胶带外绕一层填充胶（见图 3-25）。

工艺要求：用恒力弹簧将铜编织线固定在铠装层的两层钢带上。在恒力弹簧外面必须绕包几层 PVC 胶带，以保证铠装与金属屏蔽层的绝缘。

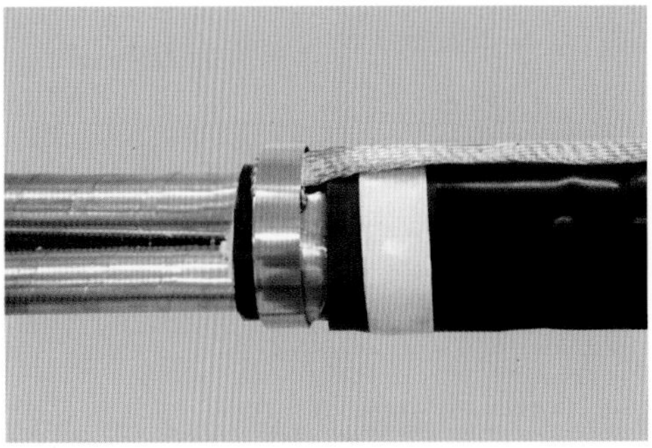

图 3-23 将铜编织线卡在钢带上

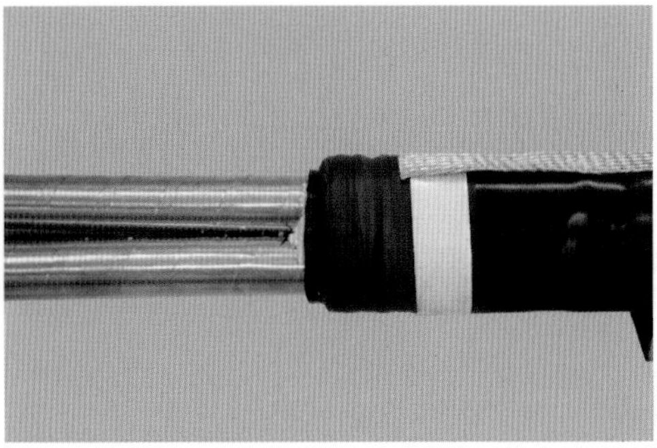

图 3-24 用 PVC 胶带包好恒力弹簧及钢带

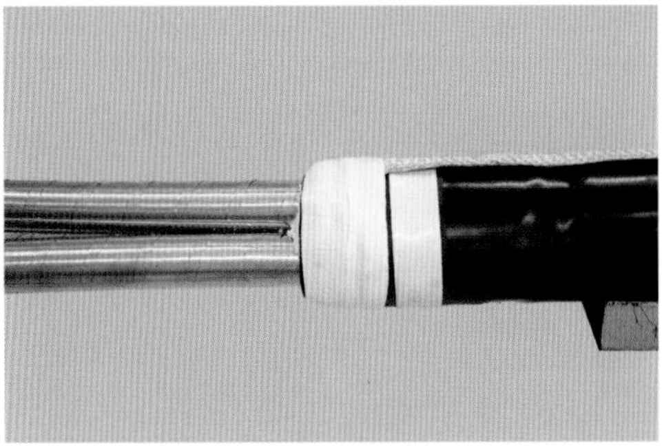

图 3-25 在 PVC 胶带外绕一层填充胶

3 铜屏蔽接地线制作。将另一根铜编织线（较粗的那根）接到铜屏蔽层上（编织线末端翻卷 2 ～ 3 卷后插入三芯电缆分岔并楔入分岔底部，绕包三相铜屏蔽一周后引出）（见图 3-26）。用恒力弹簧卡紧铜编织线（见图 3-27）。

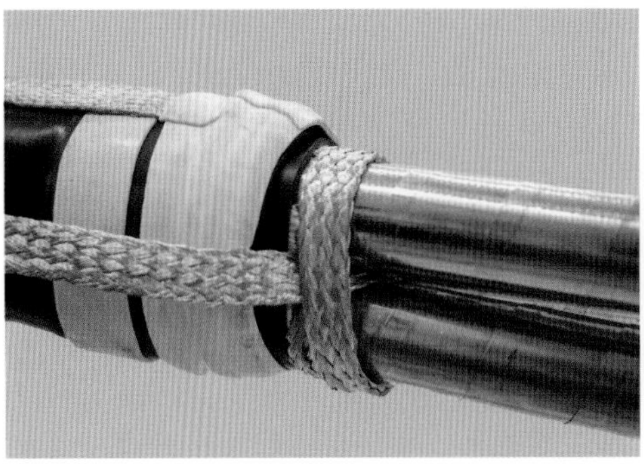

图 3-26 将铜编织线接到铜屏蔽层上

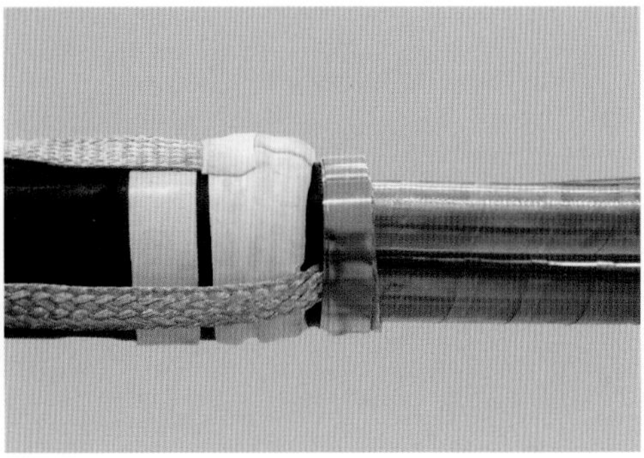

图 3-27 用恒力弹簧卡紧编织线

工艺要求：用恒力弹簧将接地编织带固定在三相铜屏蔽层上。在恒力弹簧外面必须绕包几层 PVC 胶带（见图 3-28），以保证铠装与金属屏蔽层的绝缘。

4 绕包填充胶。将两根编织线分别按在填充胶上，再在上面绕两层填充胶至编织线与铜屏蔽层连接处（见图 3-29）。

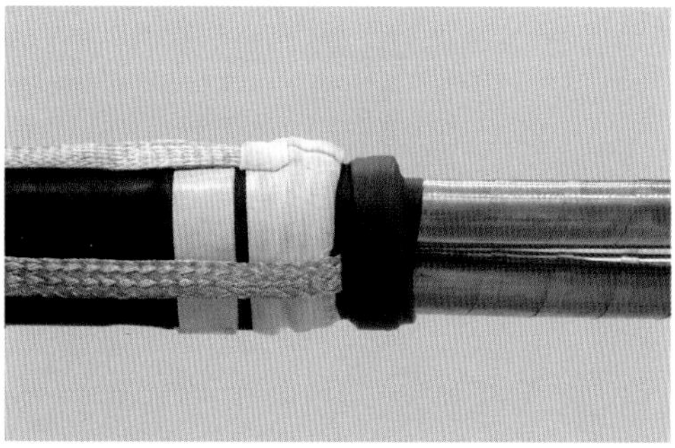

图 3-28　在恒力弹簧外绕包几层 PVC 胶带

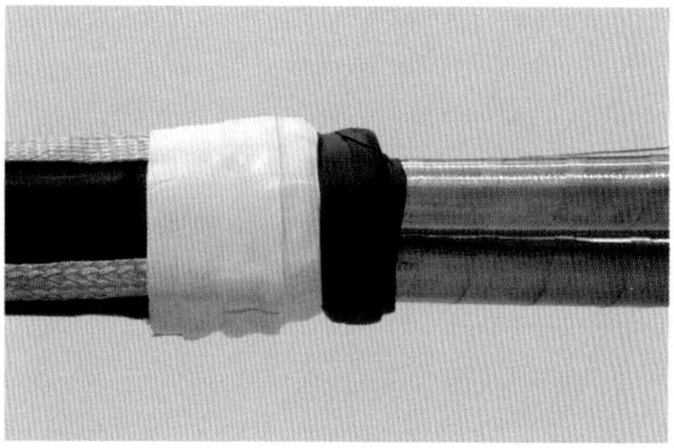

图 3-29　在两根编织线外绕包填充胶

工艺要求：在防潮段下端电缆上绕包两层密封胶，将接地编织带埋入其中，提高密封防水性能。两编织带之间必须用绝缘分开，安装时错开一定距离。两编织线间请勿短接。

5 绕包绝缘自粘带。在填充胶外绕一层绝缘自粘带（见图 3-30）。

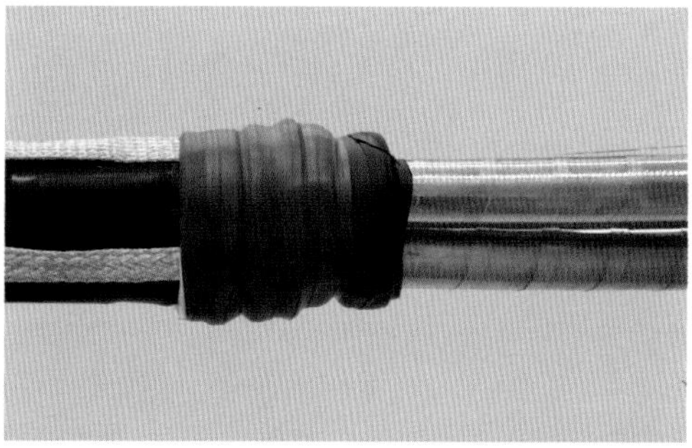

图 3-30　在填充胶外绕包绝缘自粘带

工艺要求：电缆三叉部位用填充胶绕包后，根据实际情况，上半部分可半搭盖绕包一层绝缘自粘带，以防止内部粘连和抽塑料衬管条时将填充胶带出。但填充胶绕包体上不能全部绕包绝缘自粘带。

安装分支手套、绝缘管

1 安装分支手套。套入冷缩三支套，尽量往下，逆时针抽去支撑条收缩（见图 3-31 ～图 3-33）。

工艺要求：冷缩分支手套套入电缆前应先检查三支出管内塑料衬管条内口预留是否过多，注意抽衬管条时，应谨慎小心，缓慢进行，以避免衬管条弹出。分支手套应套至电缆三叉部位填充胶上，必须压紧到位。检查三支管根部，不得有空隙存在。

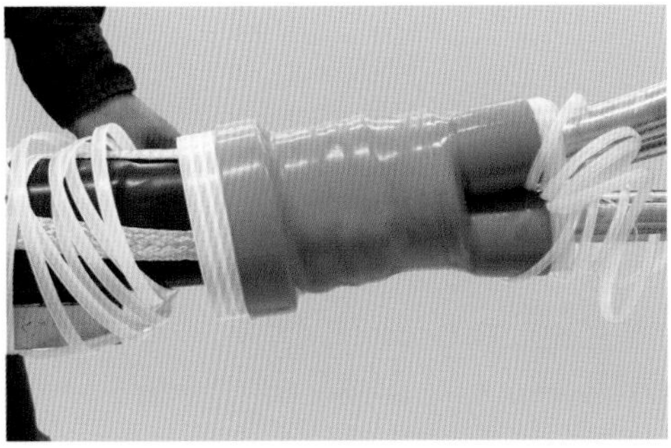

图 3-31 逆时针抽去分支手套支撑条

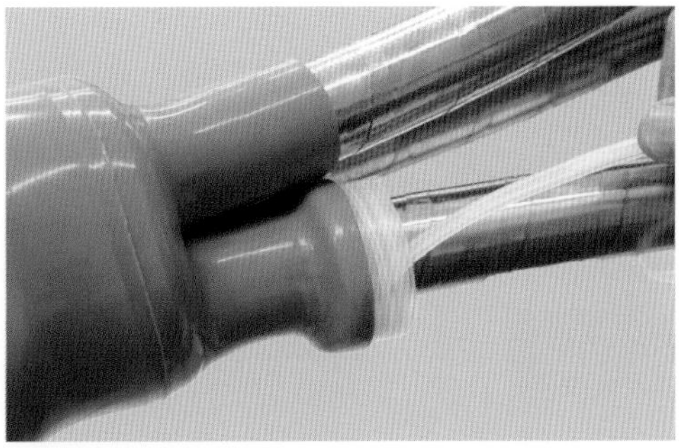

图 3-32 逆时针抽去三支管内支撑条

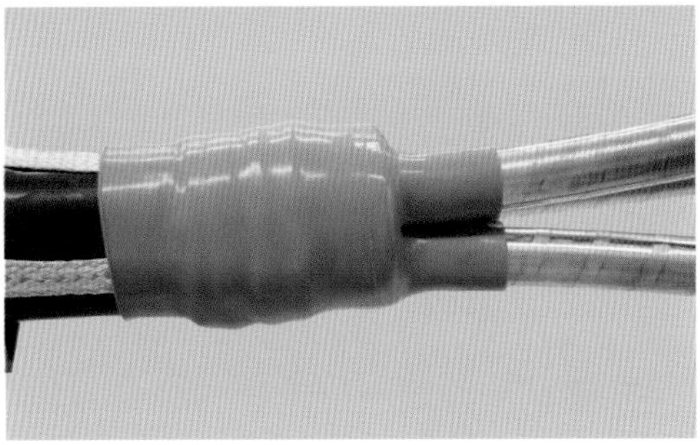

图 3-33 冷缩三支套收缩到位

2 安装冷缩绝缘管。套入冷缩绝缘管，绝缘管与支套指端搭接 20 ～ 30mm（见图 3-34、图 3-35），逆时针抽去支撑条收缩（见图 3-36）。

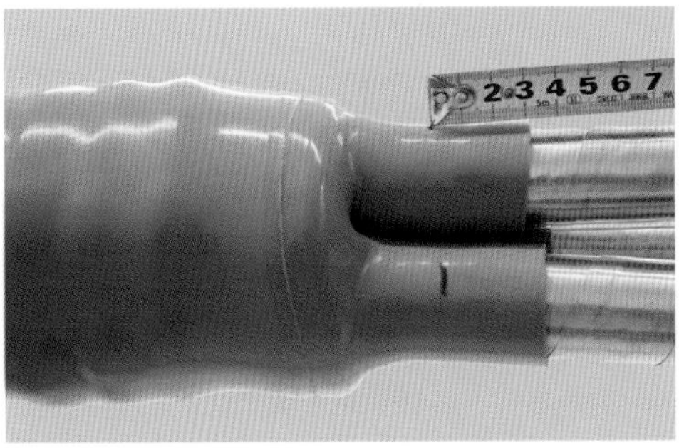

图 3-34 量取 20 ～ 30mm

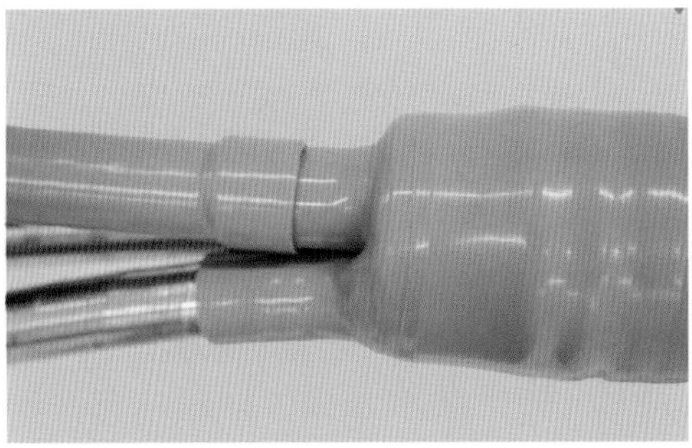

图 3-35 绝缘管与支套指端搭接 20 ～ 30mm

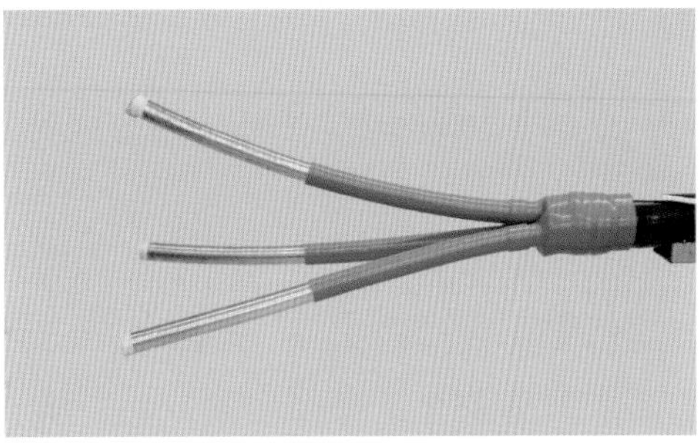

图 3-36 支撑条收缩到位

工艺要求：安装冷缩绝缘管，抽拉出衬管条时，速度应均匀缓慢，两手应协调配合，以防冷缩绝缘管收缩不均匀造成拉伸和反弹。

电缆预处理 2

1 剥切绝缘管。按图 3-37 所示剥去 *B* 长外护套（见表 3-3、图 3-37、图 3-38），剥切多余的冷缩绝缘管（见图 3-39）。

工艺要求：护套管切割时，必须绕包两层 PVC 胶带固定，圆周环切后，才能纵向剖切。剥切时不得损伤铜屏蔽层，严禁无包扎切割，严禁轴向切割。

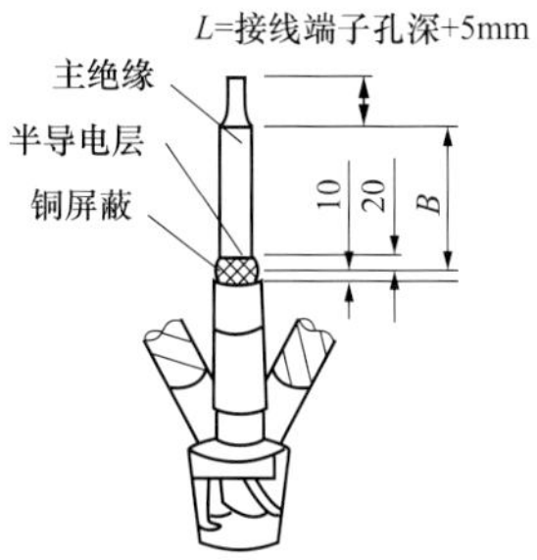

图 3-37　开剥尺寸

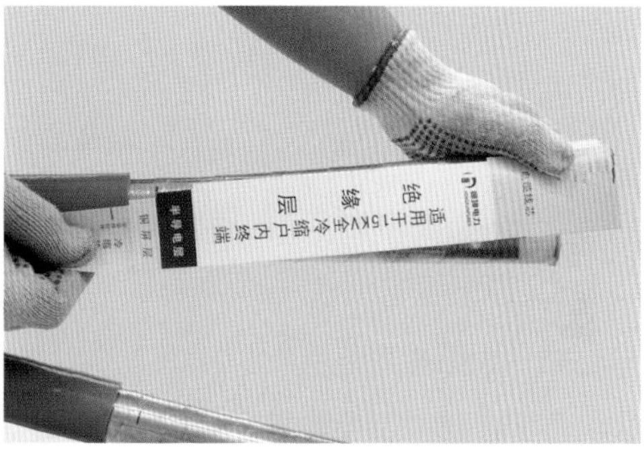

图 3-38　测量多余的冷缩绝缘管

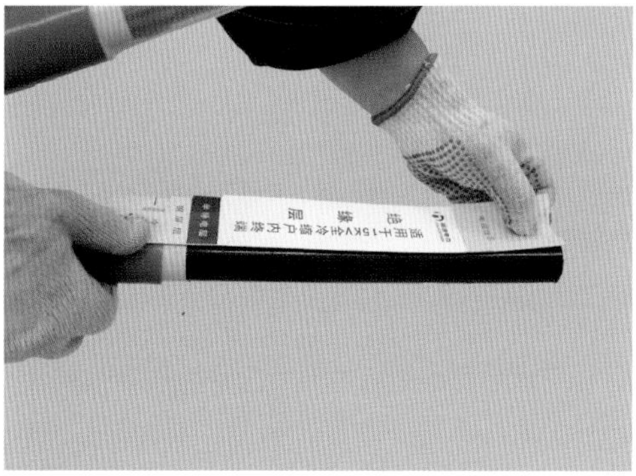

图 3-39　切除多余的冷缩绝缘管后

2 剥切铜屏蔽层、外半导电层。按开剥尺寸，剥切铜屏蔽层（见图 3-40）、半导电层（见图 3-41、图 3-42）。

工艺要求：铜屏蔽层剥切时，就用 ϕ 1.0 镀锡铜线扎紧或用恒力弹簧固定。切割时，只能环切一刀疤，不能切透，以免损伤外半导电层。剥除时，应从刀疤处撕剥，断开后向线芯端部剥除。外半导电层剥除后，绝缘表面必须用细砂纸打磨，去除嵌入在绝缘表面的半导电颗粒。外半导电层端部倒角时（见图 3-43、图 3-44），注意不得损伤绝缘层。打磨后，外半导电层端口应平齐，坡面应平整光洁，与绝缘层圆滑过渡（见图 3-45）。

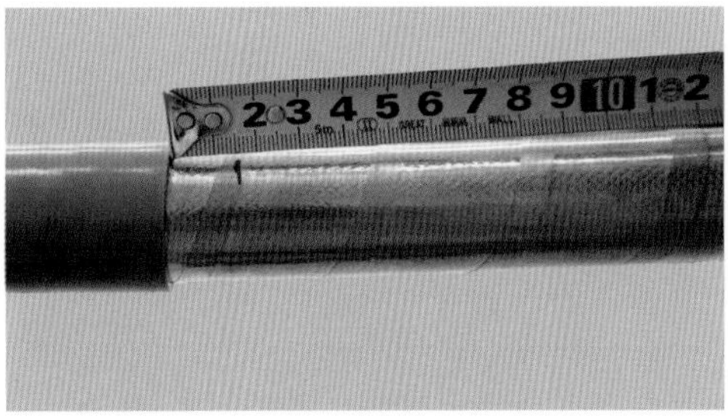

图 3-40 测量预留的铜屏蔽尺寸

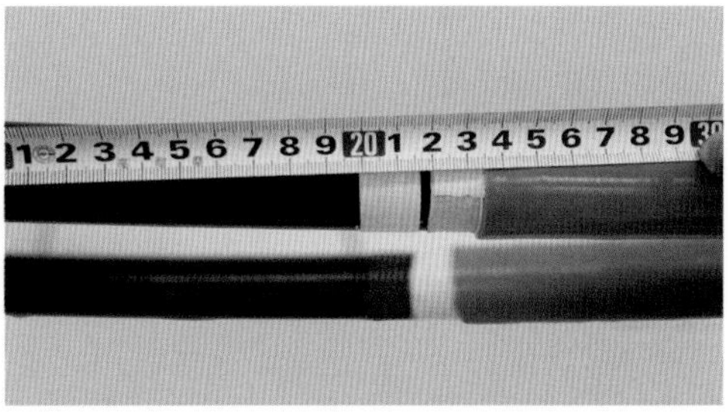

图 3-41 测量预留的半导电层尺寸

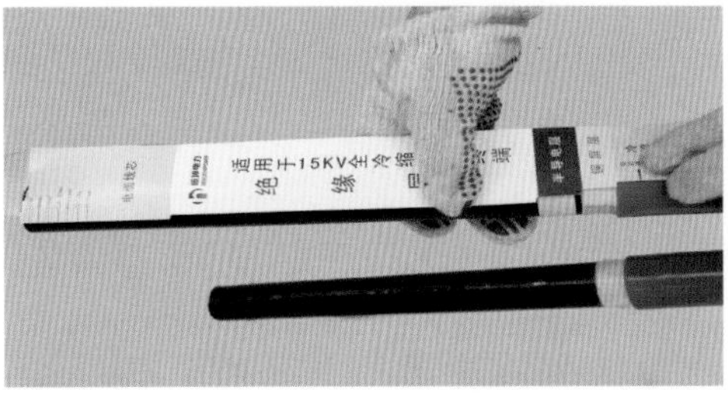

图 3-42 用标尺校对预留的半导电层尺寸

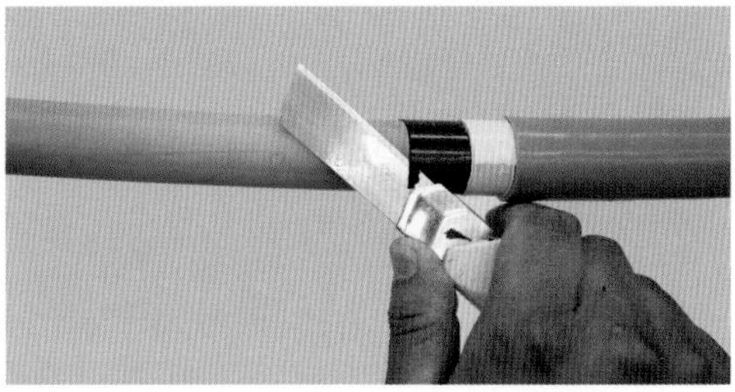

图 3-43 半导电层断口倒角

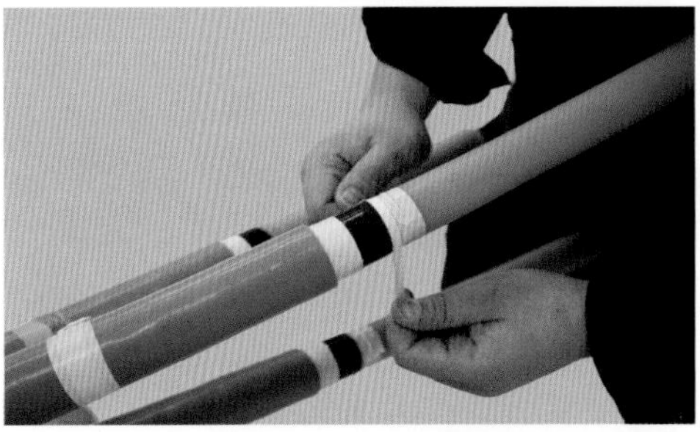

图 3-44 半导电层断口倒角后打磨

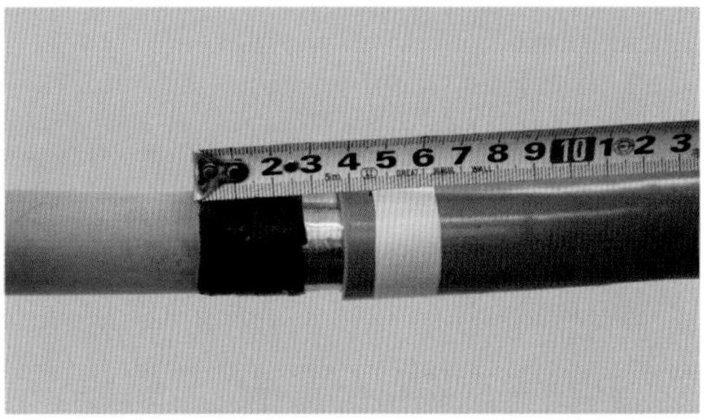

图 3-45 校对切除后的半导电层、铜屏蔽层尺寸

3 剥切线芯绝缘层、内半导电层。按照接线端子孔深加 5mm 长度切除各相绝缘（见图 3-46、图 3-47）。

工艺要求：割切线芯绝缘层时，注意不得损伤线芯导体，剥除绝缘层时，应顺着导线绞合方向进行，不得使导体松散变形。内半导电层应剥除干净，不得留有残迹。

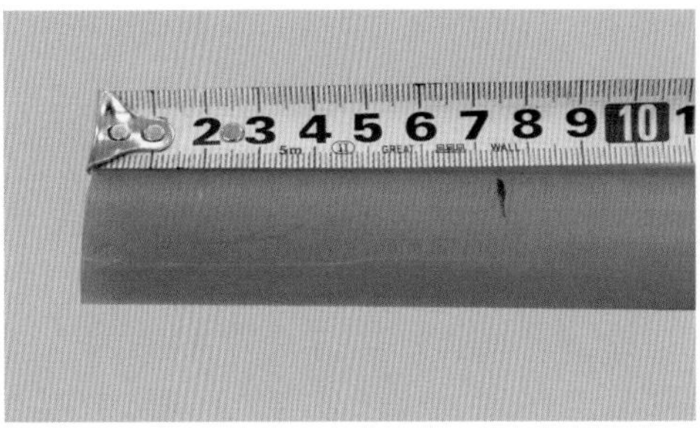

图 3-46 测量需要切除绝缘层、内半导电层的长度并做记号

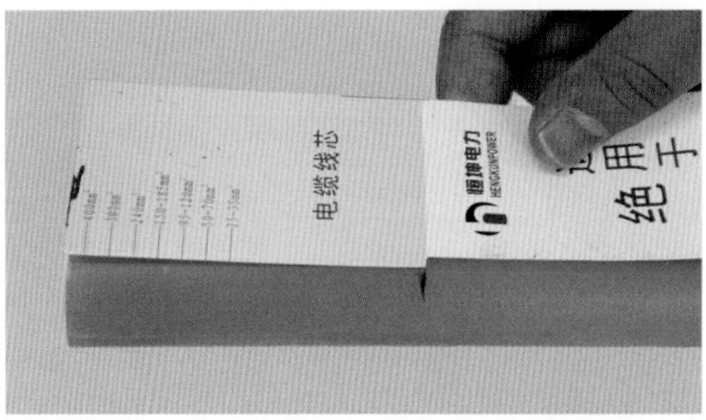

图 3-47 用标尺复测需要切除绝缘层、内半导电层的长度

绕包相色带、半导电带

1 绕包相色带。在冷缩管适当位置绕包相色带做相位标识（见图 3-48）。

工艺要求：按系统相色包缠相色带。

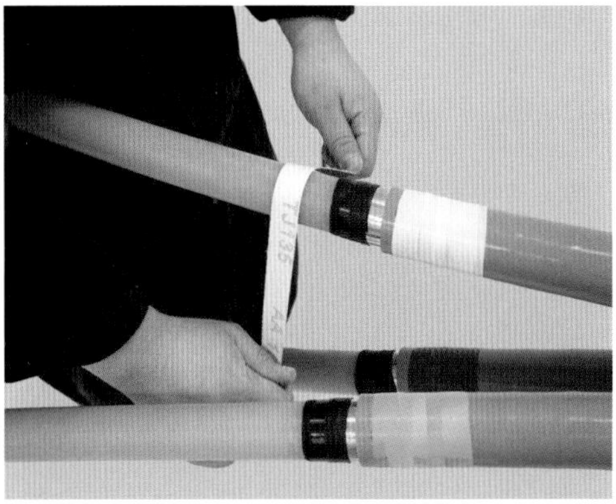

图 3-48 已绕包相色带

2 绕包半导电带。在铜屏蔽带与外半导电层的台阶处上绕 1 ～ 2mm 厚的半导电带，并将铜屏蔽带覆盖住（见图 3-49、图 3-50）。

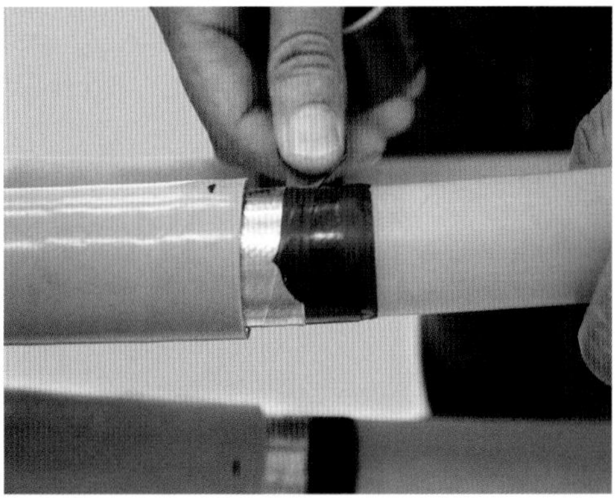

图 3-49 铜屏蔽层断口绕包半导电带（一）

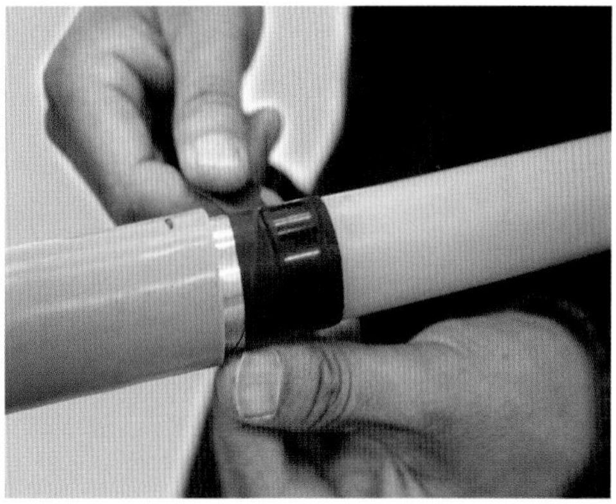

图 3-50 铜屏蔽层断口绕包半导电带（二）

3 半导电层端口倒角。半导电层末端用刀具倒角（见图 3-51），使半导电层与绝缘层平滑过渡。

工艺要求：绝缘端部处理前，用 PVC 胶带黏面朝外将电缆线芯端头包好，以防倒角时伤到导体。

安装终端、接线端子

1 制作安装限位线。从半导电层末端量取 *C* 尺寸（*C* 尺寸见表 3-3），用 PVC 胶带做一标识作为安装限位线（见图 3-52）。

工艺要求：PVC 胶带绕包应齐平，环包的安装限位线与电缆线芯垂直。

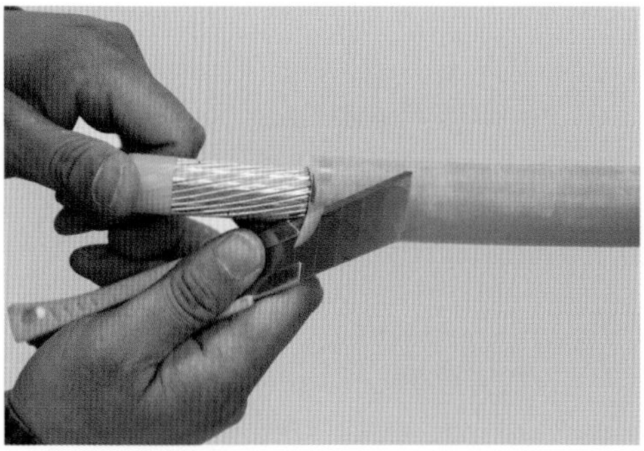

图 3-51 半导电层端口倒角

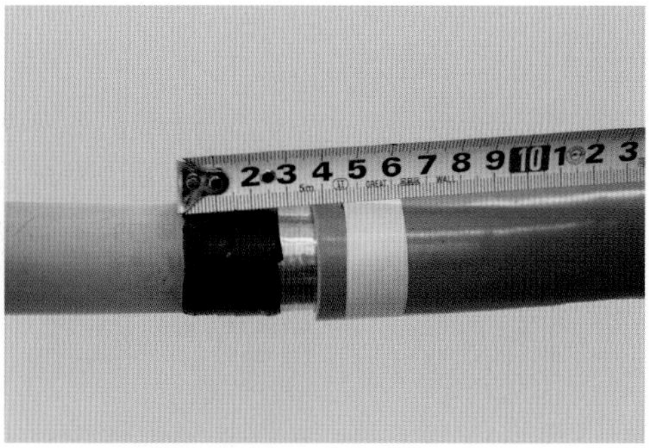

图 3-52 测量安装限位线并做标记

2 清理绝缘层表面、涂抹硅脂。用细砂纸打磨绝缘层表面（见图 3-53），将绝缘层表面清理干净(见图3-54)。待清洗剂挥发后，将硅脂均匀地涂在绝缘层表面(见图 3-55、图 3-56）。

工艺要求：清洁绝缘层时，必须用清洁纸从绝缘层端部向外半导电层端部一次性清洁，以免把半导电粉质带到绝缘上。仔细检查绝缘层，如发现有半导电粉质、颗粒或较深的凹槽等，必须用细砂纸打磨，再用新的清洁纸擦净。

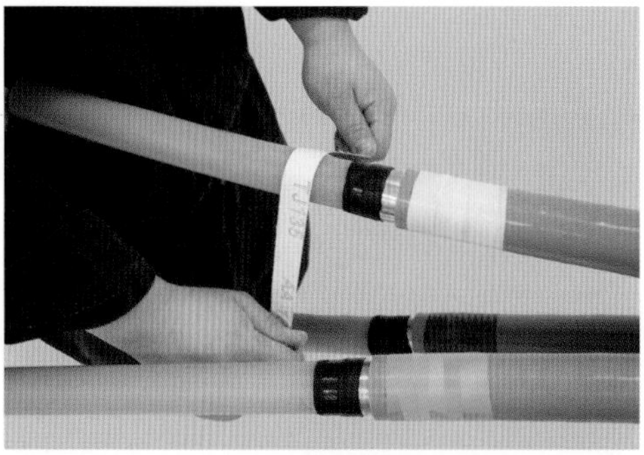

图 3-53 打磨绝缘层表面

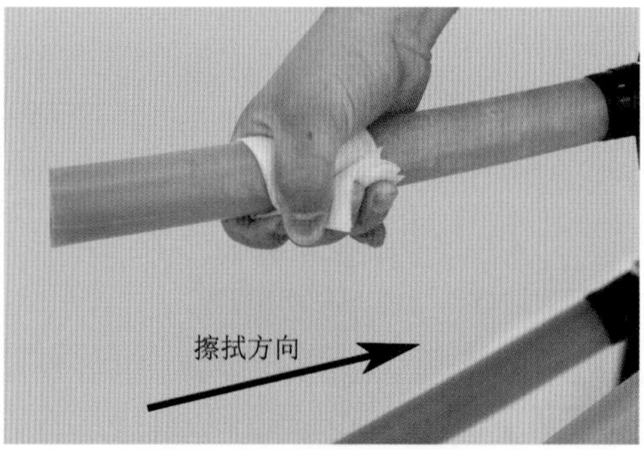

图 3-54 清洁绝缘层表面

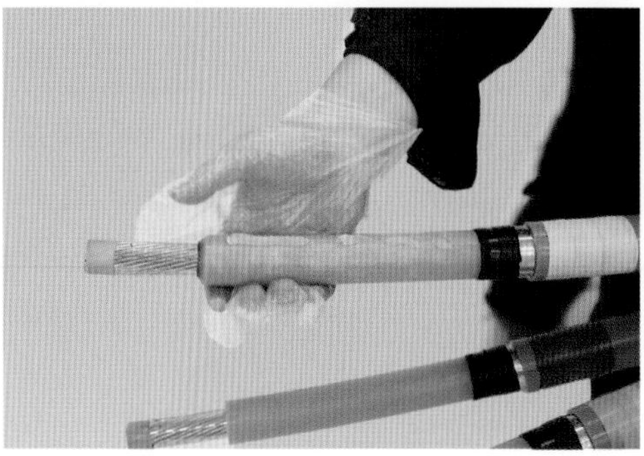

图 3-55 绝缘层涂抹硅脂（一）

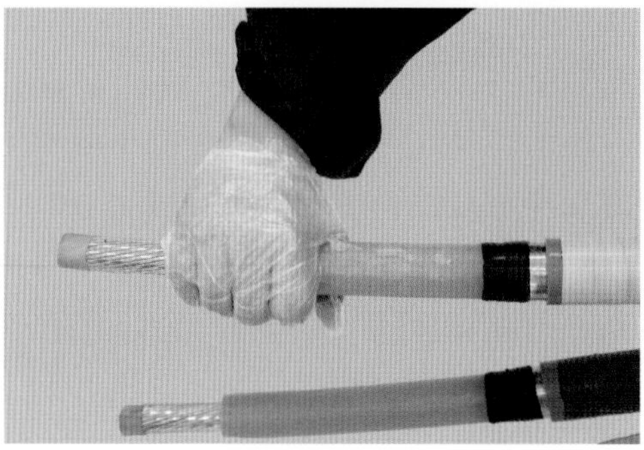

图 3-56 绝缘层涂抹硅脂（二）

3 安装终端。将终端套在电缆上，对准收缩定位点，抽去支撑条使终端收缩（见图 3-57）。

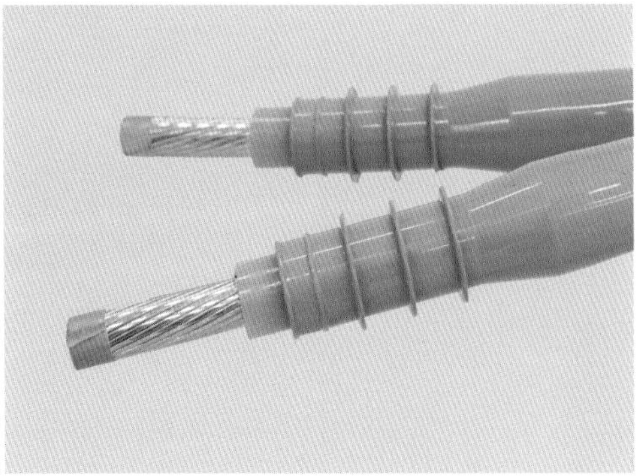

图 3-57　终端收缩到位

工艺要求： 安装终端时，用力将终端套入，直到终端下端口与标记对齐为止，注意不能超出标记。终端的起始处应确实为标识带处。在终端与冷缩护套管搭界处，必须绕包几层 PVC 胶带，加强密封。

4 安装接线端子。压接线端子（见图 3-58 ～图 3-62），去除棱角和毛刺（见图 3-63、图 3-64）。

工艺要求： 把接线端子套到导体上，必须将接线端子下端防雨罩罩在终端头顶部裙边上。压接时，接线端子必须和导体紧密接触，按先上后下顺序进行压接。

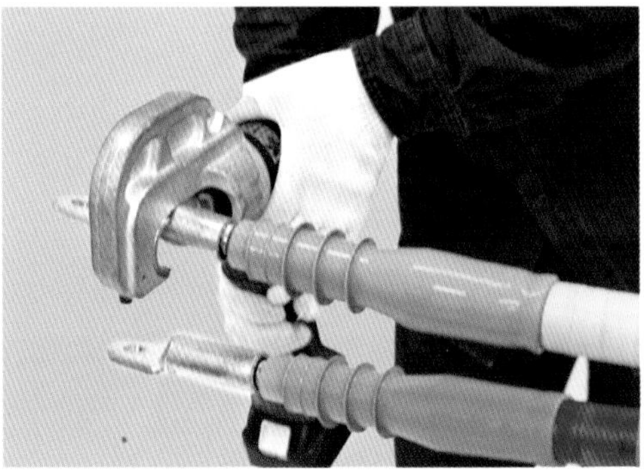

图 3-58　安装接线端子（一）

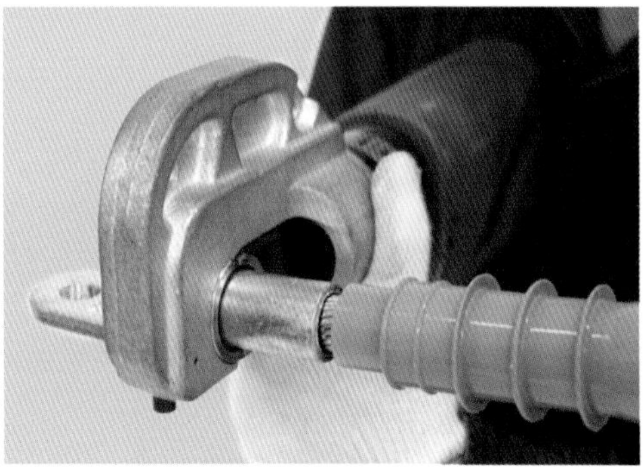

图 3-59　安装接线端子（二）

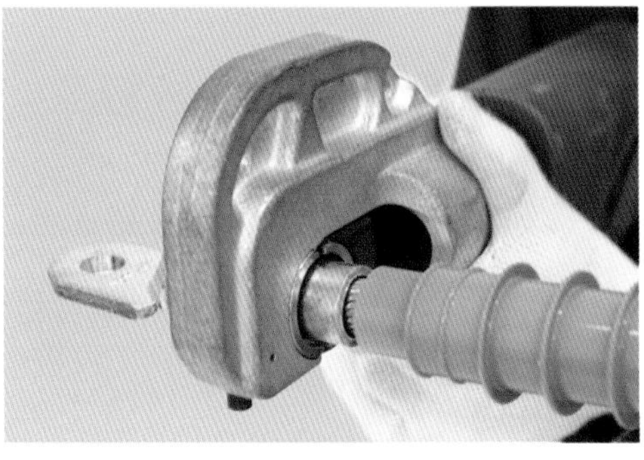

图 3-60　安装接线端子（三）

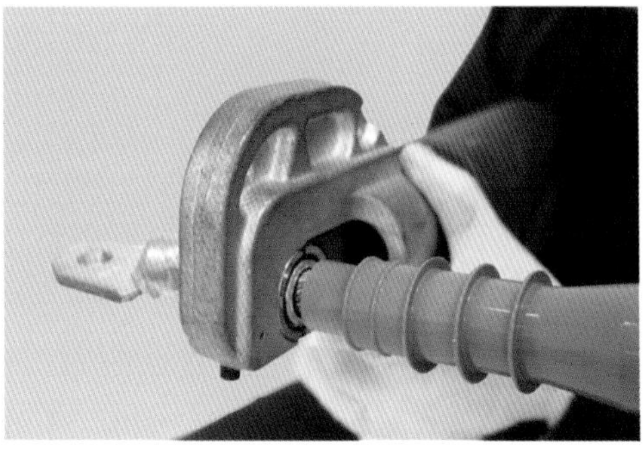

图 3-61　安装接线端子（四）

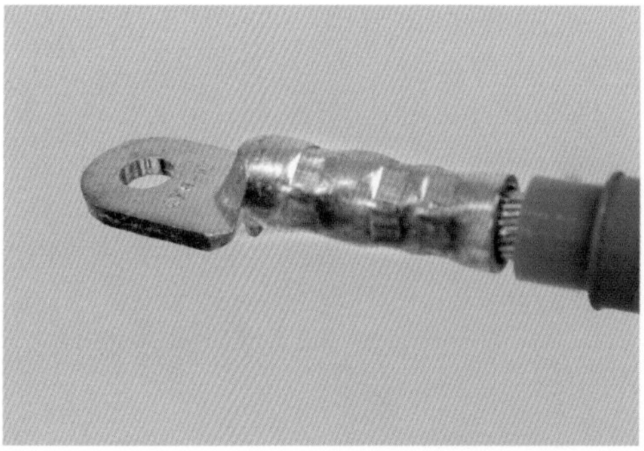

图 3-62 压接完成后的接线端子

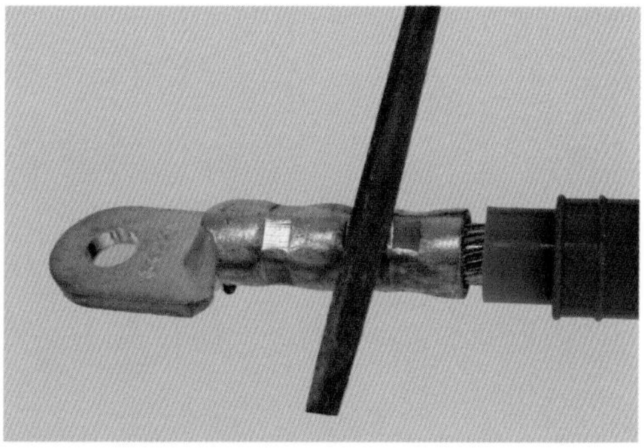

图 3-63 打磨接线端子棱角（一）

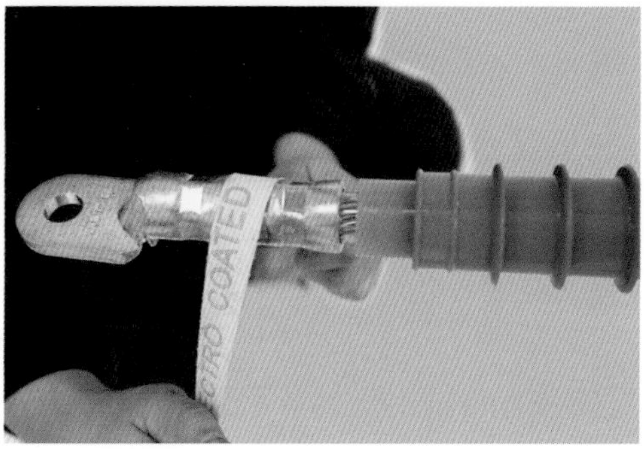

图 3-64 打磨接线端子棱角（二）

防水、密封处理

1 接线端子防水处理。在接线端子压接处绕防水胶带，并与终端搭接 30mm 左右（见图 3-65、图 3-66）。

工艺要求：绕防水胶带时，涂胶粘剂一面朝里，并适当拉伸。

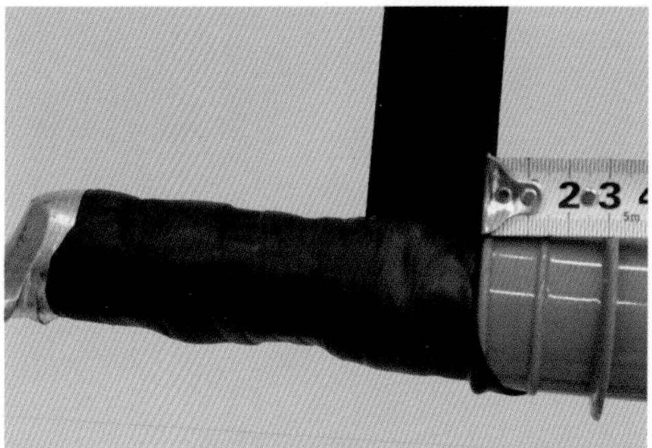

图 3-65 接线端子上绕包防水带（一）

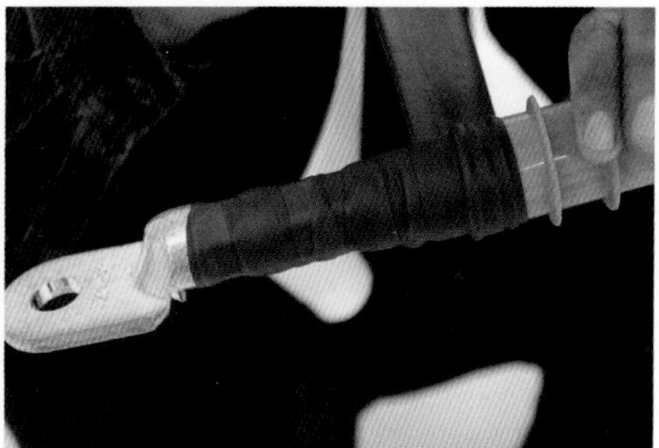

图 3-66 接线端子上绕包防水带（二）

2 安装密封管。套上冷缩密封管，抽去支撑条，使密封管收缩在防水胶带绕包处（见图 3-67）。绕包 PVC 胶带，至此安装完毕（见图 3-68）。

工艺要求：安装冷缩密封管，抽拉出衬管条时，速度应均匀缓慢，两手应协调配合，以防冷缩密封管收缩不均匀造成拉伸和反弹。

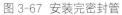

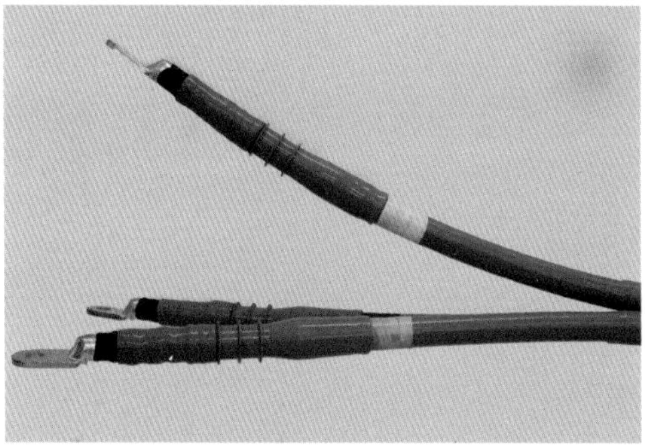

图 3-67 安装完密封管

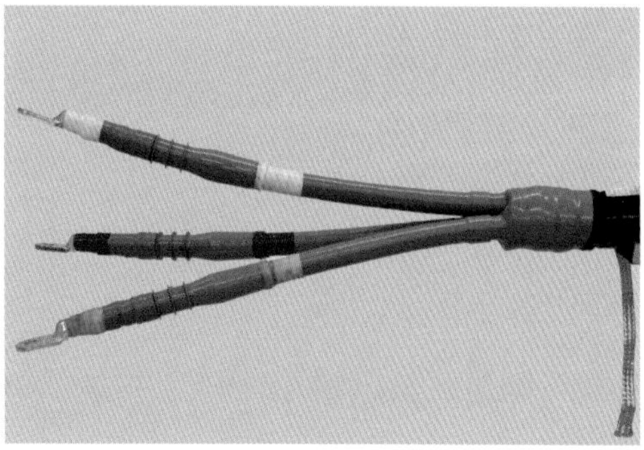

图 3-68 制作完成

第 4 章

10kV 预制式终端头制作安装

4.1　10kV 预制式终端头制作安装工艺流程

不同生产厂家的附件安装工艺尺寸略有不同，本图集所介绍的工艺尺寸仅供参考（见图 4-1）。

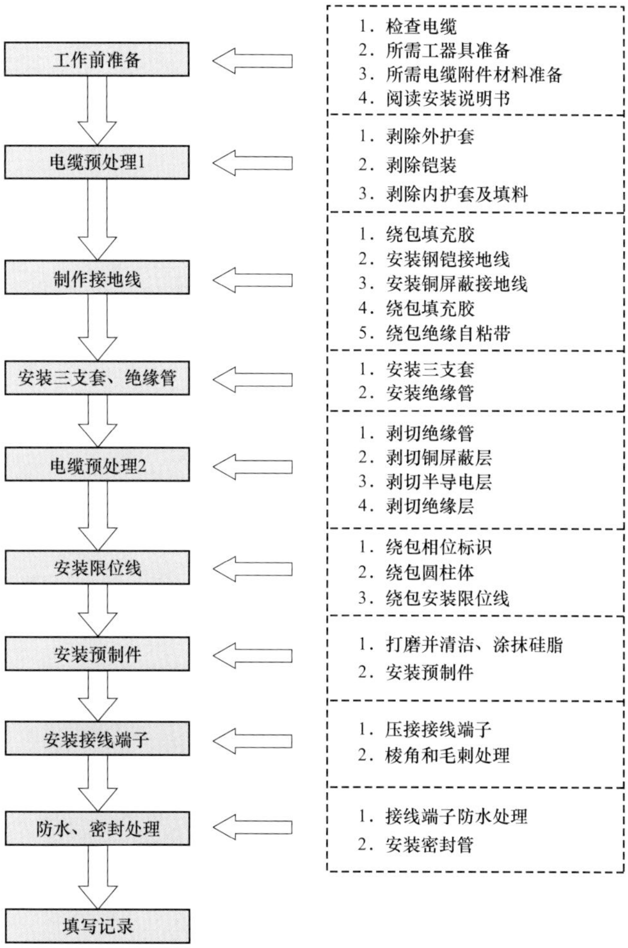

图 4-1　10kV 预制式终端头制作安装工艺流程

4.2　工作前准备

检查电缆

安装电缆附件前，应检查电缆，确认电缆状况良好，电缆无受潮进水、绝缘偏心、明显的机械损伤等不良缺陷（见图 4-2 ～图 4-4）。

图 4-2 擦拭电缆准备外观检查

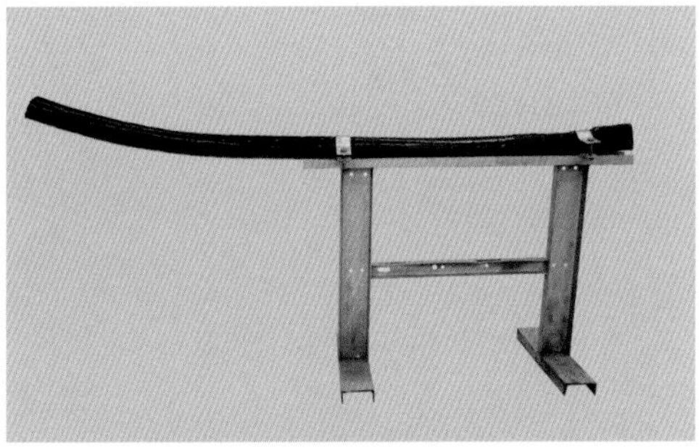

图 4-3 电缆外观检查

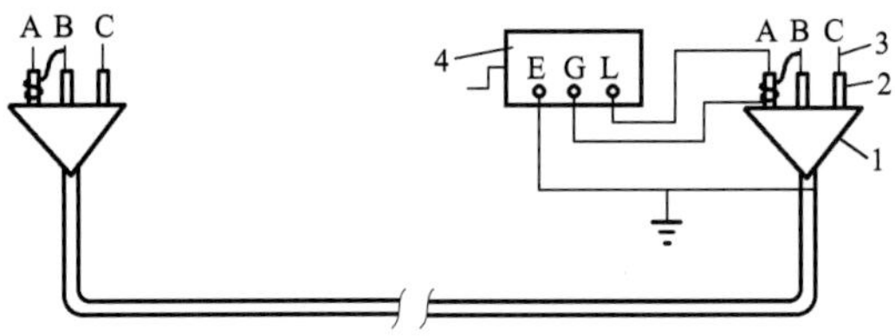

图 4-4 电缆受潮测试

1—电缆终端头；2—套管或绕包的绝缘；
3—线芯导体；4—500 ～ 2500V 绝缘电阻表

所需工器具准备

安装电缆附件前，应做好施工用工器具检查，确保施工用工器具齐全完好，便于操作，状况清洁（见图 4-5、表 4-1）。

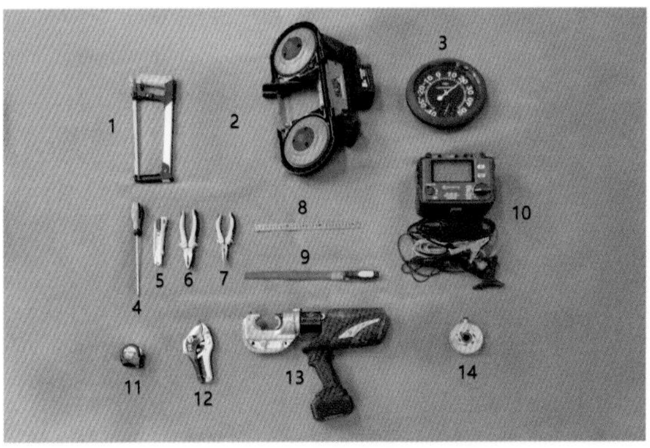

图 4-5 安装制作所需工器具

表 4-1 制作安装所需工器具表

序号	名称	单位	数量	用途
1	手锯	把	1	切割铠装层
2	电锯	把	1	切割电缆

续表

序号	名称	单位	数量	用途
3	温湿度计	只	1	测量温度、湿度
4	起子	把	1	协助切割铠装层、铜屏蔽层等
5	墙纸刀	把	1	切割填充层、半导电层
6	克丝钳	把	1	剥半导电层
7	尖嘴钳	把	1	协助剥除外护套、内护套
8	直尺	把	1	测量尺寸
9	锉刀	把	1	协助打磨钢铠、端子的毛刺
10	绝缘电阻表及连线	套	1	测量电缆绝缘电阻
11	卷尺	把	1	测量尺寸
12	切割刀	把	1	协助切割绝缘层
13	液压钳	把	1	压接铜接管
14	倒角器	把	1	绝缘端部倒角

所需电缆附件材料准备

电缆附件规格应与电缆匹配，零部件应齐全无损伤，绝缘材料不得受潮、过期（见图 4-6、表 4-2）。

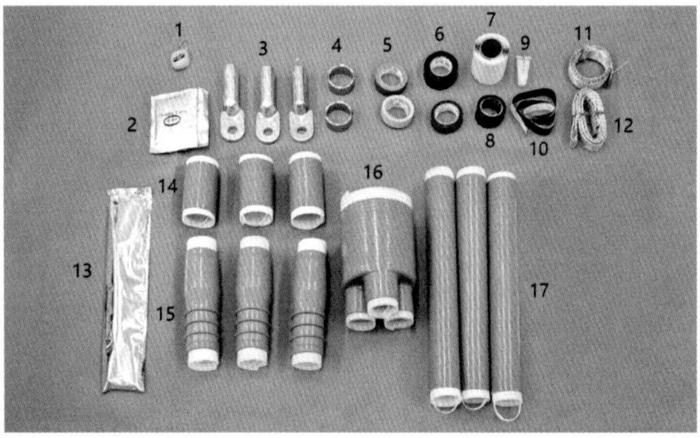

图 4-6 安装制作所需附件材料

表 4-2 制作安装所需附件材料表

序号	名称	规格	单位	数量
1	冷缩三支套		个	1
2	预制件		个	3
3	冷缩密封管		根	3
4	冷缩绝缘管		根	3
5	砂带	240 号、400 号	m	各 1m
6	塑料卡带		条	3
7	线芯护套		只	3
8	铜编织线	细	根	1
9	铜编织线	粗	根	1
10	PVC 胶带	黄、绿、红	卷	各 1 卷

续表

序号	名称	规格	单位	数量
11	绝缘自粘带		卷	1
12	半导电带		卷	2
13	铜扎丝		米	1
14	硅脂		盒	1
15	端子	户外配防水型	个	3
16	清洁巾	3 片 / 包	包	2
17	填充胶		包	1

4.3 10kV 电缆预制式终端头安装的制作步骤及工艺要求

电缆预处理 1

1 剥除外护套。剥去 A 长外护套（A 尺寸见开剥尺寸表）（见表 4-3、图 4-7 ～图 4-13），具体可根据实际现场情况确定。

工艺要求：应分两次进行，以避免电缆铠装层铠装松散。先将电缆末端外护套保留 100mm（见图 4-14）。然后按规定尺寸剥除外护套（见图 4-15），要求断口平整（见图 4-16）。外护套断口以下 100mm 部分用砂纸打毛并清洗干净，以保证分支手套定位后，密封性能可靠。

表 4-3　　　　开 剥 尺 寸

<table>
<tr><th rowspan="2">导体截面面积范围</th><th colspan="2">A</th><th colspan="2">B</th><th colspan="2">C</th><th colspan="2">L</th></tr>
<tr><th>户内</th><th>户外</th><th>户内</th><th>户外</th><th>户内</th><th>户外</th><th>户内</th><th>户外</th></tr>
<tr><td>25 ～ 120mm²</td><td>720</td><td>780</td><td rowspan="2">170</td><td rowspan="2">240</td><td rowspan="2">60</td><td rowspan="2">70</td><td rowspan="2">端子孔深 +15mm</td><td rowspan="2">端子孔深 +30mm（不包括防水帽深度）</td></tr>
<tr><td>150 ～ 400mm²</td><td>750</td><td>810</td></tr>
</table>

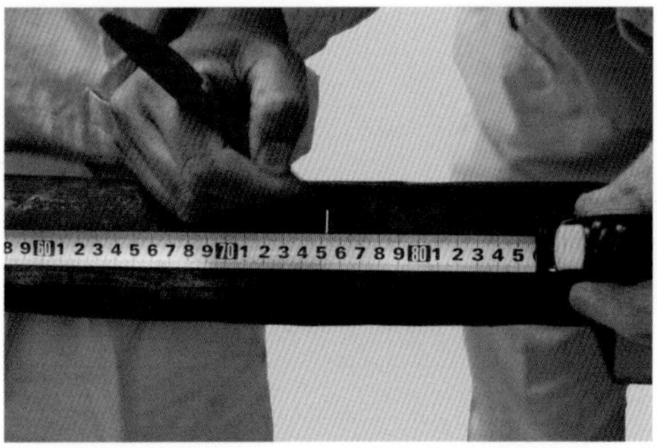

图 4-7　量取 A 长外护套并做记号

图 4-8　外护套环切处用 PVC 胶带绕包一周

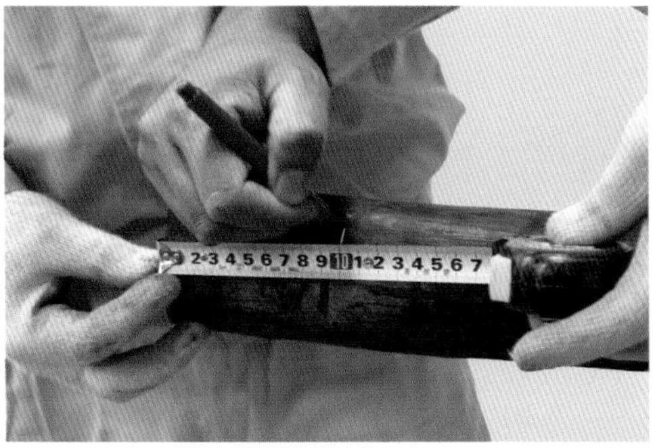

图 4-9　量取二次开剥尺寸

图 4-10　开始环切外护套

图 4-11　环切外护套

图 4-12　开始环切暂时保留处外护套

图 4-13　环切暂时保留处外护套

图 4-14　剥除外护套

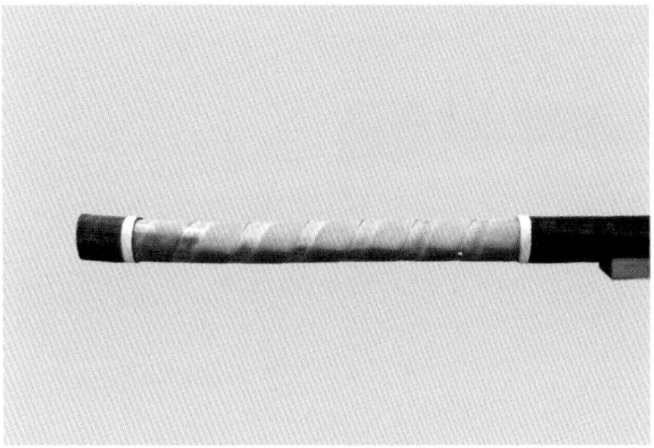

图 4-15　第一次剥除外护套

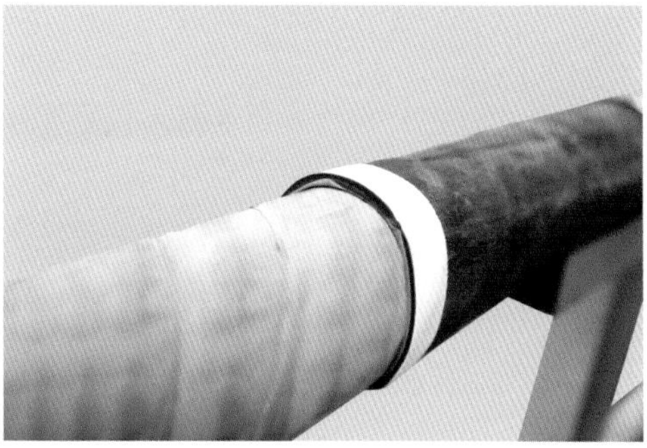

图 4-16　外护套环切处平整

2 剥除铠装。留下 30mm 钢带（见图 4-17），其余剥去（见图 4-18 ～图 4-21）。去除留下钢带表面的氧化层和油漆。

工艺要求：按规定尺寸在铠装上绑扎铜线，绑线的缠绕方向应与铠装的缠绕方向一致，使铠装越绑越紧不致松散。绑线用 ϕ 2.0 的铜线，每道 3 ～ 4 匝。锯铠装时，其圆周锯痕深度应均匀，不得锯透，不得损伤内护套。剥铠装时，应首先沿锯痕将铠装卷断，铠装断开后再向电缆终端头剥除。

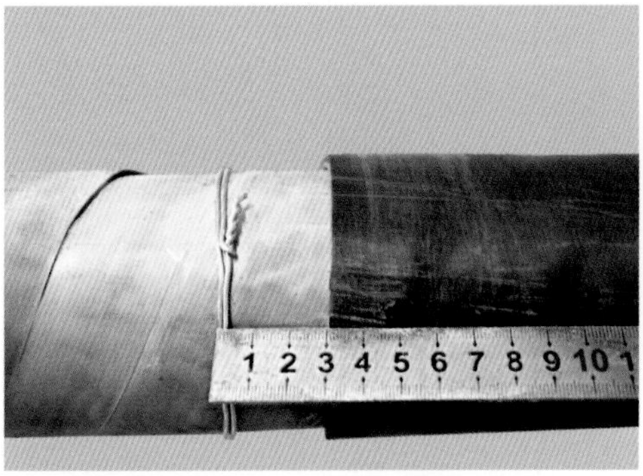

图 4-17 量取 30mm 并绑扎铜线

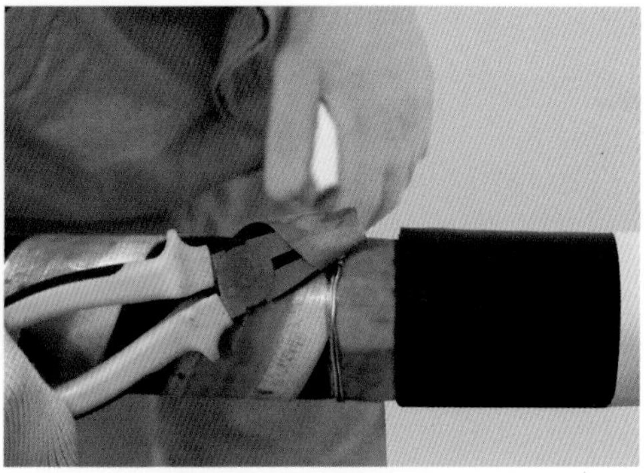

图 4-18 剥去规定尺寸的钢带

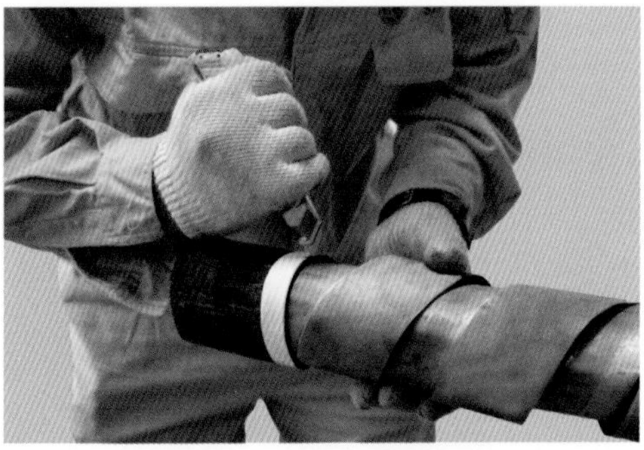

图 4-19 第二次剥除外护套

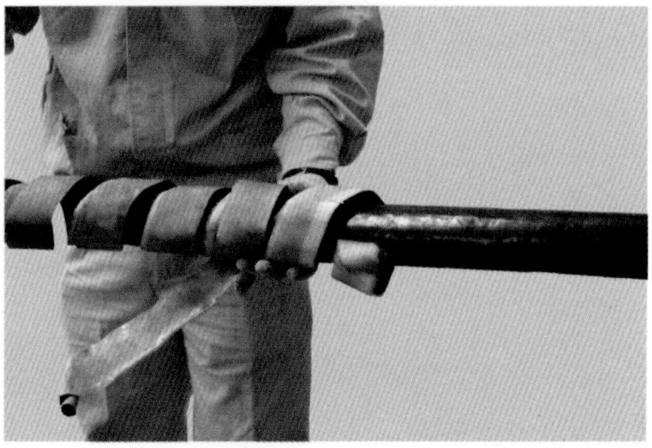

图 4-20 去除剥除的钢带

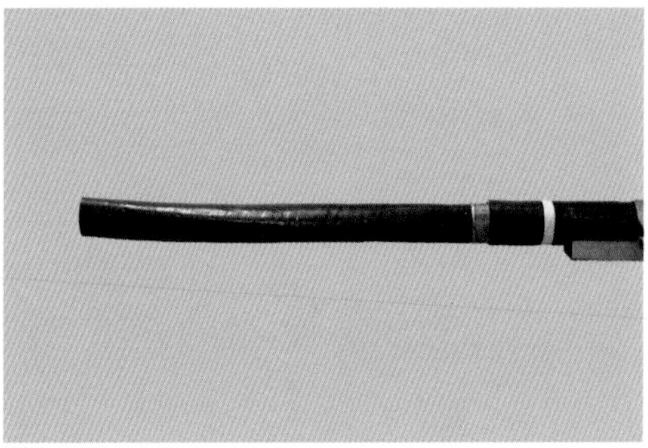

图 4-21 按规定尺寸剥除完毕钢铠层

3 剥除内护套及填料。留 10mm 内护套（见图 4-22、图 4-23），其余剥去（见

图 4-24、图 4-25）。用 PVC 胶带包扎每相端头铜屏蔽，剥去填充物（见图 4-26、图 4-27），三相分开。

工艺要求： 在应剥除内护套处用刀横向切一环形痕，深度不超过内护套厚度的一半。纵向剥除内护套时，切口应在两芯之间，防止切伤金属屏蔽层。剥除内护套后应将金属屏蔽带末端用聚氯乙烯粘带扎牢，防止松散。切除填料时刀口应向外，防止损伤金属屏蔽层。分开三相线芯时，不可硬行弯曲，以免铜屏蔽层褶皱、变形。

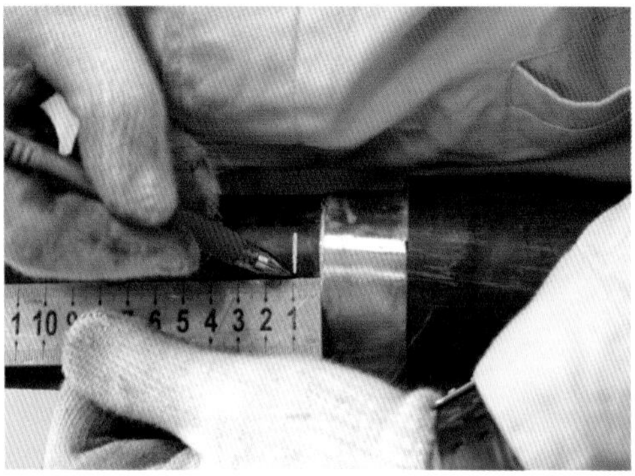

图 4-22　量取 10mm 内护套并做记号

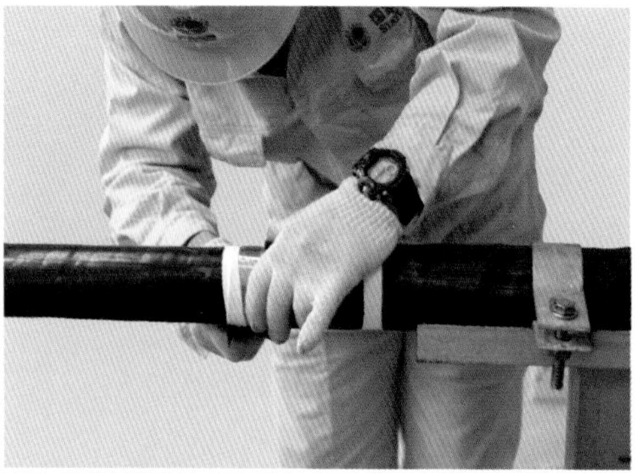

图 4-23　用 PVC 胶带做记号

图 4-24　环切内护套

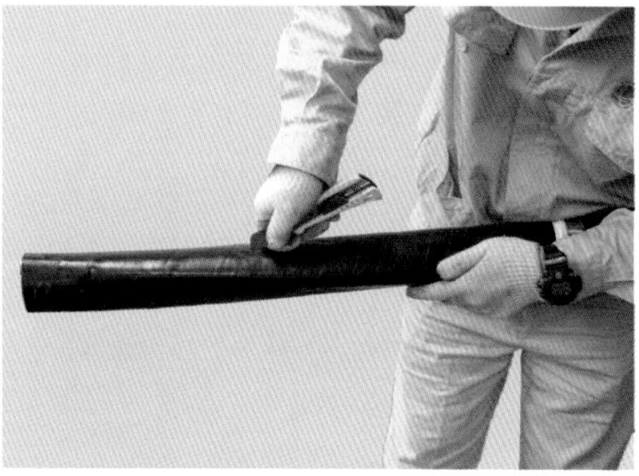

图 4-25　剥除内护套

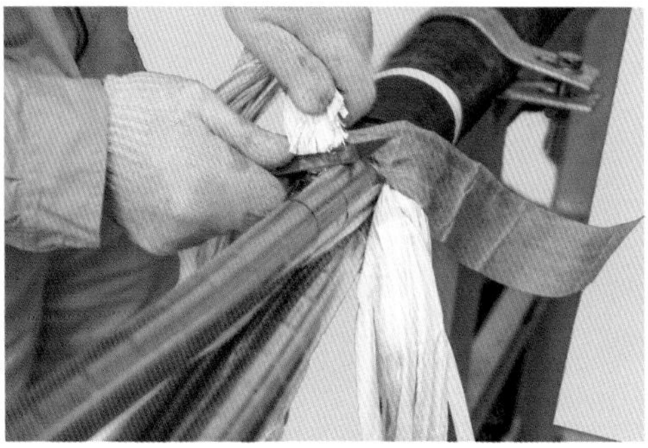

图 4-26　切除填充料

图 4-27　切除完填料

制作接地线

1 绕包填充胶。擦去剥开处往下 50mm 长外护套表面的污垢，15mm 处均匀绕一层填充胶（见图 4-28、图 4-29）。

工艺要求：在防潮段下端电缆上绕包两层密封胶，将接地编织带埋入其中，提高密封防水性能。两编织带之间必须用绝缘分开，安装时错开一定距离。两编织线间请勿短接。

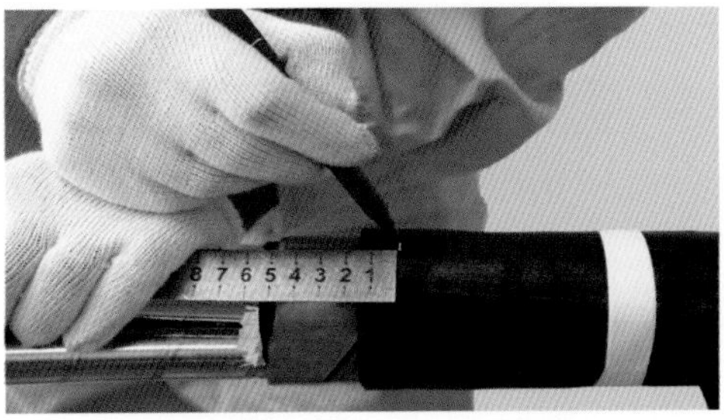

图 4-28 量取 15mm 外护套并做记号

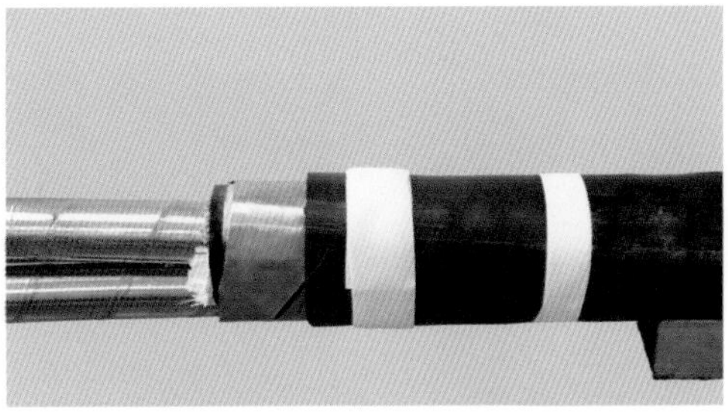

图 4-29 用 PVC 胶带做记号

2 安装钢铠接地线。用恒力弹簧将铜编织线（较细的那根）卡在钢带上（见图 4-30、图 4-31），用 PVC 胶带包好恒力弹簧及钢带（见图 4-32），再在 PVC 胶带外绕一层填充胶（见图 4-33）。

工艺要求：接地编织线必须焊牢在铠装的两层钢带上。焊面上的尖角毛刺必须打磨平整，并在外面绕包几层 PVC 胶带。也可用恒力弹簧扎紧，但在恒力弹簧外面也必须绕包几层 PVC 胶带加强固定。

图 4-30 用恒力弹簧将铜编织线卡在钢带上

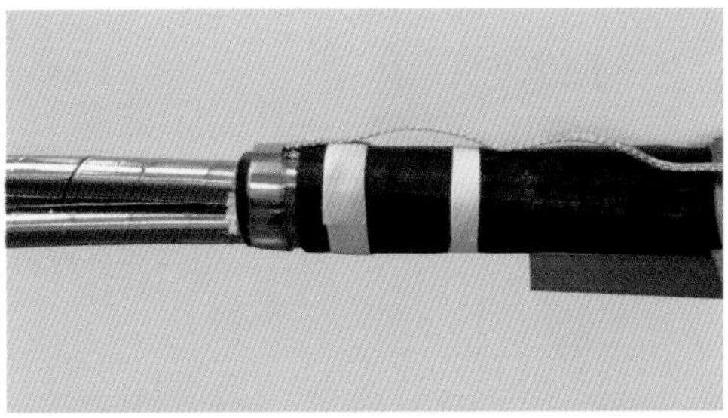

图 4-31 钢铠接地线安装完毕

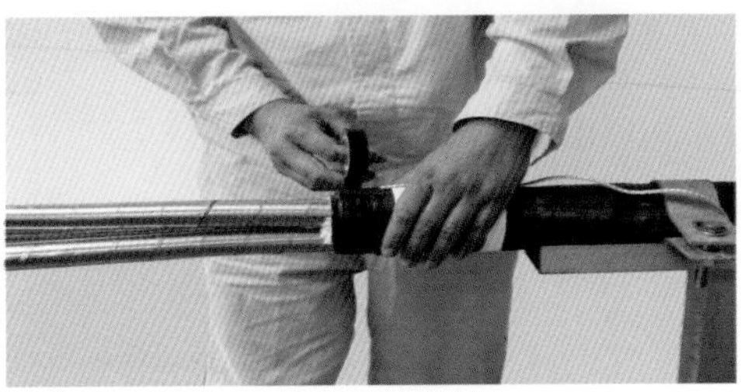

图 4-32 用 PVC 胶带绕包恒力弹簧及钢带

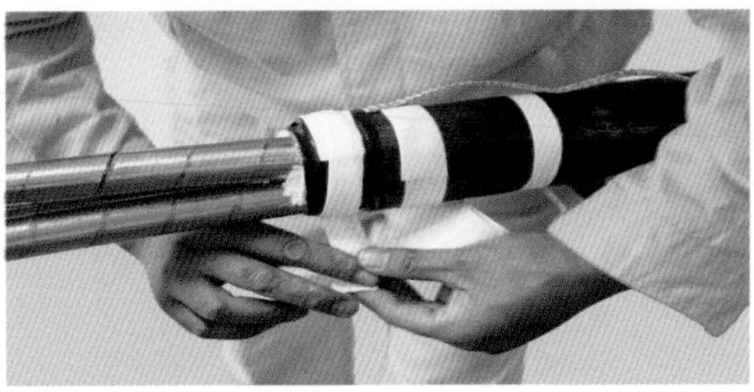

图 4-33 在 PVC 胶带外绕包填充胶

3 安装铜屏蔽接地线。将另一根铜编织线接到铜屏蔽层上，编织线末端翻卷 2～3 卷后插入三芯电缆分岔处并楔入分岔底部（见图 4-34），绕包三相铜屏蔽一周后引出（见图 4-35），用恒力弹簧卡紧编织线。

工艺要求：接地编织线必须焊牢在三相铜屏蔽层上。焊面上的尖角毛刺必须打磨平整，并在外面绕包几层 PVC 胶带。也可用恒力弹簧扎紧，但在恒力弹簧外面也必须绕包几层 PVC 胶带加强固定。

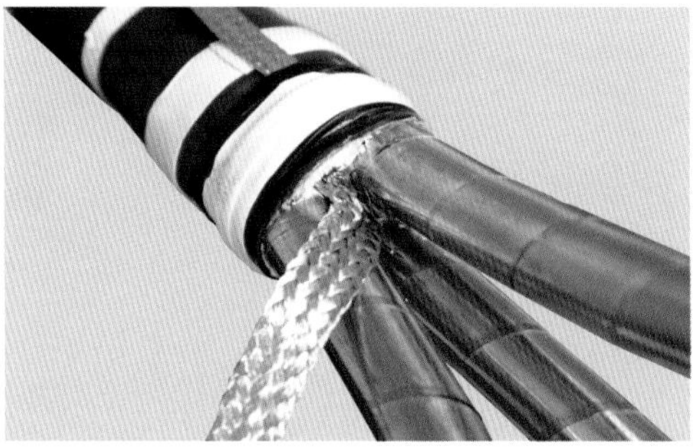

图 4-34　将铜编织线末端插入三芯电缆分岔处并楔入分岔底部

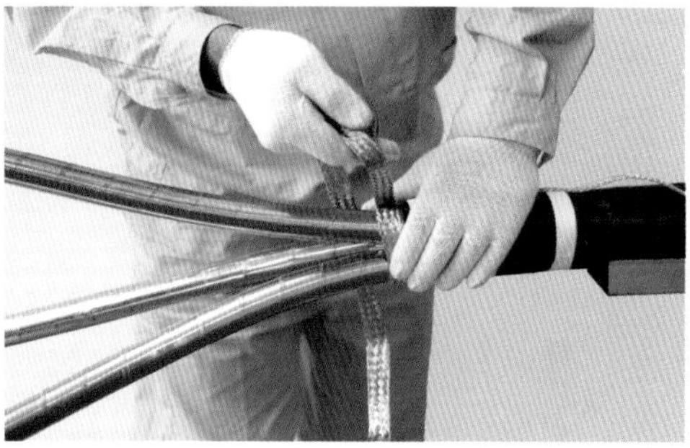

图 4-35　绕包三相铜屏蔽

4 绕包填充胶。将两根编织线分别安在填充胶上（见图 4-36），再在上面绕两层填充胶至编织线与铜屏蔽连接处（见图 4-37、图 4-38）。

工艺要求：两编织线间请勿短接。

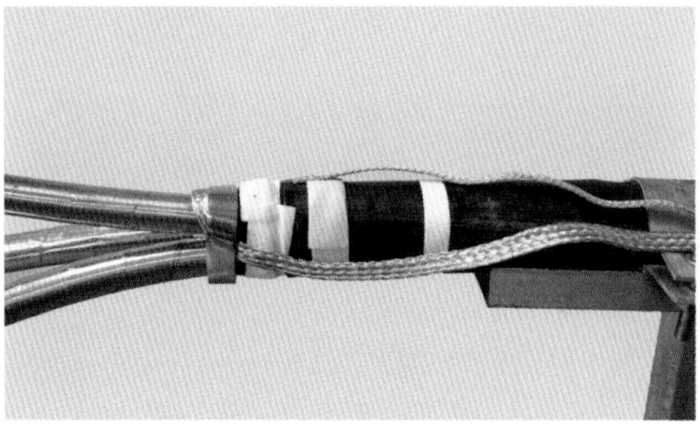

图 4-36　将两根编织线分别安在填充胶上

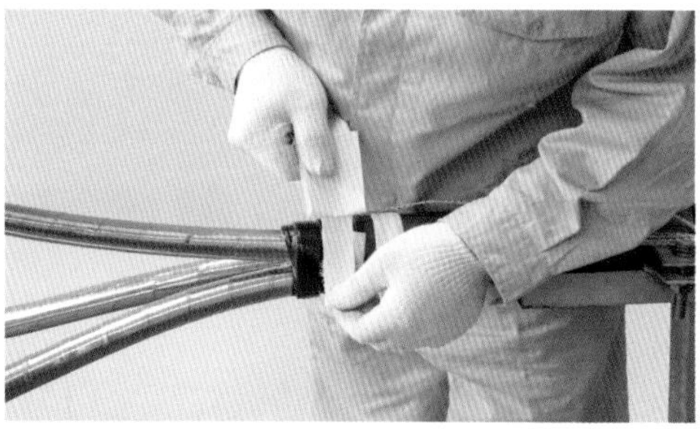

图 4-37　再在铜编织线上面绕包填充胶

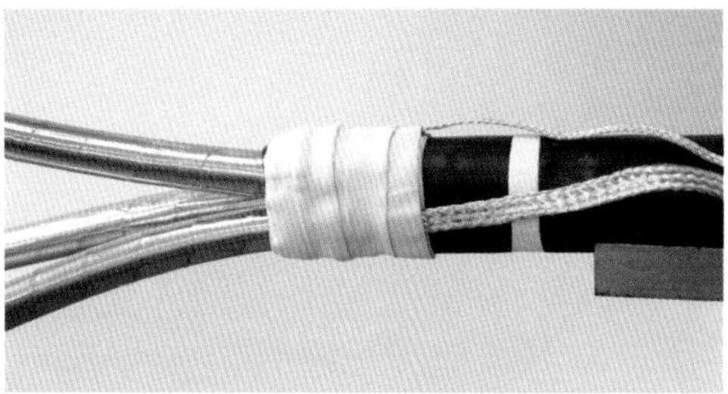

图 4-38　填充胶绕包至编织线与铜屏蔽连接处

5 绕包绝缘自粘带。在填充胶外绕一层绝缘自粘带（见图 4-39、图 4-40）。

工艺要求：电缆三叉部位用填充胶绕包后，根据实际情况，上半部分可半搭盖绕包一层 PVC 胶带或绝缘自粘带，以防止内部粘连和抽塑料衬管条时将填充胶带出。但填充胶绕包体上不能全部绕包 PVC 胶带。

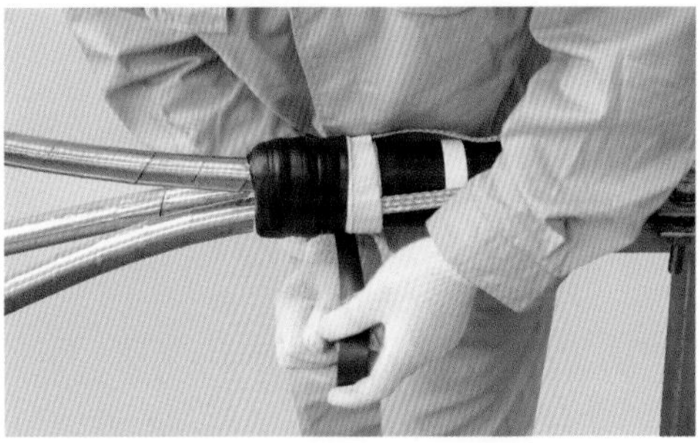

图 4-39 在填充胶外绕包绝缘自粘带

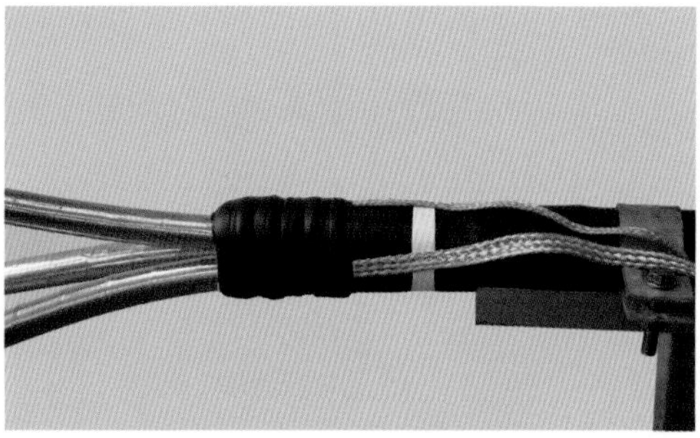

图 4-40 绝缘自粘带绕包完成

安装三支套、绝缘管

1 安装三支套。套入冷缩三支套（见图 4-41），尽量往下，逆时针抽去支撑条收缩（见图 4-42 ～图 4-44）。

工艺要求：冷缩分支手套套入电缆前应先检查三支管内塑料衬管条内口预留是否过多，注意抽衬管条时，应谨慎小心，缓慢进行，以避免衬管条弹出。分支手套应套至电缆三叉部位填充胶上，必须压紧到位。检查三支管根部，不得有空隙存在。

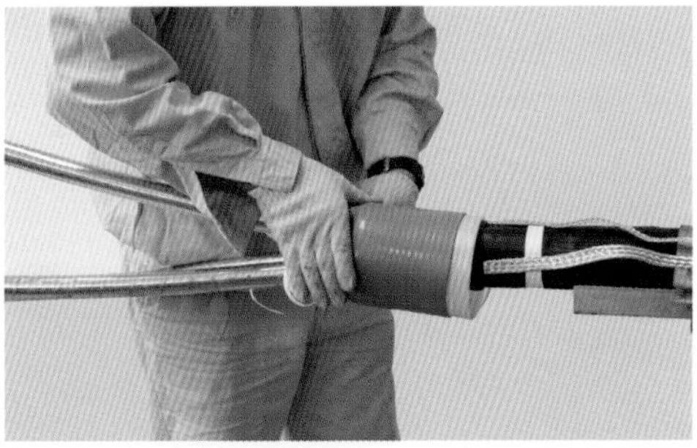

图 4-41 套入冷缩三支套

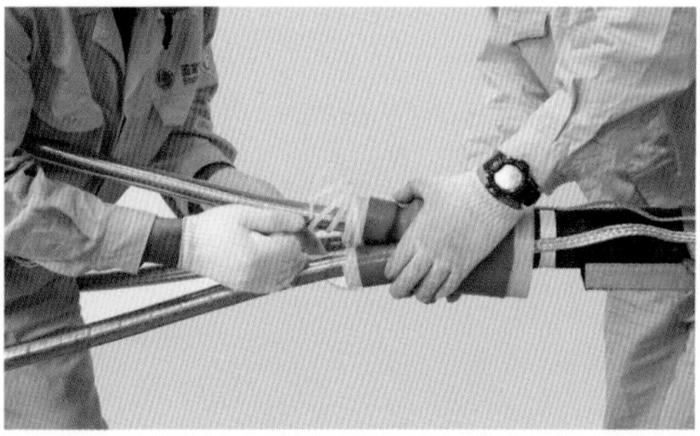

图 4-42 逆时针抽去指端支撑条收缩

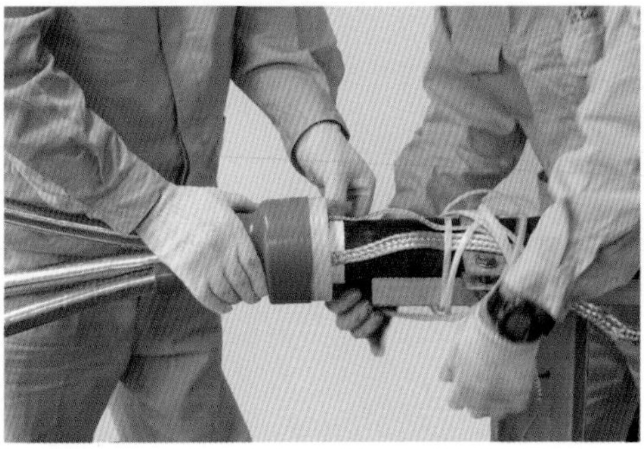

图 4-43 逆时针抽去尾端支撑条收缩

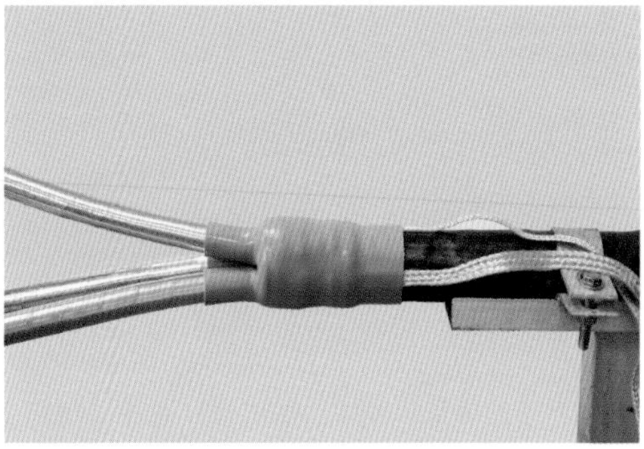

图 4-44 三支套收缩完成

2 安装绝缘管。然后套入冷缩绝缘管，绝缘管与支套指端搭接 20 ～ 30mm（见图 4-45、图 4-46），逆时针抽去支撑条收缩（见图 4-47、图 4-48）。

工艺要求：安装冷缩护套管，抽出衬管条时，速度应均匀缓慢，两手应协调配合，以防冷缩护套管收缩不均匀造成拉伸和反弹。

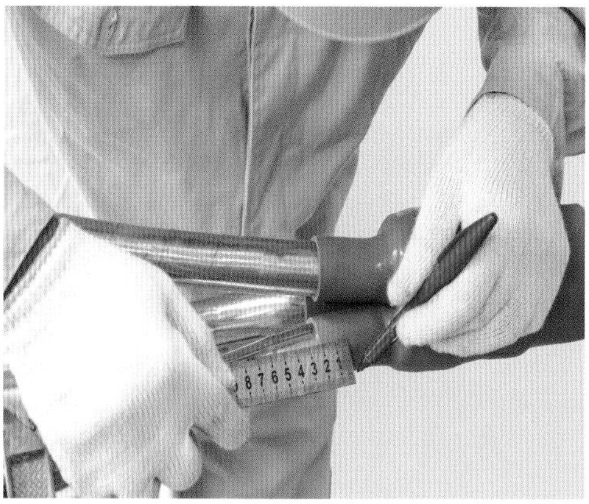

图 4-45　量取 20mm 并做记号

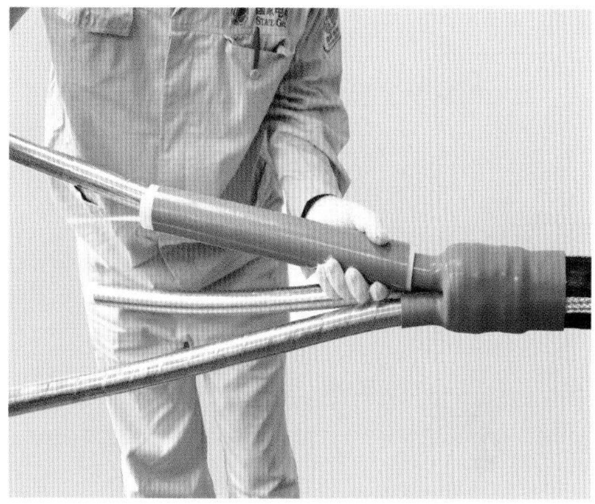

图 4-46　套入绝缘管并与支套指端搭接 20mm

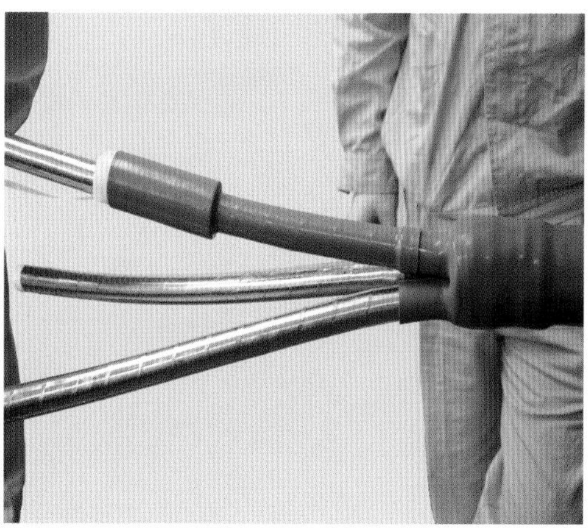

图 4-47　逆时针抽去绝缘管支撑条收缩

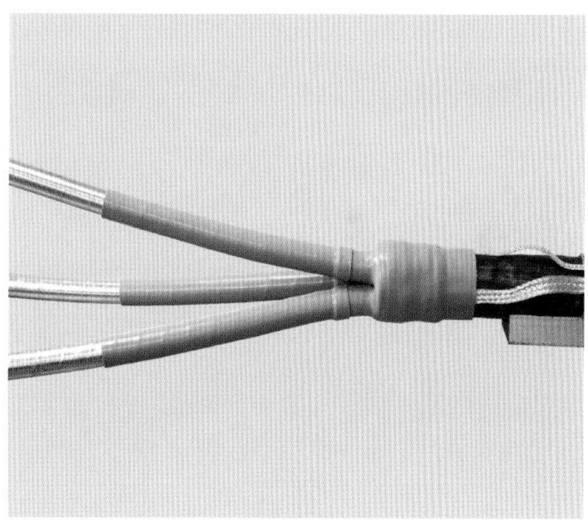

图 4-48　绝缘管收缩完毕

电缆预处理 2

1 剥切绝缘管。根据开剥尺寸表格所示 *B*+*L* 长度（见表 4-3、图 4-49），剥切多余的冷缩绝缘管。

工艺要求：护套管切割时，必须绕包两层 PVC 胶带固定，圆周环切后，才能纵向剖切。剥切时不得损伤铜屏蔽层，严禁无包扎切割和轴向切割。

2 剥切铜屏蔽层。分支套向上留 20mm 的铜屏蔽（见图 4-50），其余切去（见图 4-51、图 4-52）。

工艺要求：铜屏蔽层剥切时，就用 ϕ 1.0 镀锡铜绑线扎紧或用恒力弹簧固定。

切割时，只能环切一刀疤，不能切透，以免损伤外半导电层。剥除时，应从刀疤处撕剥，断开后向线芯端部剥除。

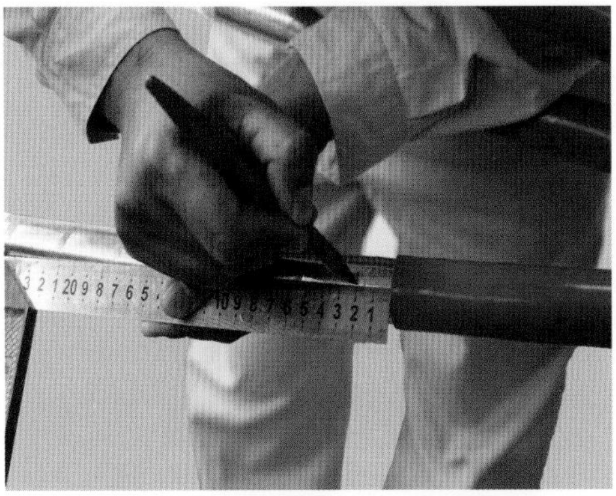

图 4-49 量取 20mm 并做记号

图 4-50 PVC 胶带绕包一圈做记号

图 4-51 环切铜屏蔽层

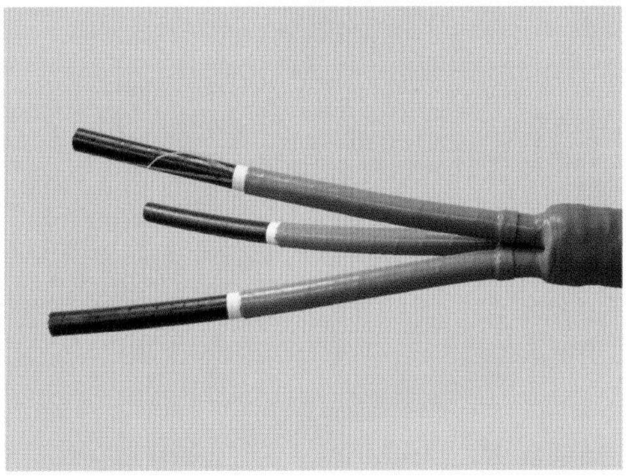

图 4-52 按规定剥除铜屏蔽

3 剥切外半导电层。再向上留 20mm 的半导电层（见图 4-53、图 4-54），其余剥去（见图 4-55 ～图 4-60）。

工艺要求：切割时，不能切透，以免损伤绝缘层。剥除时，外半导电层应剥除干净，不得留有残迹。

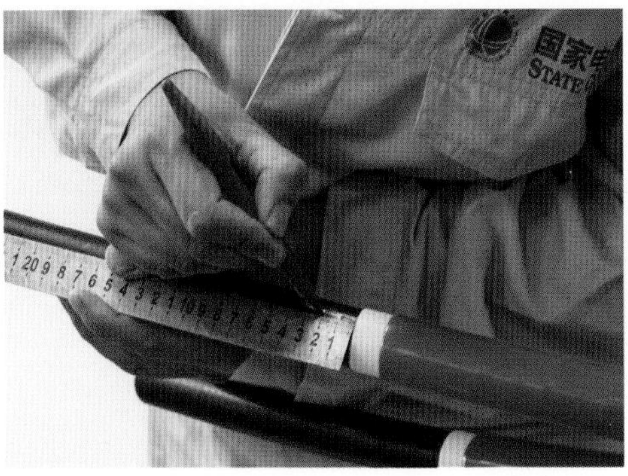

图 4-53 量取 20mm 外半导电层并做记号

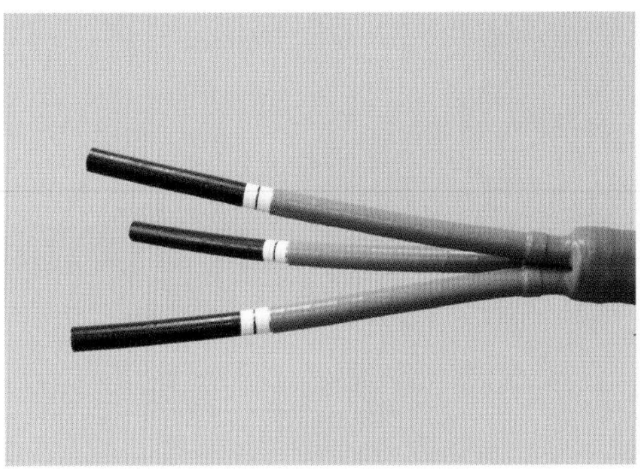

图 4-54 用 PVC 胶带绕包一圈做记号

图 4-55　环切外半导电层

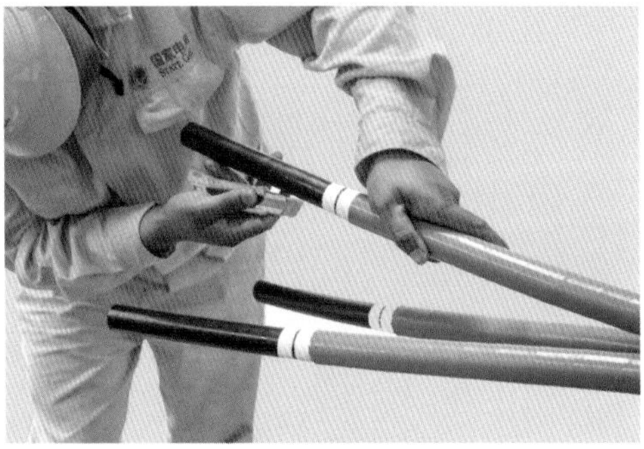

图 4-56　纵切外半导电层

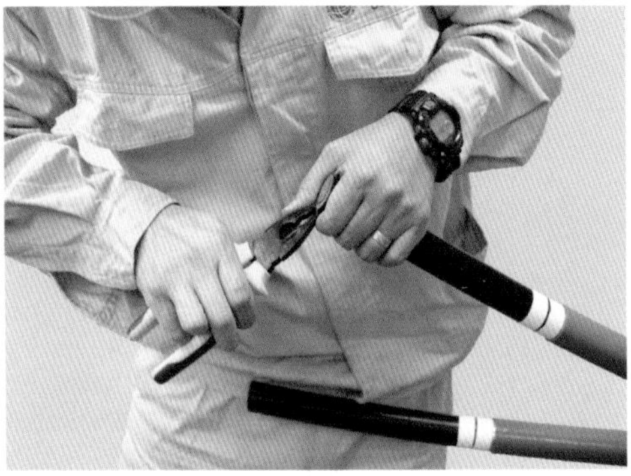

图 4-57　开剥外半导电层

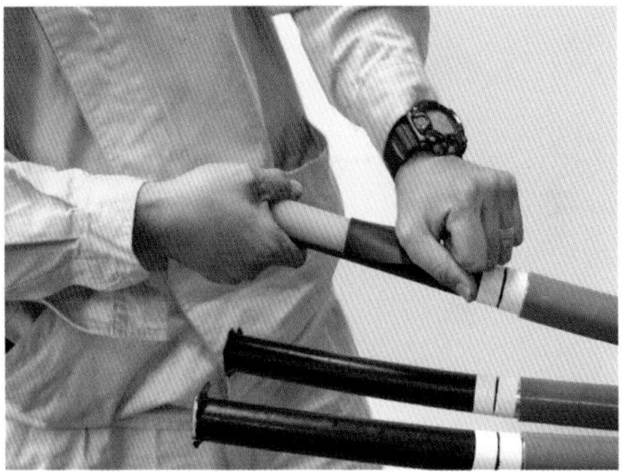

图 4-58　开始剥除外半导电层

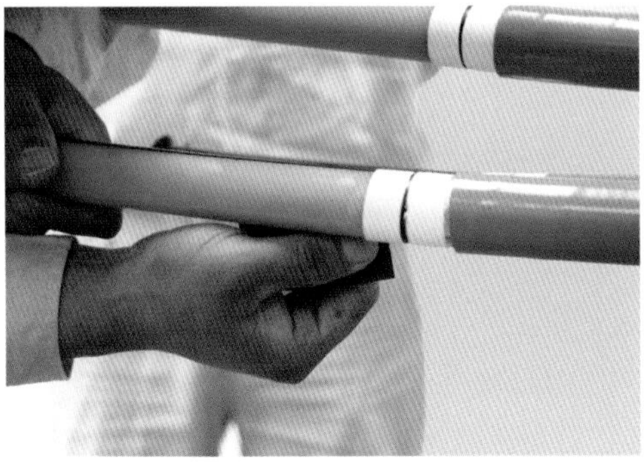

图 4-59　环切位置采用横剥外半导电层

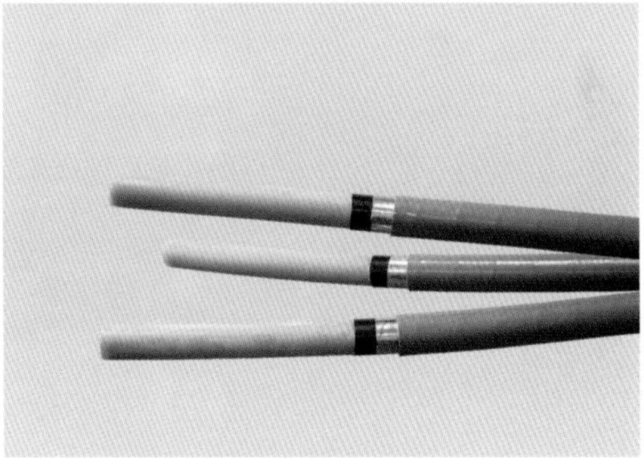

图 4-60　各环切横面光滑平整

4　剥切绝缘层。按照开剥尺寸表格所示 L 长度切除各相绝缘（见表 4-3、图 4-61～图 4-67）。主绝缘的末端倒角 2×45°（见图 4-68），并在线芯端头套上塑料套或用 PVC 胶带做临时包扎（见图 4-69）。

工艺要求：割切线芯绝缘层时，注意不得损伤线芯导体，剥除绝缘层时，应顺着导线绞合方向进行，不得使导体松散变形。内半导电层应剥除干净，不得留有残迹。绝缘端部处理前，用 PVC 胶带黏面朝外将电缆线芯端头包好，以防倒角时伤到导体。

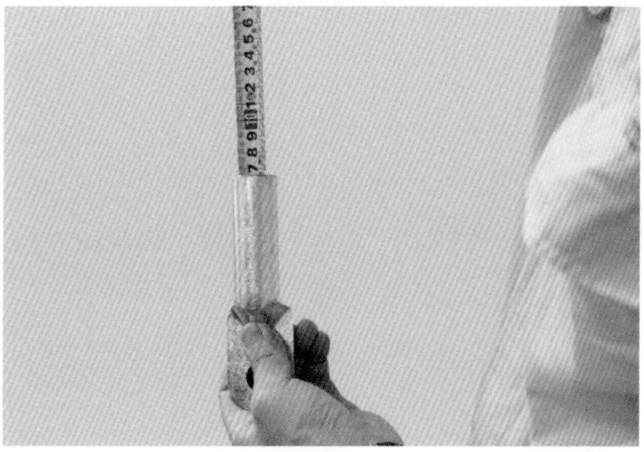

图 4-61 量取接线端子深度

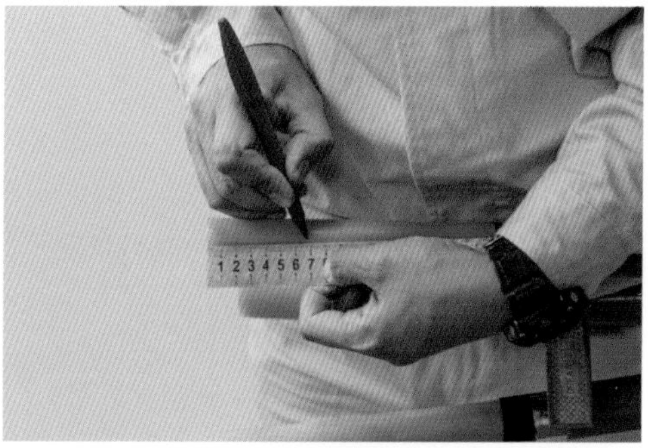

图 4-62 量取待切除绝缘层尺寸并做记号

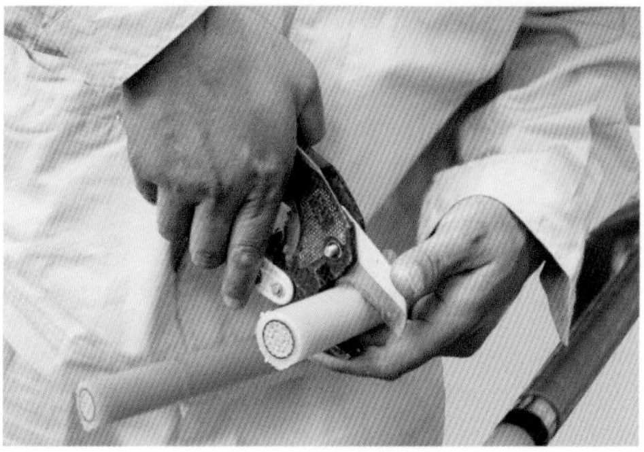

图 4-63 环切待切除的绝缘层

图 4-64 纵切待切除的绝缘层

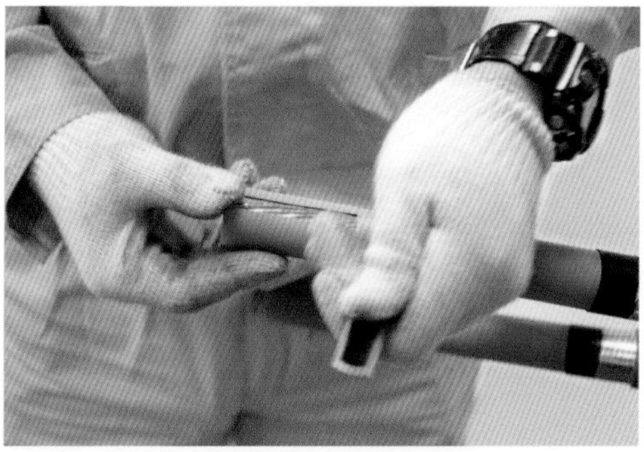

图 4-65 切除绝缘层

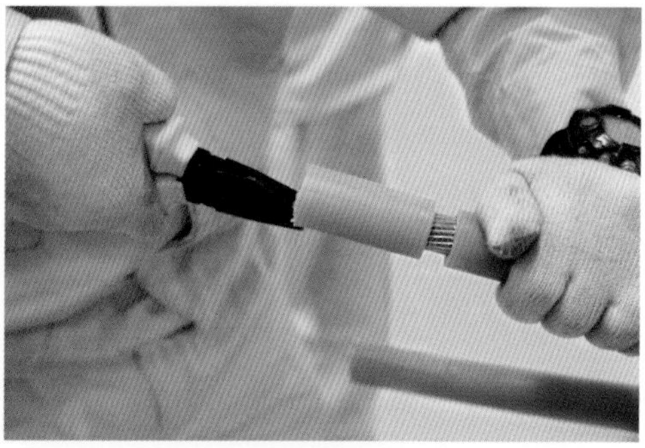

图 4-66 去除绝缘层

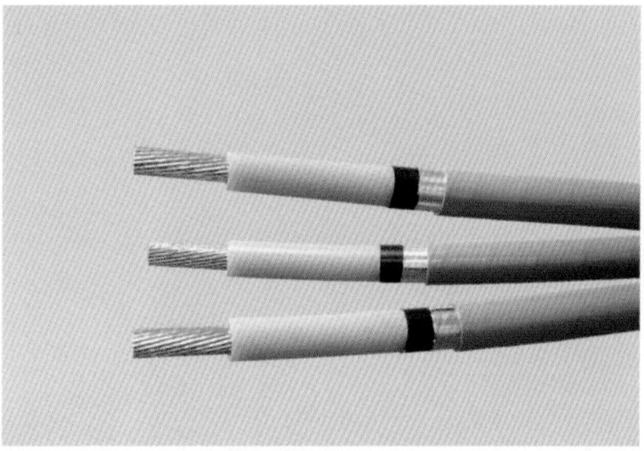

图 4-67 绝缘层切割去除完毕

图 4-68 绝缘层端部倒角

安装限位线

1 绕包相位标识。根据相位，在冷缩管适当位置绕包相色带作相位标识(见图 4-70)。

工艺要求： 按系统相色包缠相色带。

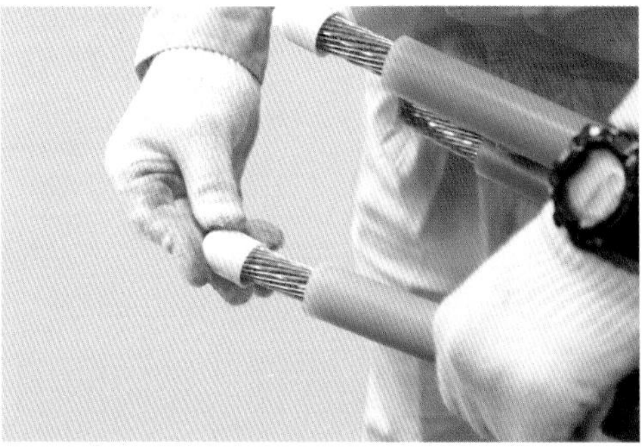

图 4-69 在线芯端头套塑料帽

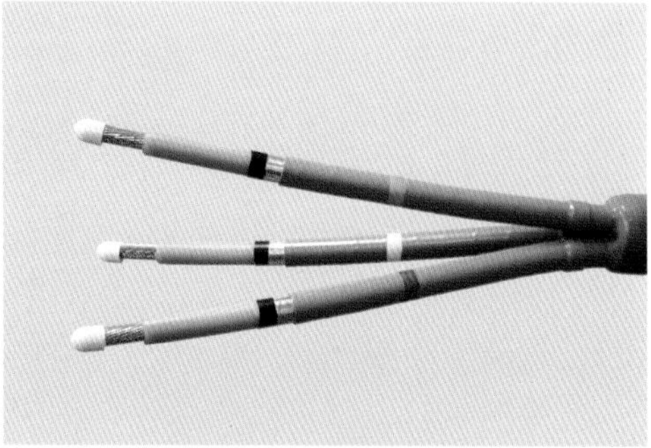

图 4-70 绕包上相色带

2 绕包圆柱体。绕包半导电带，包去 3mm 半导电层、20mm 铜屏蔽和 10mm 的绝缘管（见图 4-71），绕成厚度为 3mm 圆柱体（见图 4-72、图 4-73）。

工艺要求： 将半电导带拉伸 200%，绕包成圆柱形台阶，其上平面应和线芯垂直，圆周应平整，不得绕包成圆锥形或鼓形。

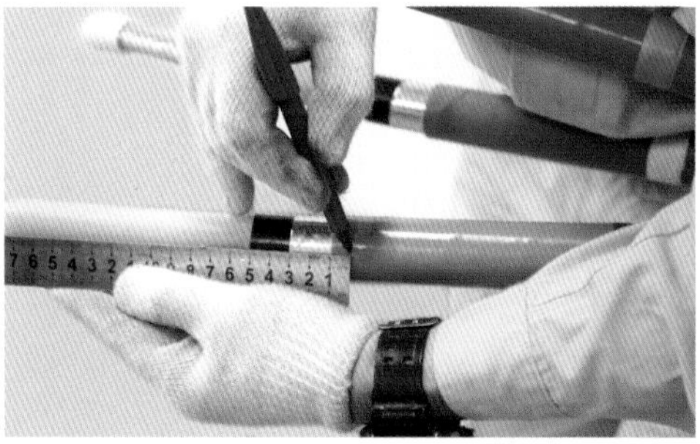

图 4-71 量取相关尺寸并做记号

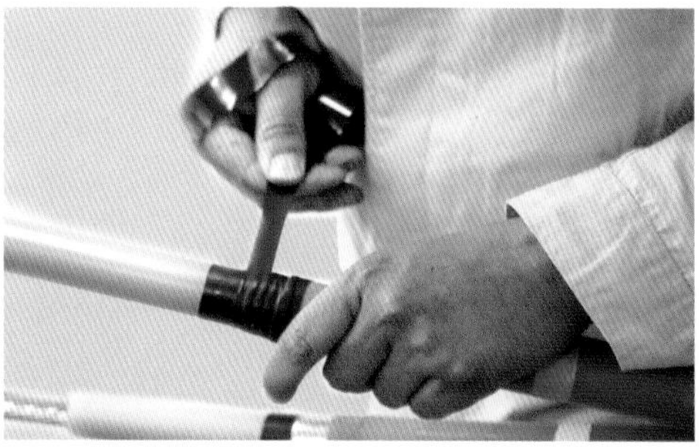

图 4-72 绕包圆柱体

3 绕包安装限位线。根据开剥尺寸表，半导电层断面往下量取 *C* 尺寸(见表 4-3)，用 PVC 胶带做好安装限位线（见图 4-74）。

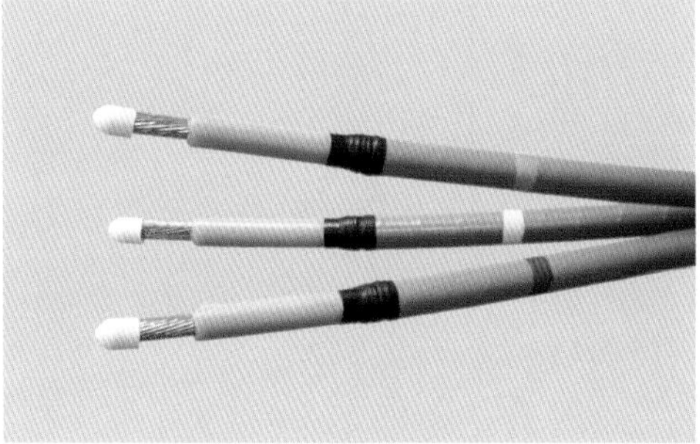

图 4-73 绕包成圆柱体

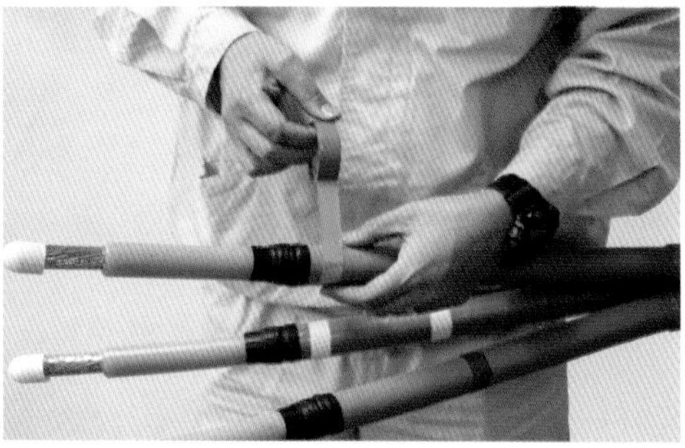

图 4-74 绕包安装限位线

工艺要求： PVC 带绕包的圆周应平整。

安装预制件

1 打磨并清洁、涂抹硅脂。用细砂纸打磨绝缘层表面，用分析纯酒精或丙酮（清洁巾）将电缆绝缘表面清洗干净（见图 4-75），待清洗剂挥发后，将硅脂均匀地涂在绝缘层表面（见图 4-76、图 4-77）。

工艺要求： 清洁绝缘层时，必须用清洁纸从绝缘层端部向外半导电层端部一次性清洁，以免把半导电粉质带到绝缘上。仔细检查绝缘层，如发现有半导电粉质、颗粒或较深的凹槽等，必须用细砂纸打磨，再用新的清洁纸擦净。

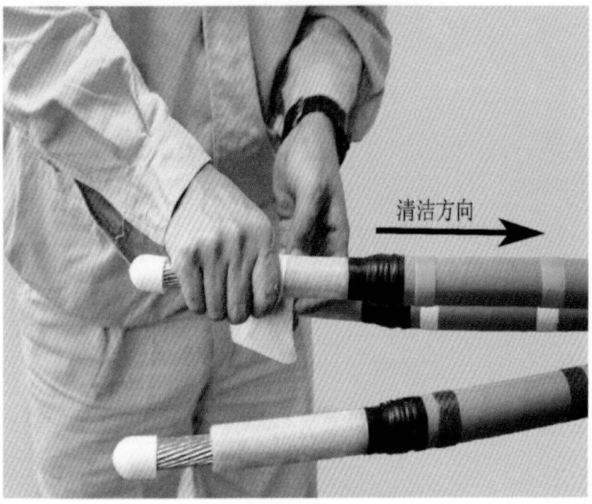

图 4-75 清洁打磨后的绝缘层表面

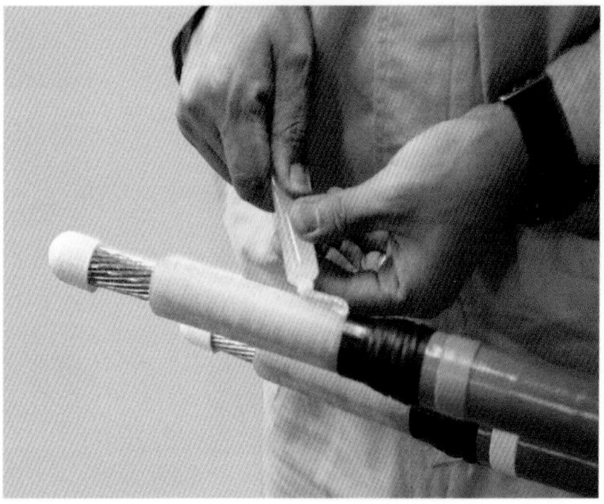

图 4-76 开始涂抹硅脂

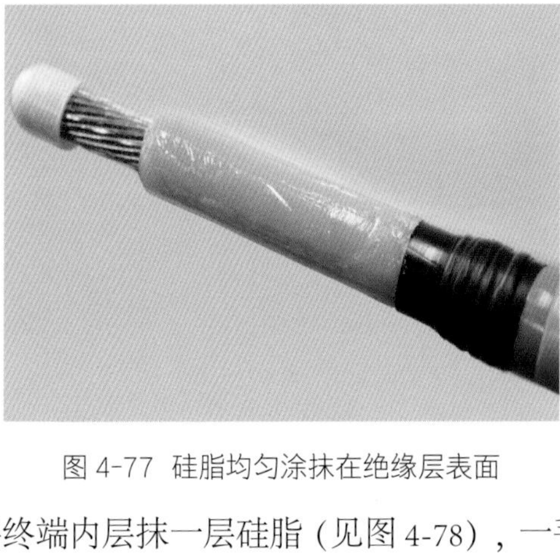

图 4-77 硅脂均匀涂抹在绝缘层表面

2 安装预制件。将终端内层抹一层硅脂（见图 4-78），一手堵住预制件末端（见图 4-79），防止漏气，用力将预制件套入电缆，直至达到安装线。抹去多余的硅脂（见图 4-80），用尼龙扎带将尾部扎紧，剪去多余的扎带（见图 4-81 ～图 4-83）。

工艺要求： 套入终端时，应注意先把塑料护帽套在线芯导体上，防止导体边缘刮伤终端套管。整个套入过程不宜过长，应一次性推到位。在终端头底部电缆上绕包一圈密封胶，将底部翻起的裙边复原，装上卡带并紧固。

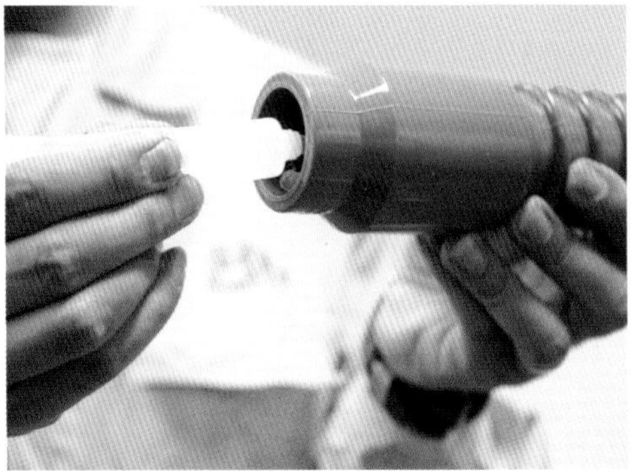

图 4-78　在终端内层涂抹硅脂

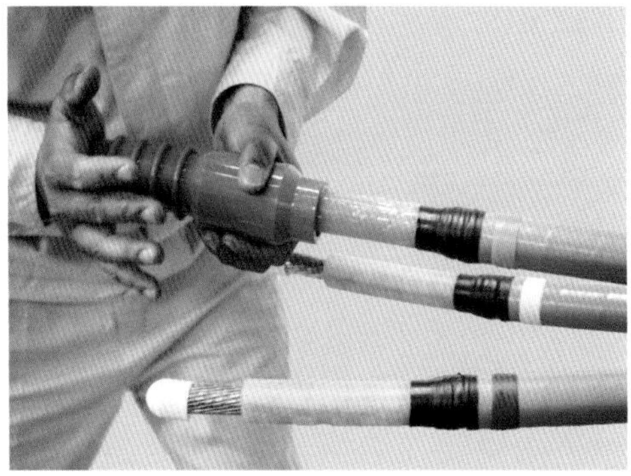

图 4-79　用手堵住将预制件套入电缆

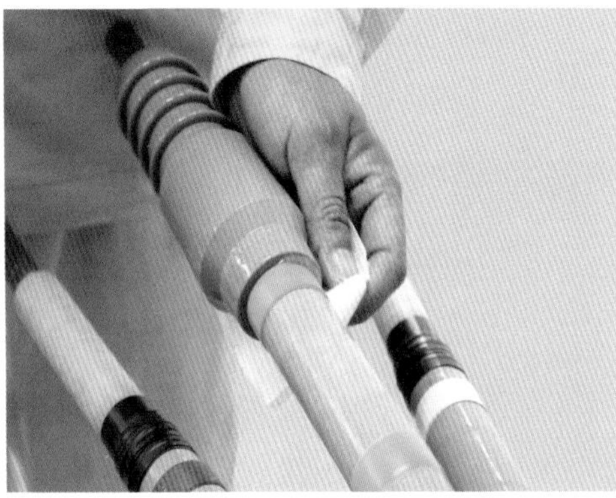

图 4-80　抹去多余的硅脂

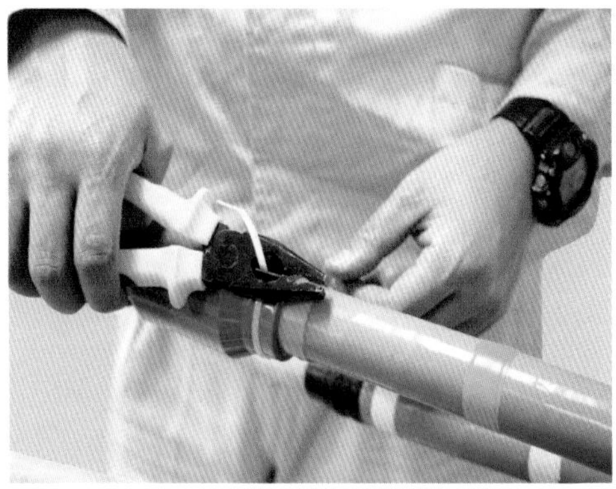

图 4-81　用尼龙扎带扎紧尾部并剪去多余扎带

图 4-82　预制件安装完毕

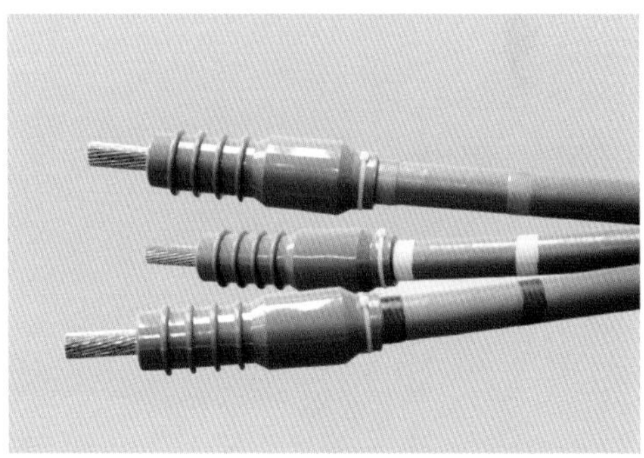

图 4-83　三相预制件安装完毕

安装接线端子

1 压接接线端子。去掉线芯端部的 PVC 胶带或塑料套，清洁线芯后套入端子，用手顶紧端子（见图 4-84），使端子底部压紧预制件顶部的橡胶，然后用压钳将端子压紧（见图 4-85 ～图 4-87）。

工艺要求：把接线端子套到导体上，使接线端子下端防雨罩罩在终端头顶部裙边上。压接时保证接线端子和导体紧密接触，按先上后下顺序进行压接。

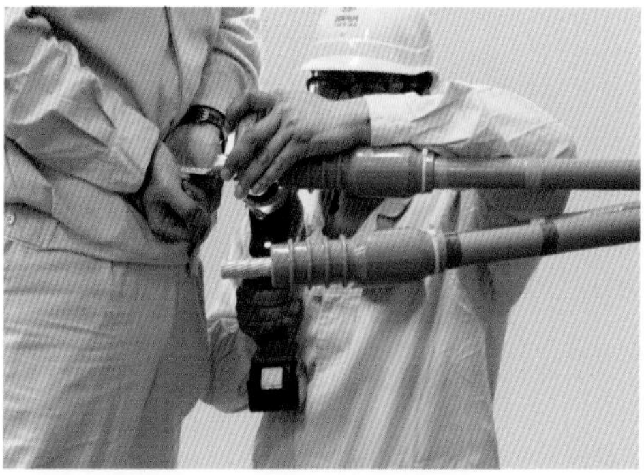

图 4-84 用手顶紧端子

图 4-85 压接端子

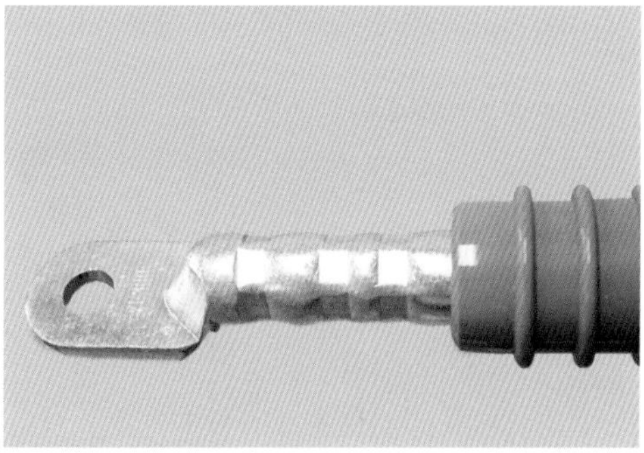

图 4-86 一相端子压接完毕

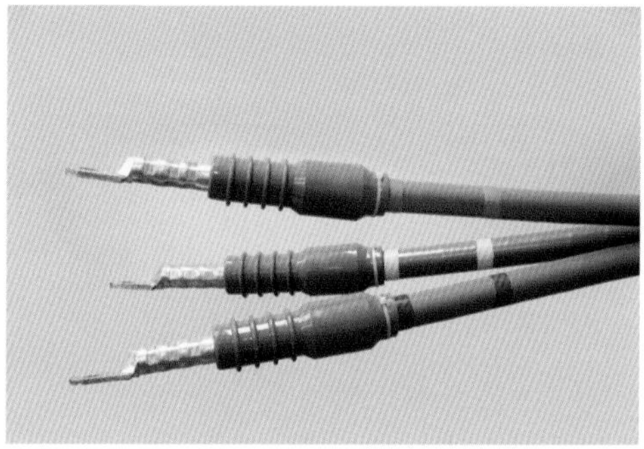

图 4-87 三相端子压接完毕

2 棱角和毛刺处理。去除棱角和毛刺（见图 4-88、图 4-89）。将其余两相终端装好，至此终端安装完毕。

工艺要求：端子表面的尖端和毛刺必须打磨光洁。

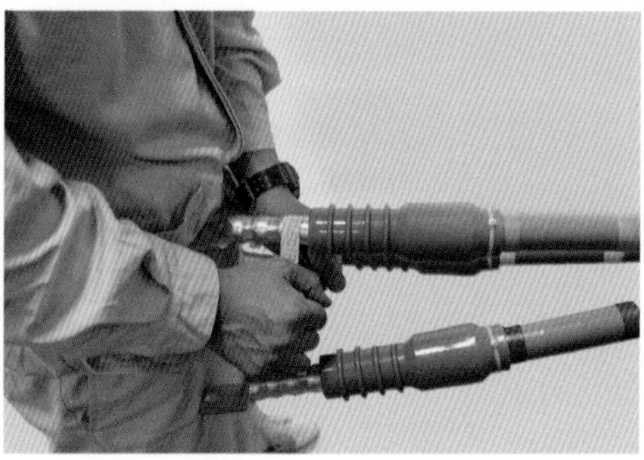

图 4-88 打磨端子表面的棱角和毛刺

图 4-89 清洁打磨后的端子

防水、密封处理

1 接线端子防水处理。在接线端子压接处绕防水胶带（见图 4-90），并与终端搭接 30mm 左右。

工艺要求：绕防水胶带时，涂胶粘剂一面朝里，并适当拉伸。

2 安装密封管。套上冷缩密封管，抽去支撑条（见图 4-91），使密封管收缩在防水胶带绕包处（见图 4-92、图 4-93）。

工艺要求：安装冷缩密封管，抽出衬管条时，速度应均匀缓慢，两手应协调配合，以防冷缩密封管收缩不均匀造成拉伸和反弹。

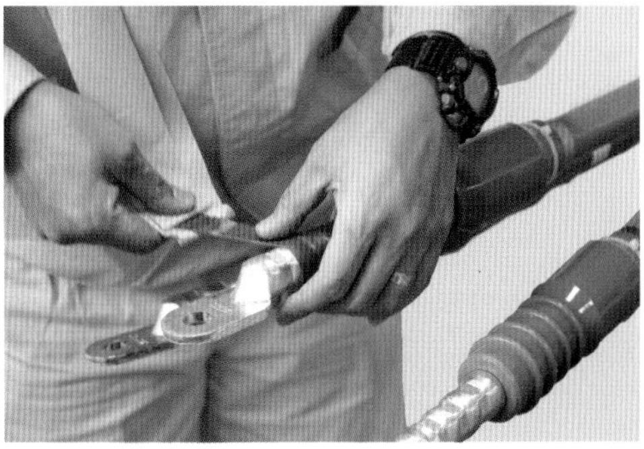

图 4-90　绕包密封胶

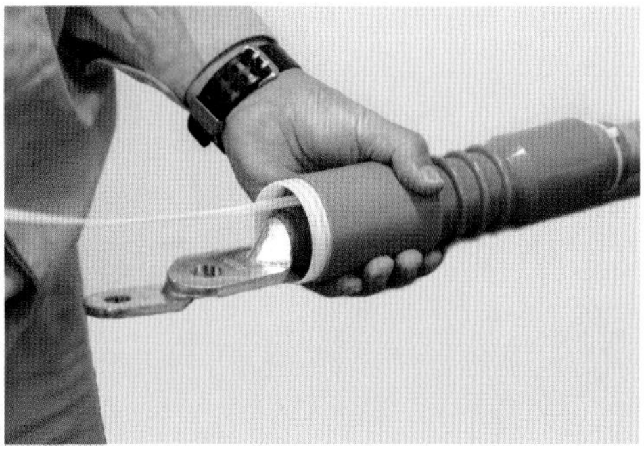

图 4-91　安装密封管

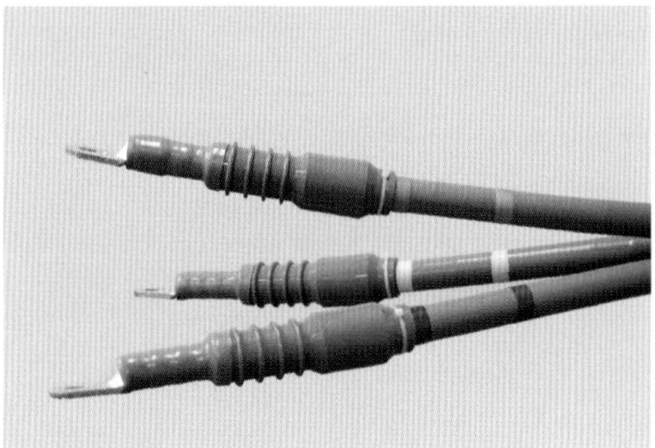

图 4-92　三相密封管安装完毕

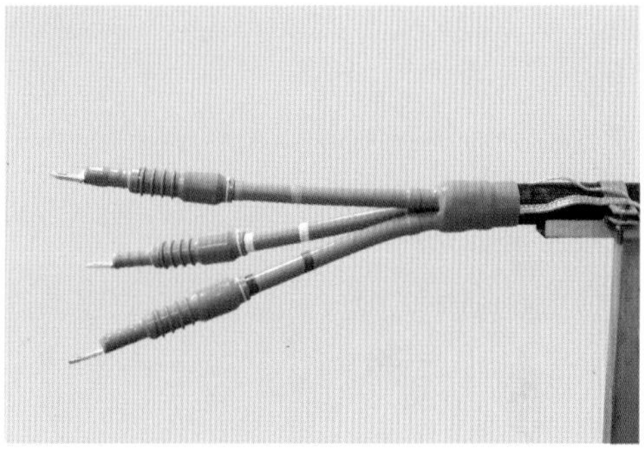

图 4-93　预制式电缆终端安装制作完成

第 5 章

10kV 热缩式电缆中间接头制作安装

5.1 10kV 热缩式电缆中间接头制作安装工艺流程

10kV 热缩式电缆中间接头制作安装工艺流程图如图 5-1 所示。

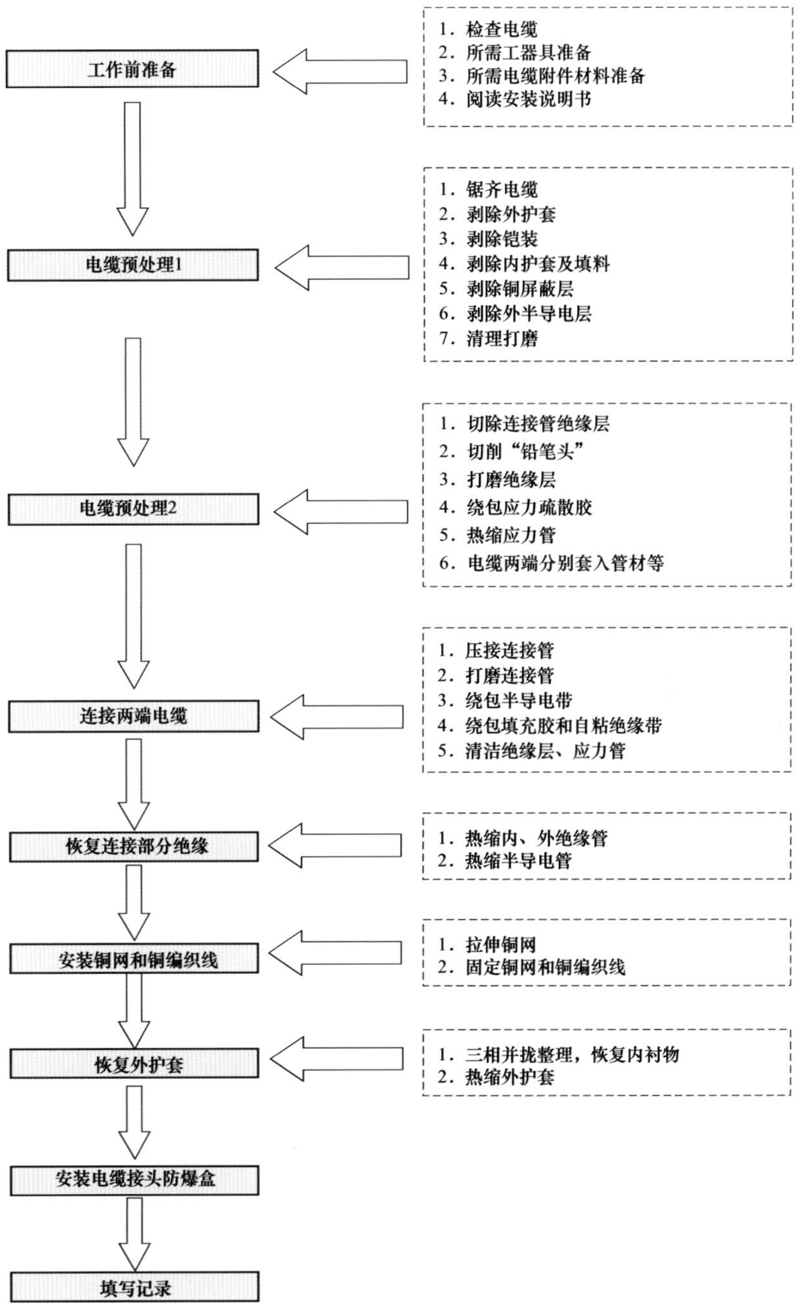

图 5-1　10kV 热缩式电缆中间接头制作安装工艺流程图

5.2 工作前准备

检查电缆

安装电缆附件前，应检查电缆，确认电缆状况良好，电缆无受潮进水、绝缘偏心、明显的机械损伤等不良缺陷（见图 5-2 ～图 5-4）。

图 5-2 擦拭电缆准备外观检查

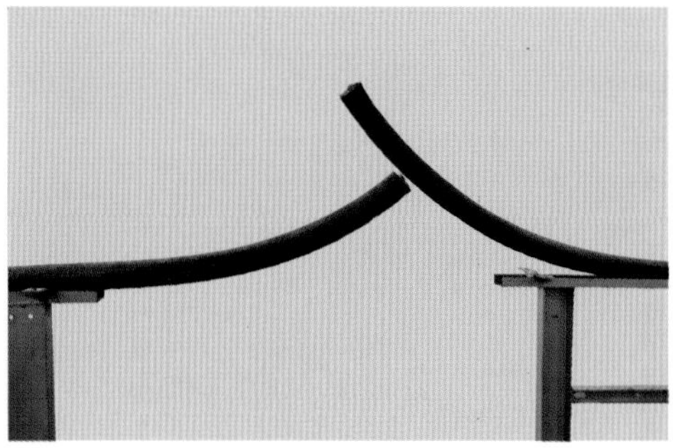

图 5-3 电缆外观检查

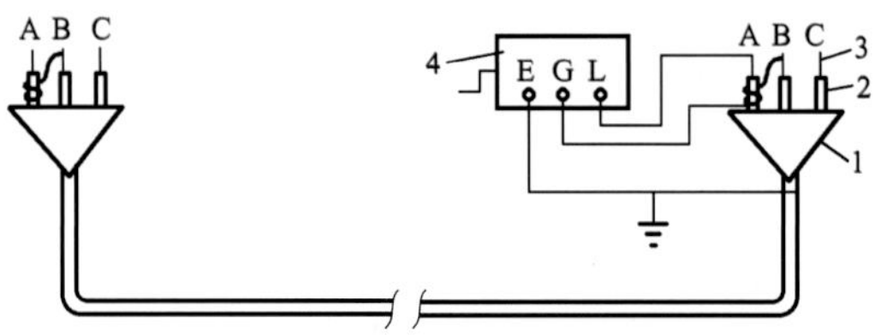

图 5-4 电缆受潮测试

1—电缆终端头；2—套管或绕包的绝缘；3—线芯导体；4—500 ～ 2500V 绝缘电阻表

所需工器具准备

安装电缆附件前，应做好施工用工器具检查，确保施工用工器具齐全完好，便于操作，状况清洁（见图 5-5、图 5-6 及表 5-1）。

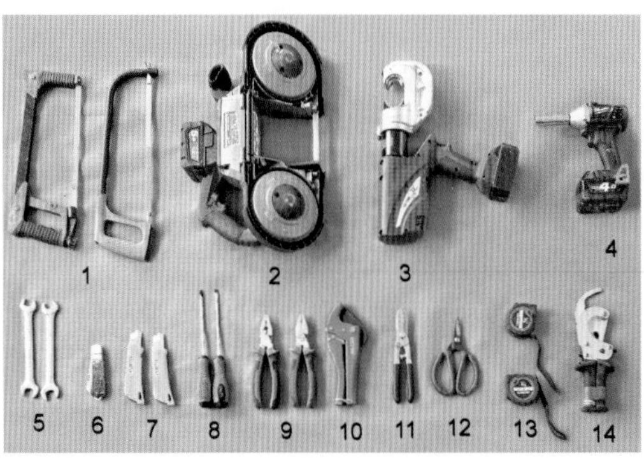

图 5-5 安装制作所需工具

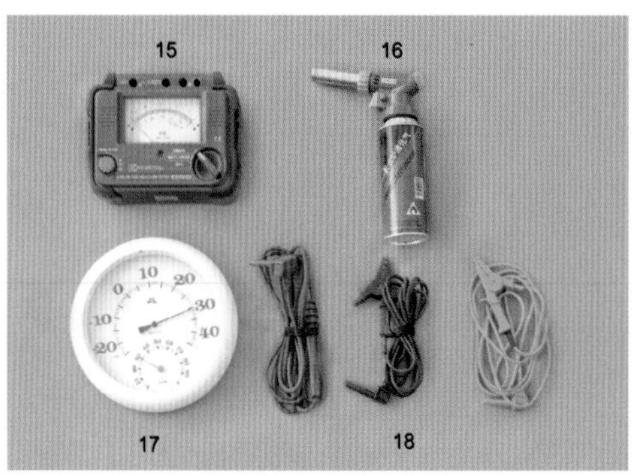

图 5-6 安装制作所需器具

表 5-1 制作安装所需工器具表

序号	名称	规格	单位	数量	用途
1	手锯		把	2	切割铠装层
2	电锯		把	1	切割电缆
3	电压钳		把	1	压接铜接管
4	电动扳手		把	1	拧螺栓
5	扳手	17/19	把	2	拧螺栓
6	电工刀		把	1	切割外护套、填充层
7	墙纸刀		把	2	切割填充层、半导电层
8	起子		把	2	协助切割铠装层、铜屏蔽层等
9	克丝钳		把	2	剥半导电层
10	切割刀		把	1	协助切割绝缘层
11	切割剪刀		把	1	协助切割较硬的物体
12	剪刀		把	1	协助切割填充层
13	卷尺		把	2	测量尺寸
14	割刀		把	1	协助切割分相电缆
15	绝缘电阻表		只	1	测量电缆绝缘电阻
16	液化气喷灯		只	1	加热热缩套
17	温湿度计		只	1	测量温度、湿度
18	绝缘电阻表连接线		根	3	协助测量电缆绝缘电阻

所需电缆附件材料准备

电缆附件规格应与电缆匹配，零部件应齐全无损伤，绝缘材料不得受潮、过期（见图 5-7、表 5-2）。

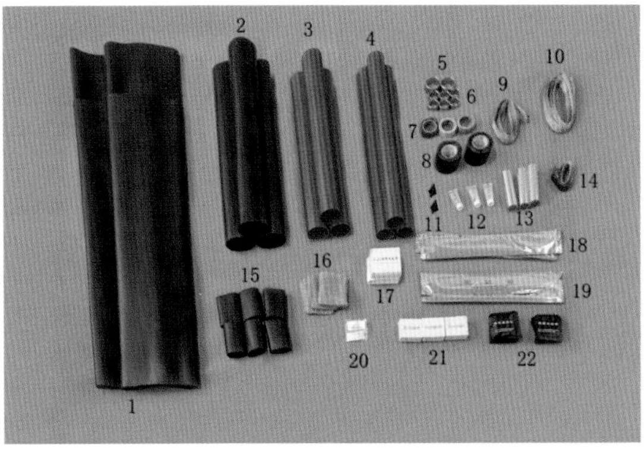

图 5-7 安装制作所需附件材料

表 5-2　　制作安装所需附件材料表

序号	名称	规格	单位	数量
1	热缩内、外护套管		根	4
2	外半导电管		根	3
3	外绝缘管	短	根	3
4	内绝缘管	长	根	3
5	恒力弹簧	大	个	2
6	恒力弹簧	小	个	6
7	PVC 胶带	黄、绿、红	卷	各 1 卷
8	PVC 胶带	宽	卷	2
9	铜编织线	短	根	3
10	铜编织线	长	根	1
11	三角垫锥		个	2
12	硅脂		支	3
13	铜连接管		个	3
14	砂带		组	3
15	应力管		个	6
16	铜网		个	3
17	绝缘自粘带	J-20	卷	2
18	填充胶		组	1
19	密封胶		组	1
20	应力疏散胶		包	1
21	半导电自粘带		卷	3
22	电缆清洁纸		包	6

阅读安装说明书

施工前仔细阅读随材料箱的制作安装说明书，审核说明书是否正确，确认附件安装次序。

5.3 10kV 热缩式电缆中间接头安装的制作步骤及工艺要求

电缆预处理 1

1 锯齐电缆。将两根待接电缆两端校直（见图 5-8）、重叠 200mm，确定接头中心（见图 5-9），从中心锯齐电缆（见图 5-10）。

工艺要求：锯割时，应保证电缆线芯端口平直（见图 5-11）。

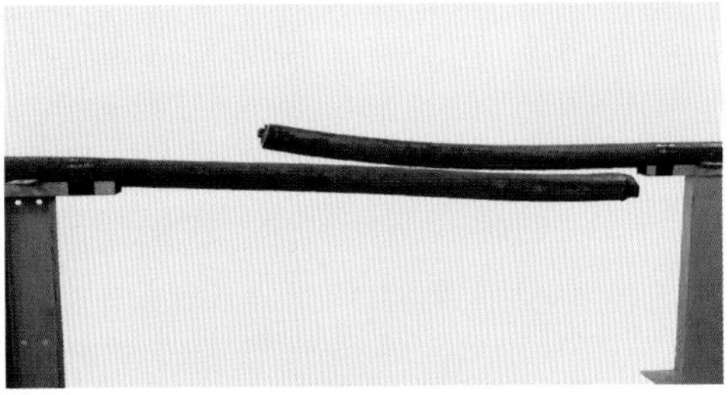

图 5-8　电缆校直

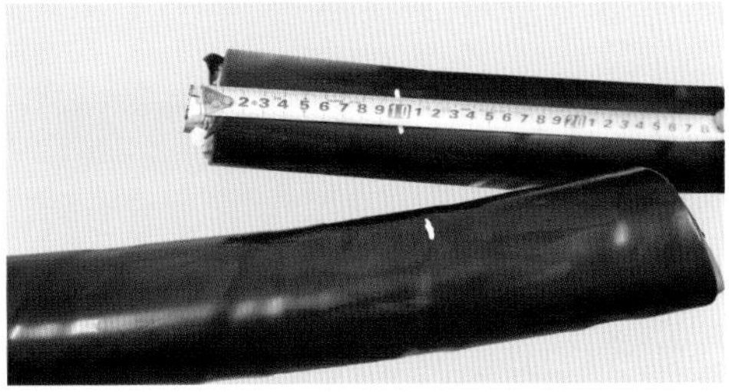

图 5-9　确定接头中心并做记号

图 5-10　从中心锯电缆

图 5-11　电缆线芯端口平直

2 剥除外护套。如图 5-12 所示，从电缆中心处分别量取 1100mm（长端）（见图 5-13）和 500mm（短端）（见图 5-14）剥去电缆外护套。

工艺要求：在剥切电缆外护套时，应分两次进行，以避免电缆铠装层铠装松散。先将电缆末端外护套保留 100mm（见图 5-15、图 5-16），然后按规定尺寸剥除外护套（见图 5-17 ～图 5-19），要求断口平整（见图 5-20）。

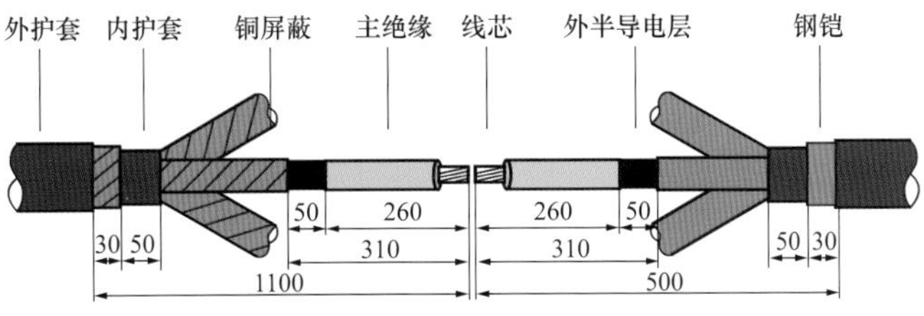

图 5-12　电缆开剥尺寸

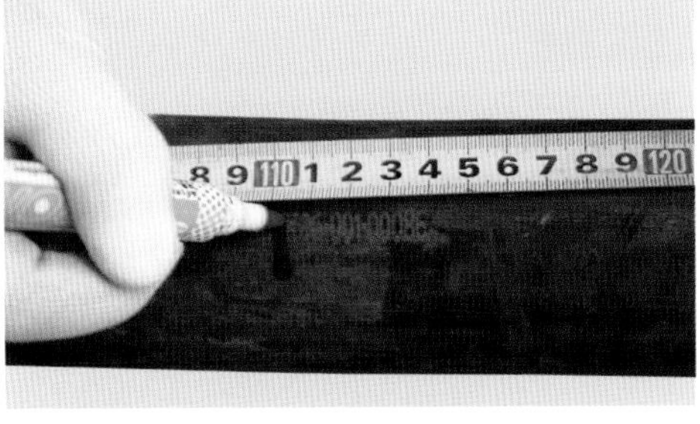

图 5-13　电缆一端量取 1100mm
外护套并做记号

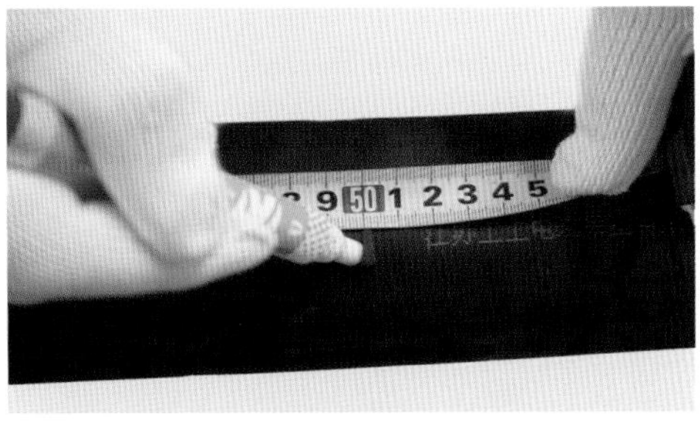

图 5-14　电缆另一端量取 500mm
外护套并做记号

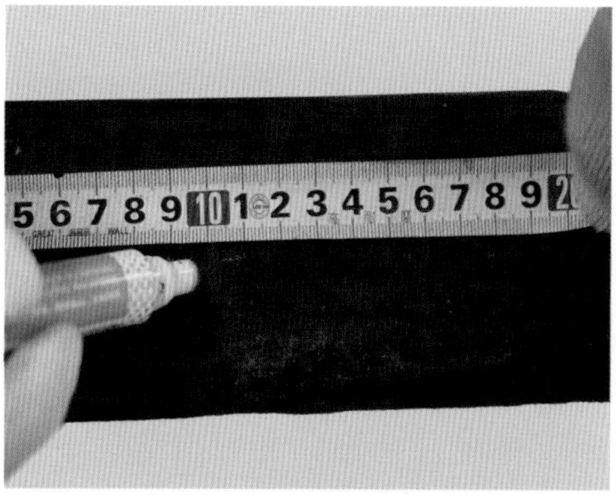

图 5-15 一端端部量取 100mm 外护套并做记号

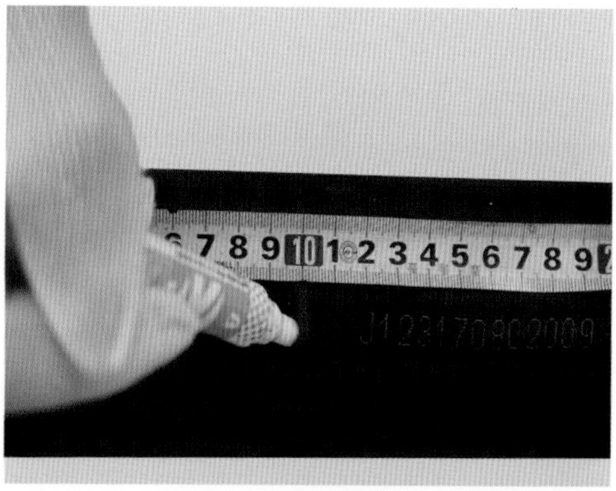

图 5-16 另一端端部量取 100mm 外护套并做记号

图 5-17 开始剥切外护套

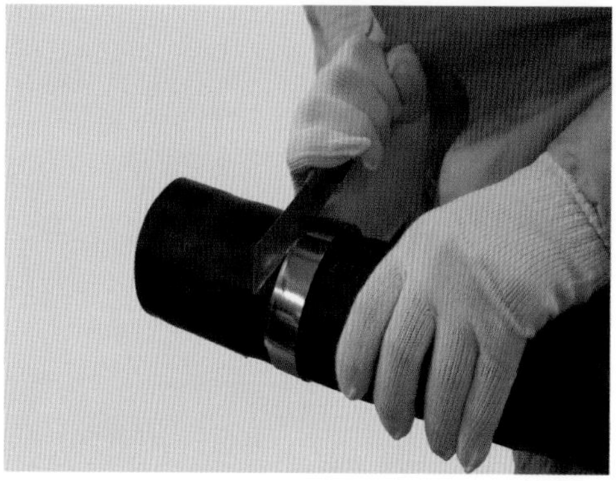

图 5-18 开始剥切外护套

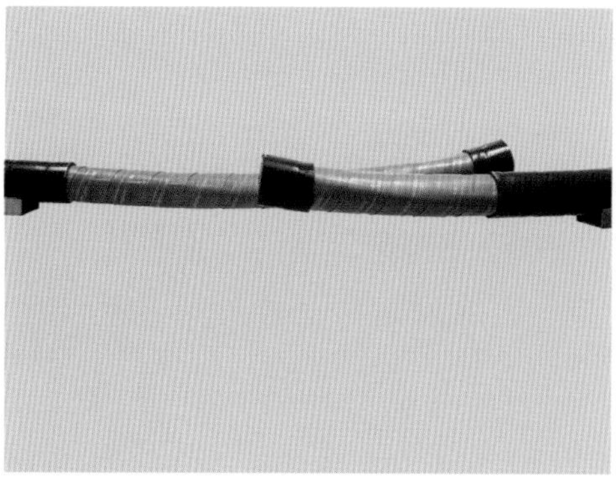

图 5-19 端部保留 100mm 外护套

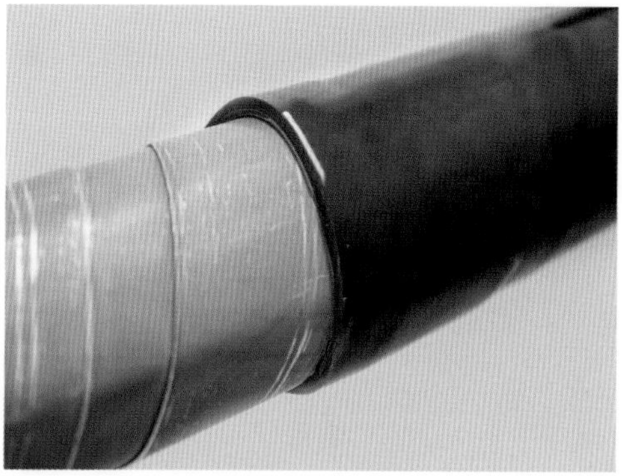

图 5-20 断口平整

3 剥除铠装。留 30mm 钢铠（见图 5-21），其余剥除（见图 5-22 ～图 5-24）。

工艺要求：按规定尺寸在铠装上绑扎铜线或恒力弹簧，绑线的缠绕方向应与铠装的缠绕方向一致，使铠装越绑越紧不致松散。绑线用 ϕ 2.0 的铜线，每道 3 ～ 4 匝。锯铠装时，其圆周锯痕深度应均匀（见图 5-25），不得锯透，不得损伤内护套。剥铠装时，应首先沿锯痕将铠装卷断，铠装断开后再向电缆终端头剥除。

图 5-21　量取 30mm 钢铠并做记号

图 5-22　用锯环割钢铠

图 5-23　用钳子去除钢铠

图 5-24　二次开剥外护套去除钢铠

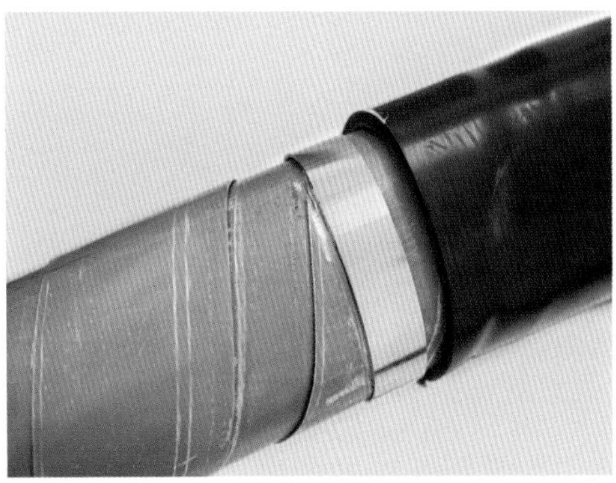

图 5-25　锯铠装圆周锯痕均匀

4　剥除内护套及填料。如图 5-26 所示，保留 50mm 内护套，其余剥除（见图 5-27 ～图 5-29），切除填充物（见图 5-30），保留备用，分开电缆线芯，电缆中心插入三角垫锥（见图 5-31）。

工艺要求：在应剥除内护套处用刀横向切一环形痕，深度不超过内护套厚度的一半。纵向剥除内护套时，切口应在两芯之间，防止切伤金属屏蔽层。剥除内护套后应将金属屏蔽带末端用聚氯乙烯粘带扎牢，防止松散。切除填料时刀口应向外，防止损伤金属屏蔽层。

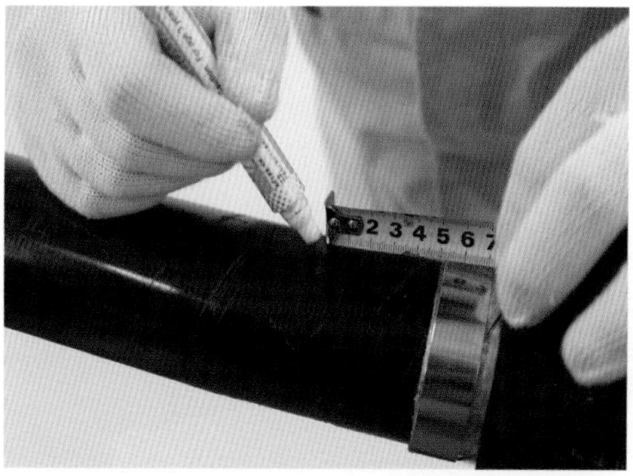

图 5-26 量取 50mm 内护套并做记号

图 5-27 环切内护套

图 5-28 在两芯之间纵切内护套

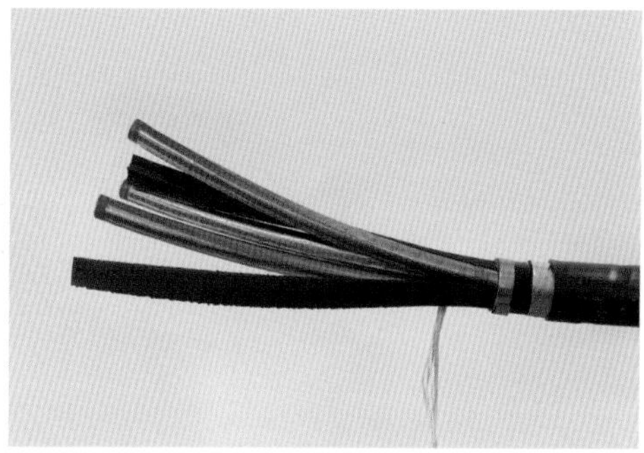

图 5-29 保留 50mm 内护套

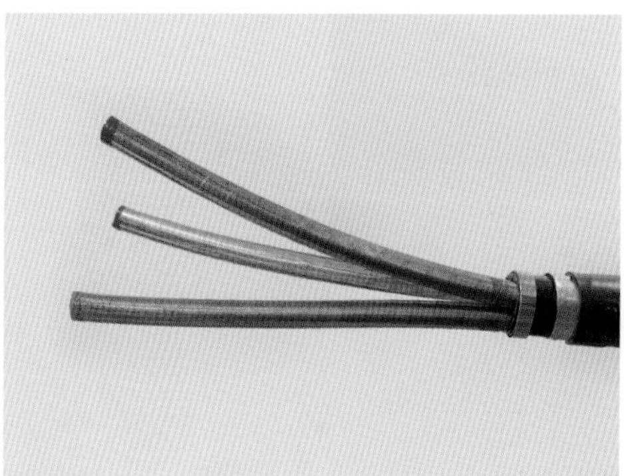

图 5-30 去除填充物并用 PVC 胶带包裹铜屏蔽末端

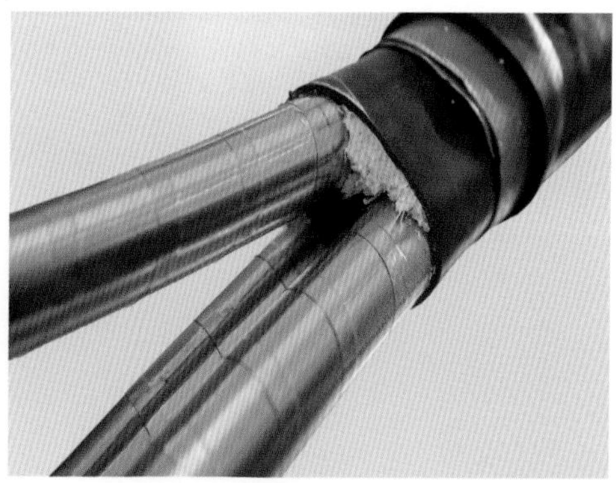

图 5-31 插入三角垫锥分开电缆线芯

5 剥除铜屏蔽层。从电缆中间锯断处向两端各量取线 310mm，剥去铜屏蔽层（见图 5-32 ～图 5-34），断口处用自粘带固定。

工艺要求：铜屏蔽层剥切时，在其断口处用 ϕ 1.0 镀锡铜线扎紧或用恒力弹簧固定。切割时，只能环切一刀疤，不能切透，以免损伤外半导电层。剥除时，应从刀疤处撕剥，断开后向线芯端部剥除。铜屏蔽层的断口应剥除干净，不得有尖端和毛刺（见图 5-35）。

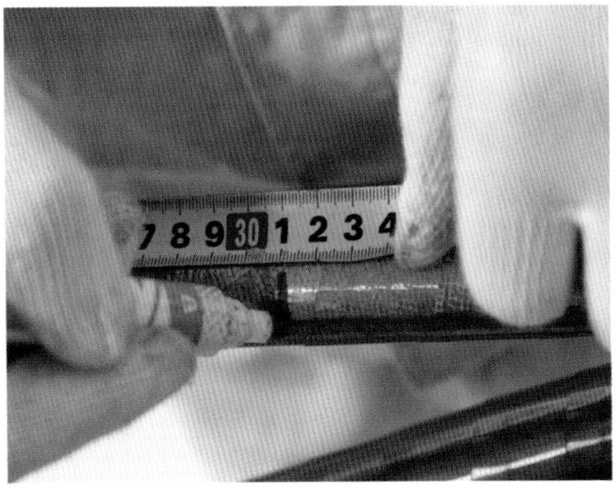

图 5-32 量取 310mm 铜屏蔽并做记号

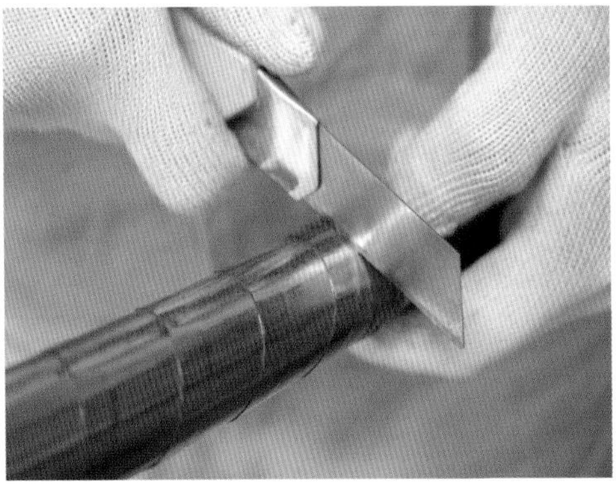

图 5-33 切除铜屏蔽

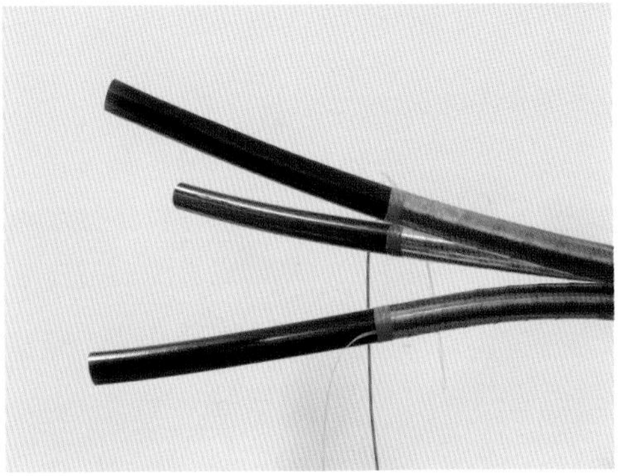

图 5-34 剥去 310mm 铜屏蔽

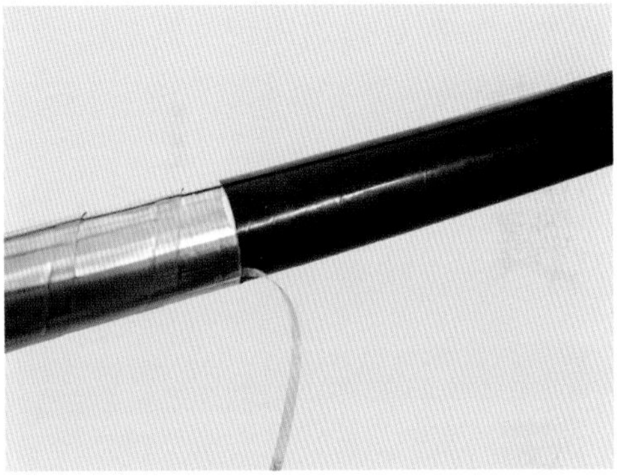

图 5-35 铜屏蔽层断口平整

6 剥除外半导电层。保留 50mm 外半导电层，其余剥除（见图 5-36 ～图 5-38）。

工艺要求：外半导电层应剥除干净，不得留有残迹。剥除后必须用细砂纸将绝缘表面吸附的半导电粉尘打磨干净，并擦拭光洁。剥除外半导电层时，刀口不得伤及绝缘层。将外半导电层端部切削成“小斜坡”（见图 5-39），注意不得损伤绝缘层。用砂纸打磨后，半导电层端口应平齐，坡面应平整光洁，与绝缘层平滑过渡。

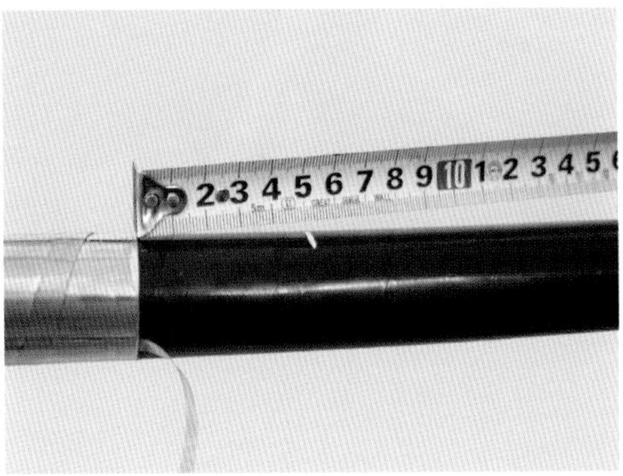

图 5-36 量取 50mm 外半导电层并做记号

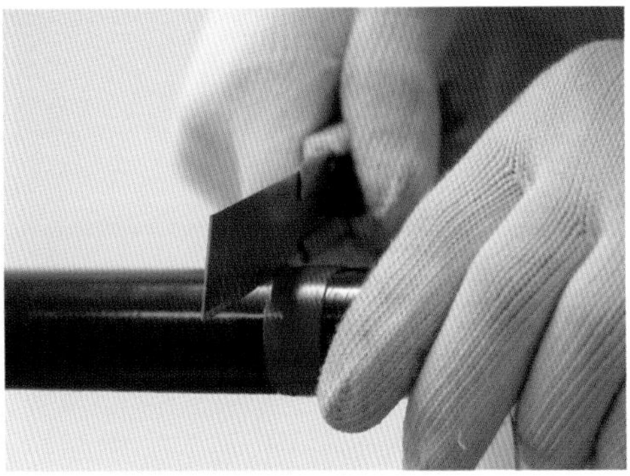

图 5-37 环切外半导电层

图 5-38 保留 50mm 外半导电层其余切除

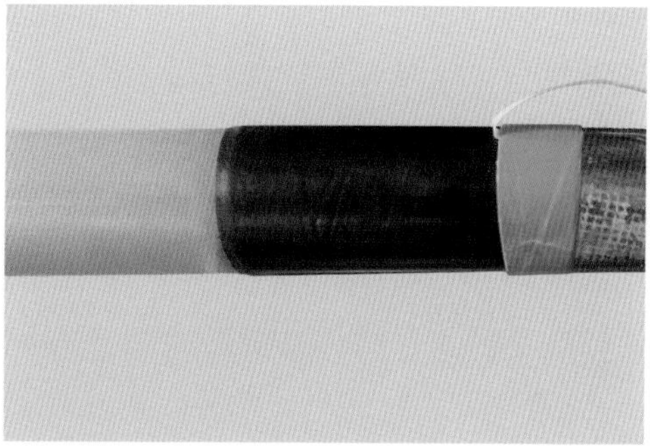

图 5-39 外半导电层端部削切成“小斜坡”

7 清理打磨。锉光剩余铠装表面，清理外护套表面，将剥切口以下 50 ～ 100mm 外护套及内护套打磨粗糙（见图 5-40 ～图 5-44）。

工艺要求：外护套断口以下 100mm 部分用砂纸打毛并清洗干净，以保证外护套收缩后密封性能可靠。

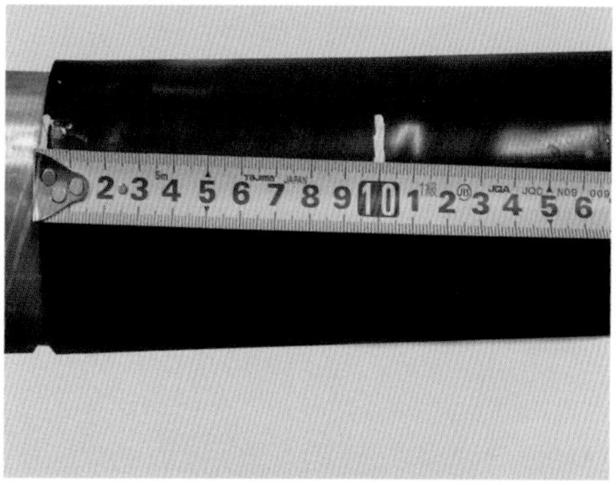

图 5-40 量取 100mm 外护套并做记号

图 5-41 打磨外护套

图 5-42 打磨钢铠

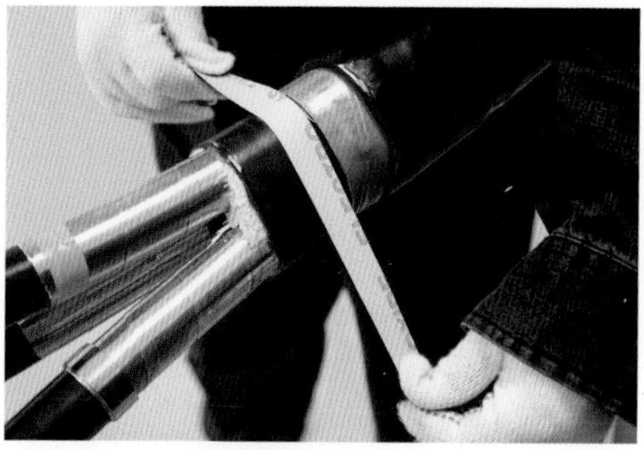

图 5-43 打磨内护套

电缆预处理 2

1 切除连接管绝缘层。按 1/2 连接管长（见图 5-45）+ 3mm 长度切去绝缘层（见图 5-46 ～图 5-48）。

工艺要求：切割线芯绝缘时，刀口不得损坏导体，剥除绝缘层时，不得使导体变形（见图 5-49）。

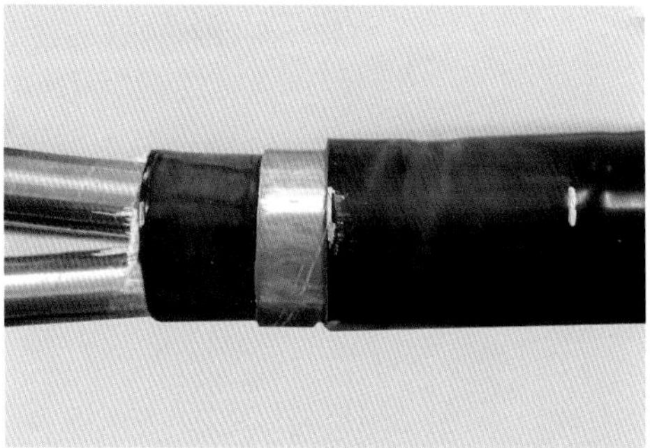

图 5-44 打磨后的内护套、钢铠、外护套

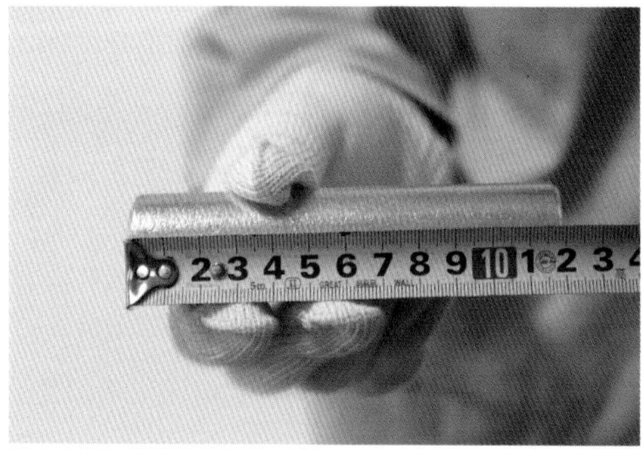

图 5-45 测量连接管长度

图 5-46 测量 1/2 连接管长 +3mm 长度

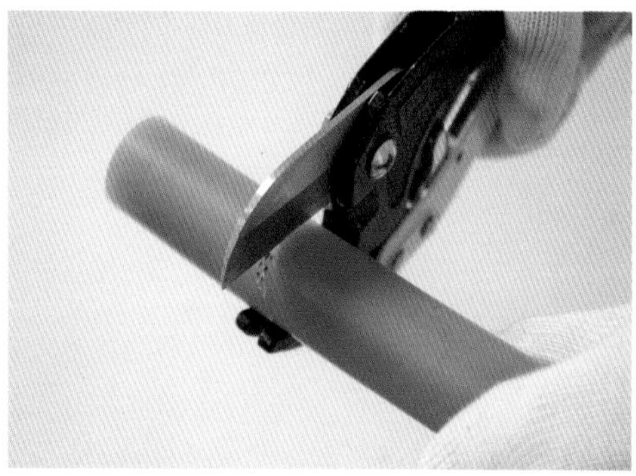

图 5-47 切除量取的绝缘层

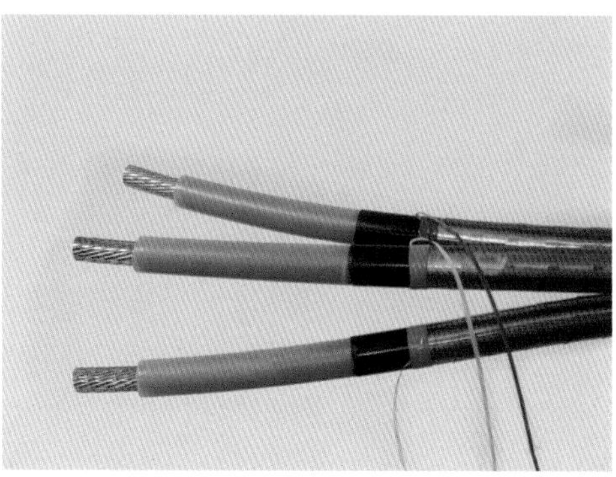

图 5-48 绝缘层端部切除完毕

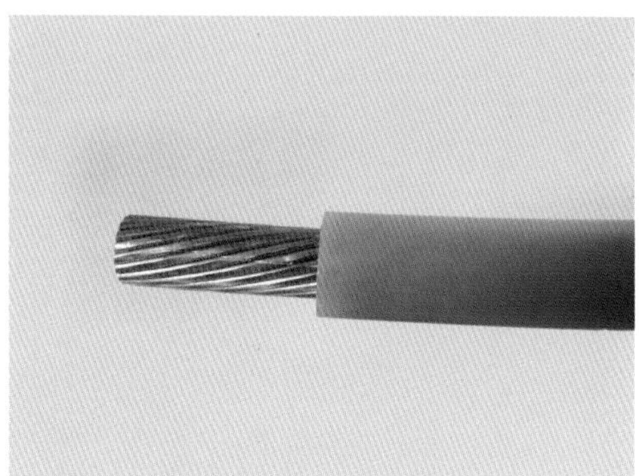

图 5-49 切除绝缘层后导体完好

2 切削“铅笔头”。在绝缘层末端量取 35mm（见图 5-50），削成 30mm 长的锥体（铅笔头），保留 5mm 的内半导电层（见图 5-51）。

工艺要求：“铅笔头”切削时，锥面应圆整、均匀、对称，并用砂纸打磨光洁（见图 5-52），切削时刀口不得划伤导体，保留的内半导电层表面不得留有绝缘痕迹，端口平整，表面应光洁。

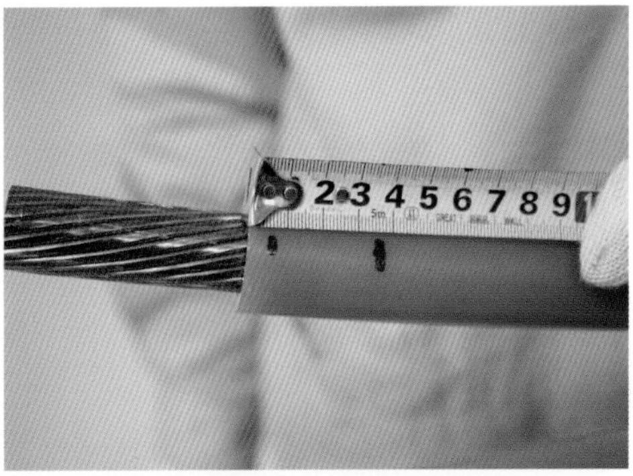

图 5-50 量取“铅笔头”尺寸并做记号

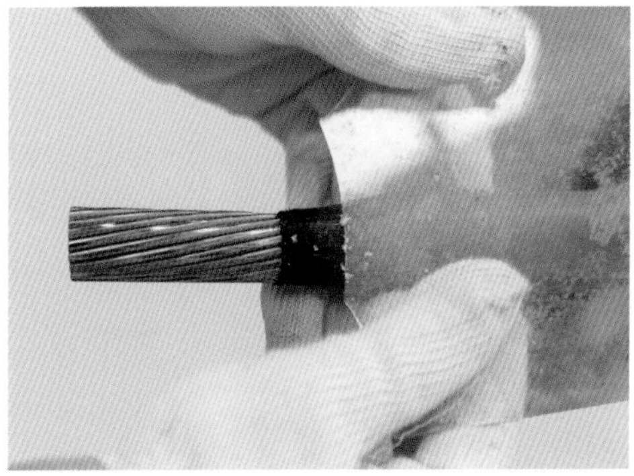

图 5-51 切削“铅笔头”

3 打磨绝缘层。用细砂纸打磨绝缘层表面（见图 5-53），去除残留的半导电颗粒（见图 5-54）。

工艺要求：必须用细砂纸将绝缘表面吸附的半导电粉尘打磨干净，并擦拭光洁。

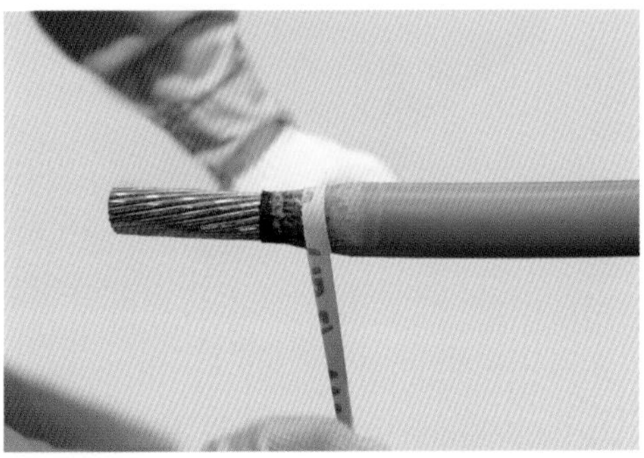

图 5-52 打磨“铅笔头”

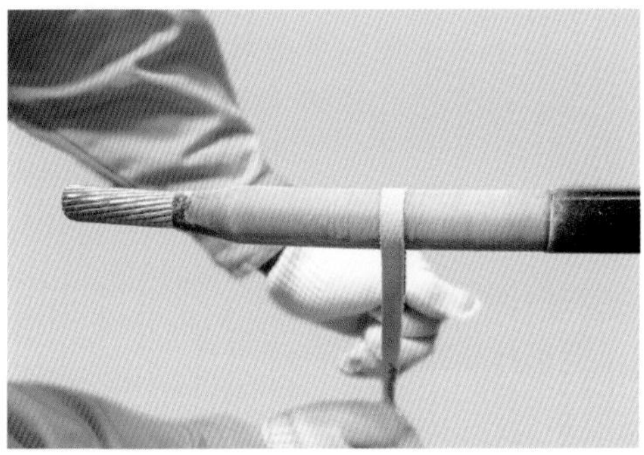

图 5-53 打磨绝缘层表面

4 绕包应力疏散胶。清洁主绝缘层（见图 5-55），用应力疏散胶将外半导电层与绝缘处的台阶填平（见图 5-56），各搭接 5 ~ 10mm（见图 5-57）。

工艺要求：绕包应力疏散胶时，必须拉薄拉窄，把外半导电层和绝缘层的交接处填实填平，圆周搭接应均匀，端口应整齐。

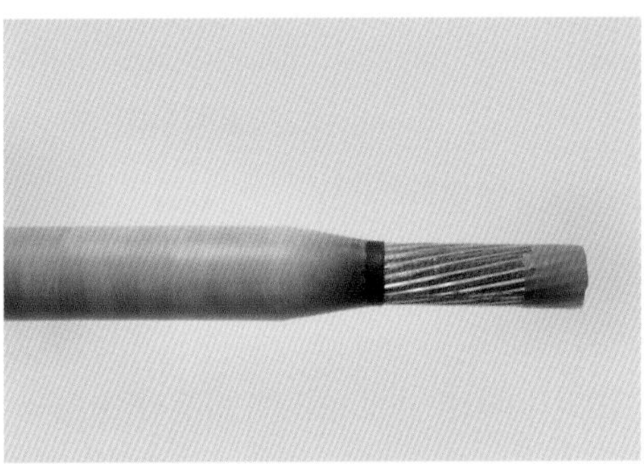

图 5-54 绝缘表面处理完毕

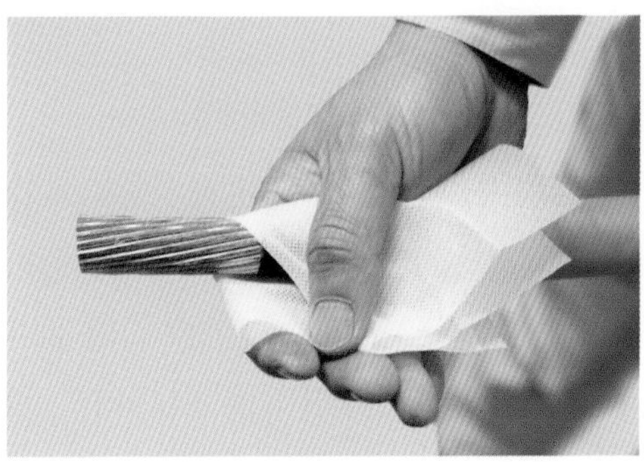

图 5-55 清洁绝缘层表面

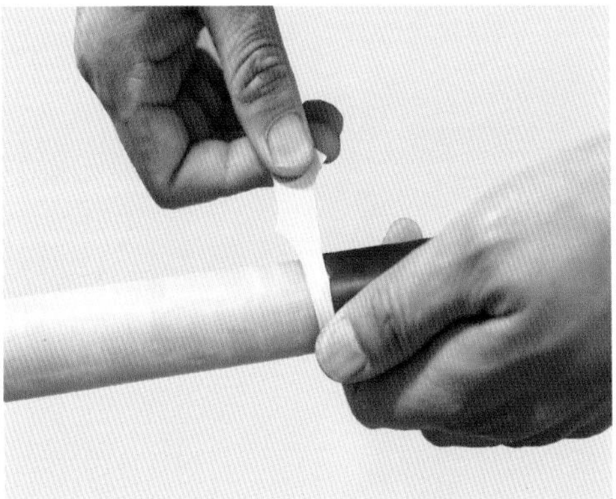

图 5-56　绕包应力疏散胶

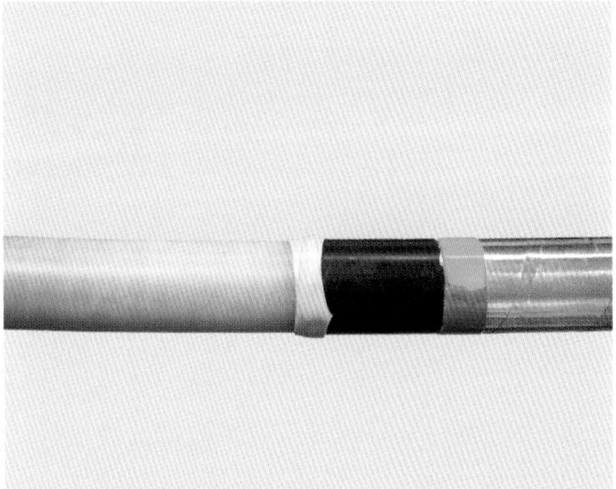

图 5-57　应力疏散胶搭接半导电层和绝缘层各 5 ~ 10mm

5 热缩应力管。薄薄的涂一层硅脂膏（见图 5-58），套入应力管（见图 5-59），搭接外半导电层 20mm（见图 5-60），加热收缩固定（见图 5-61、图 5-62）。

工艺要求： 热缩应力控制管时，应用微弱火焰均匀环绕加热，使其收缩。收缩后，在应力控制管与绝缘层交接处应绕包应力控制胶，绕包方法同上。

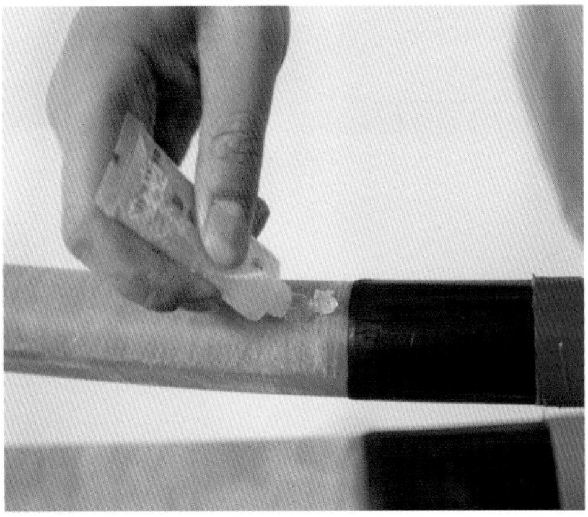

图 5-58　涂抹硅脂膏

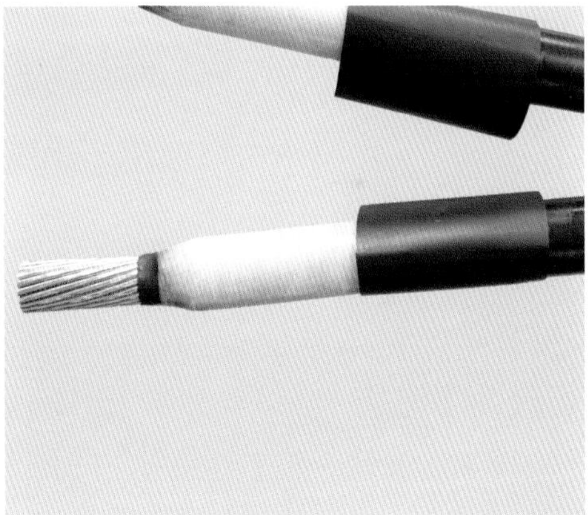

图 5-59　应力管搭接外半导电层 20mm

图 5-60　量取 20mm 外半导电层并做记号

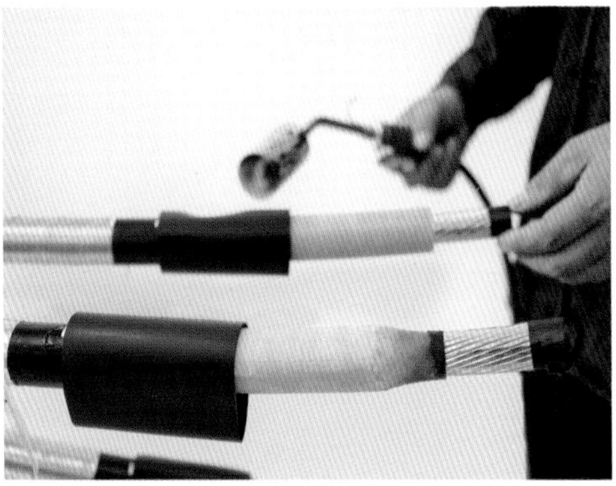

图 5-61　加热应力管

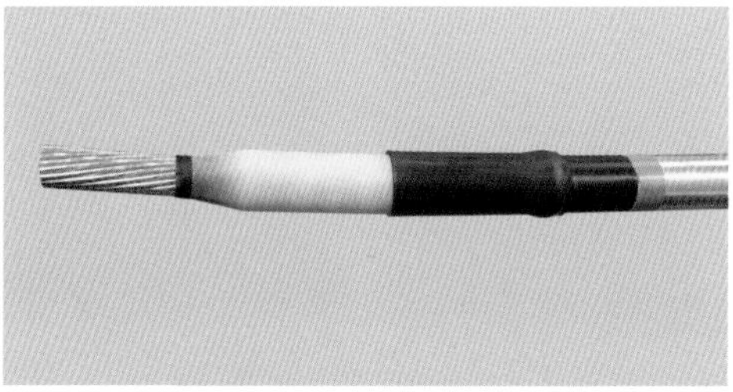

图 5-62 应力管热缩后固定

6 电缆两端分别套入管材等。依次套入管材和铜网：将护套分别套在电缆的两端，在电缆长端每相分别套入一组内绝缘管、外绝缘管与半导电管（见图 5-63），在电缆短端每相分别套入铜网（见图 5-64）。

工艺要求：套入管材前，电缆表面必须清洁干净。按附件安装说明依次套入管材，顺序不能颠倒；所有管材端口，必须用塑料布加以包扎，以防水分、灰尘、杂物浸入管内污染密封胶层。

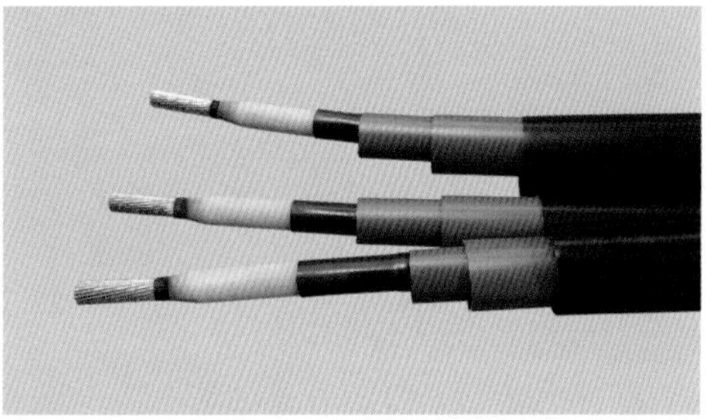

图 5-63 长端套入管线

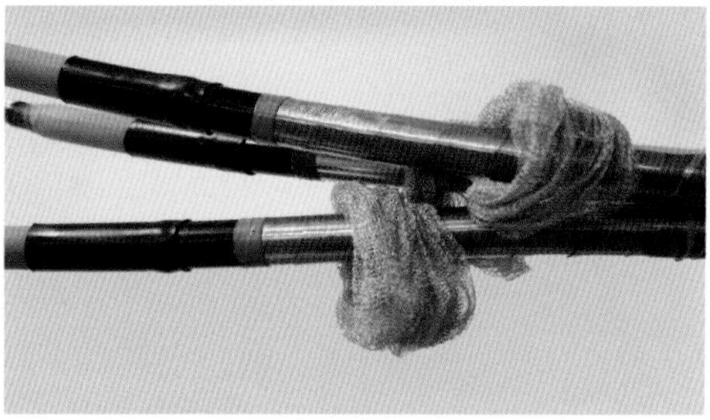

图 5-64 短端套入铜网

连接两端电缆

1 压接连接管。装上连接管（见图 5-65），进行压接（见图 5-66）。

工艺要求：压接前用清洁纸将连接管内表面（见图 5-67）、外表面（见图 5-68）和电缆线芯清洁干净（见图 5-69）。检查连接管与导体截面及径向尺寸应相符，压接模具与连接管外径尺寸应配套。如连接管套入导体较松动，应填实后进行压接。

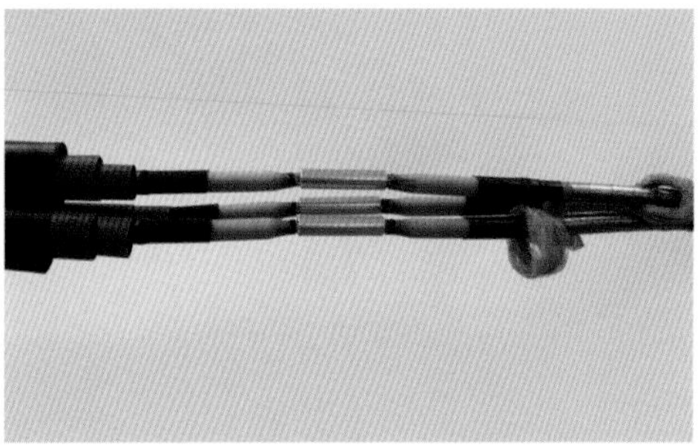

图 5-65 装上连接管

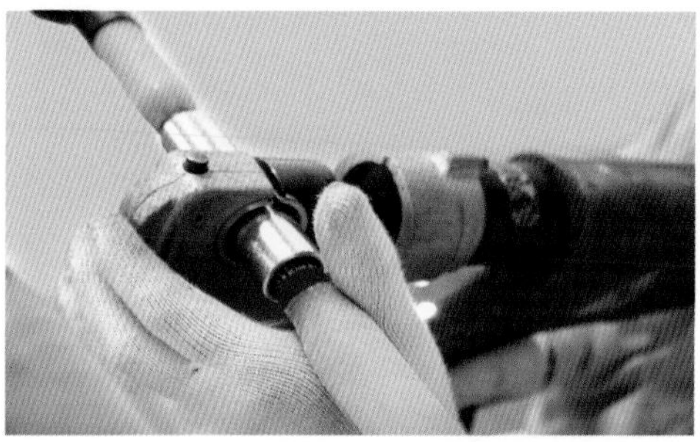

图 5-66 用液压钳压接连接管

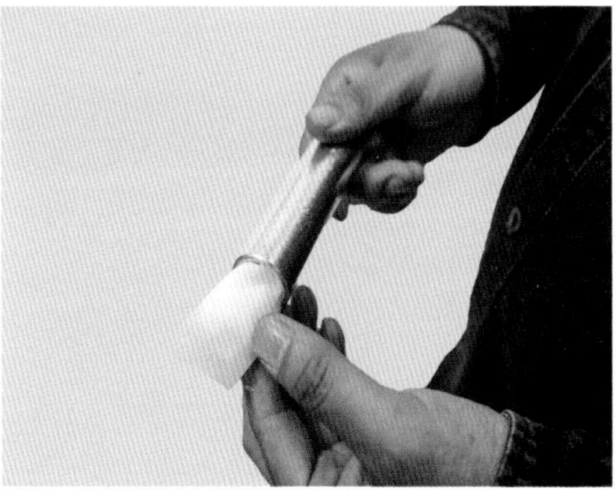

图 5-67　清洁连接管内表面

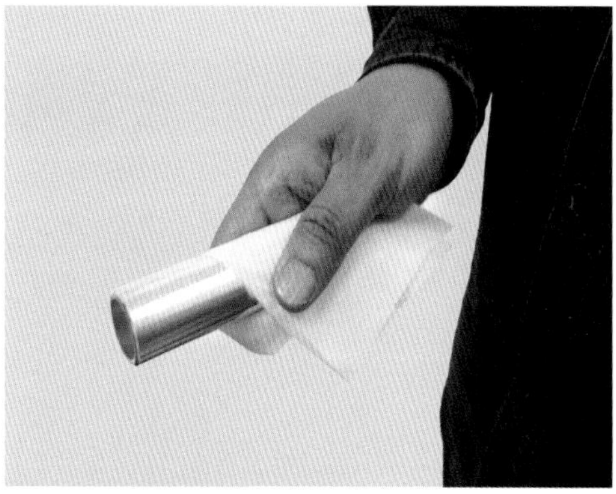

图 5-68　清洁连接管外表面

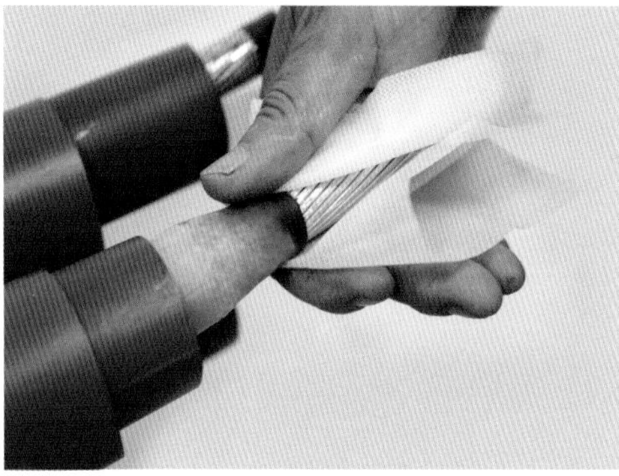

图 5-69　清洁电缆线芯

2 打磨连接管。锉平连接管上的棱角、毛刺，清洗金属细粒。

工艺要求：压接后，连接管表面的棱角和毛刺必须用锉刀或砂纸打磨光洁（见图 5-70），并将金属粉屑清洁干净（见图 5-71）。

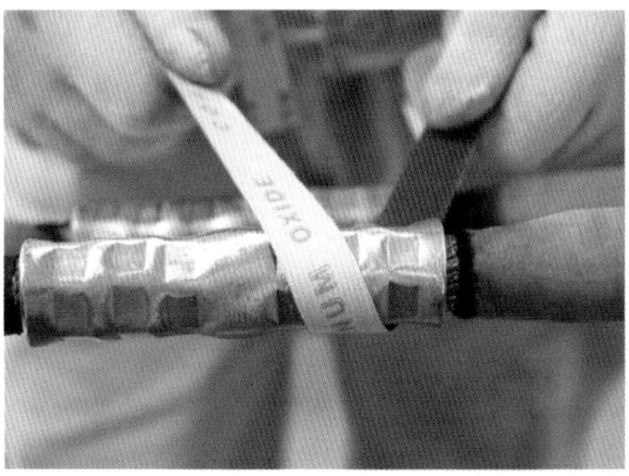

图 5-70　打磨连接管

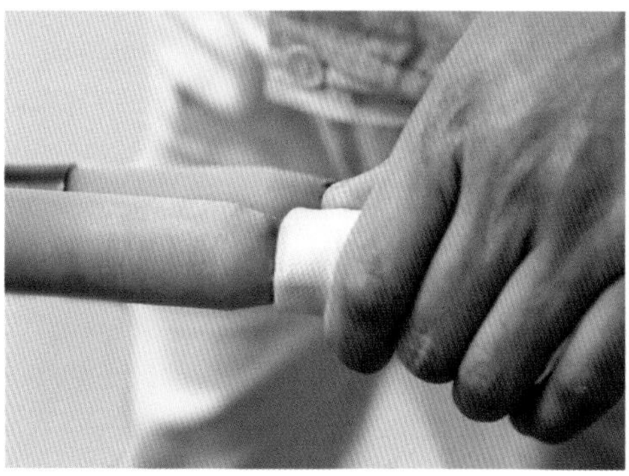

图 5-71　擦拭打磨后的连接管

3 绕包半导电带。在连接管上绕包半导电带（见图 5-72、图 5-73），各搭接内半导电层 5mm。

工艺要求：半导电带必须拉伸后绕包，并填平连接管的压坑和连接与导体内半导电屏蔽层之间的间隙，然后在连接管上半搭盖绕包两层半导电带，两端与内半导电屏蔽层必须紧密搭接。

图 5-72 连接管上开始绕包半导电带（一）

图 5-73 连接管上绕包半导电带（二）

4 绕包填充胶和自粘绝缘带。在半导电带上绕包填充胶（见图 5-74）与自粘绝缘胶带（见图 5-75），厚度必须大于 3mm，两边与主绝缘搭接 10mm。

工艺要求：在两端绝缘末端“铅笔头”处与连接管端部用绝缘自粘带拉伸后绕包填平。再半搭盖绕包与两端“铅笔头”之间，绝缘带绕包必须紧密、平整，其绕包厚度略大于电缆绝缘直径。

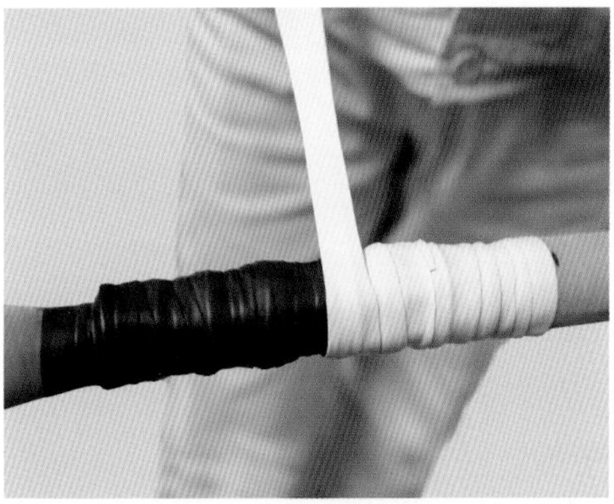

图 5-74 在半导电带上绕包填充胶

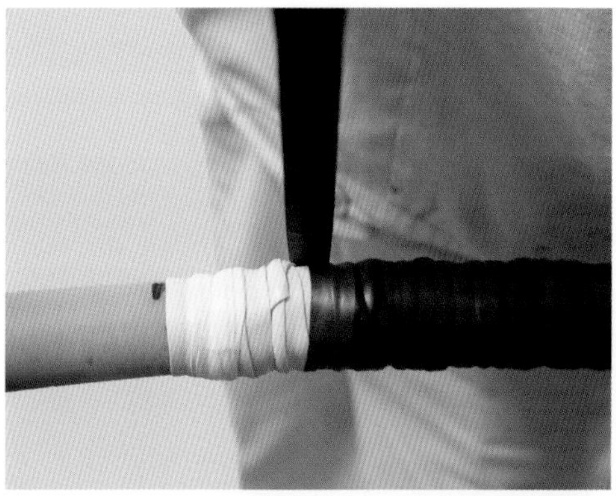

图 5-75 在填充胶上绕包自粘绝缘胶带

5 清洁绝缘层、应力管。用清洗巾清洗绝缘层与应力管外表面（见图 5-76），先将应力管与主绝缘层之间的台阶用应力疏散胶填平（见图 5-77），搭接 5 ～ 10mm，并在绝缘与应力管上均匀抹一层硅脂（见图 5-78），包括连接管上，避免涂在电缆外导电带上。

工艺要求：电缆线芯绝缘和外半导电屏蔽层应清洁干净。清洁时，应由线芯绝缘端部向半导电应力控制管方向进行，不可颠倒，清洁纸不得往返使用。

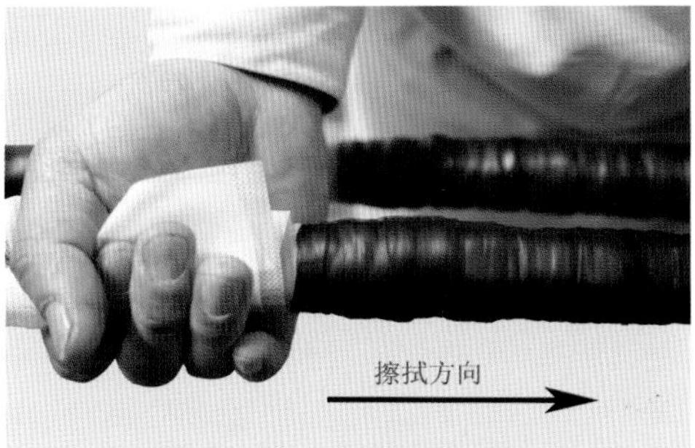

图 5-76　清洁绝缘层和应力管表面

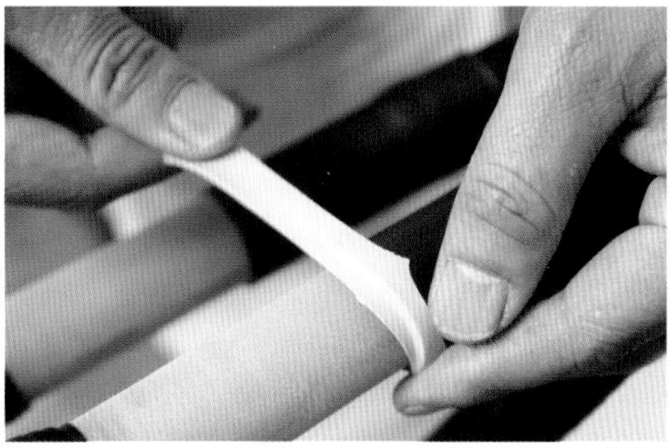

图 5-77　用疏散胶填平应力管与主绝缘之间台阶

图 5-78　涂抹硅脂

恢复连接部分绝缘

1 热缩内、外绝缘管。将三根内绝缘管拉过来置于连接管中心，从内绝缘管中间向两端加热收缩，不能将管材烤焦影响绝缘性能，等完全收缩后，再将三根外绝缘管置于内绝缘管中心，从中心向两端加热收缩（见图 5-79、图 5-80）。

工艺要求：将内绝缘管、外绝缘管先后从长端线芯绝缘上移至连接管上，中部对正。加热时应从中部向两端均匀、缓慢环绕进行，把管内气体全体排除，保证完好收缩，以防局部温度过高造成绝缘碳化、管材损坏。

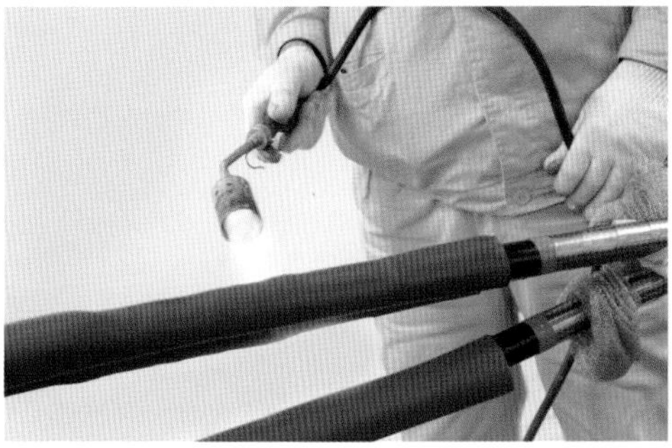

图 5-79　分别加热收缩内、外绝缘管

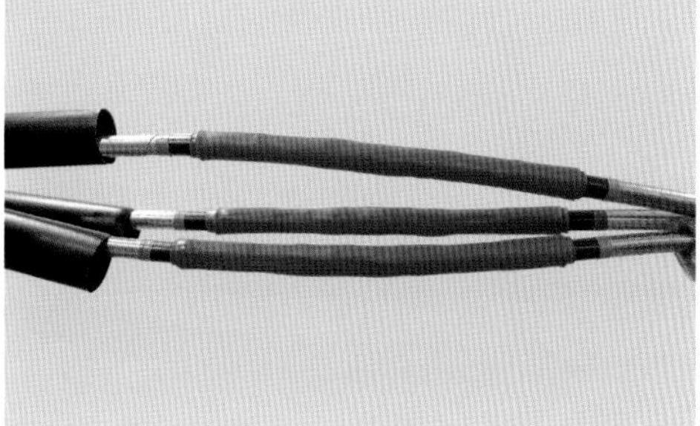

图 5-80　内、外绝缘管收缩完成

2 热缩半导电管。从铜屏蔽端口外绝缘管端面绕包密封胶（见图 5-81、图 5-82），将间隙填平成圆锥面。拉过半导电管，置于外绝缘管中心，从中间向两端加热收缩（见图 5-83），收缩完全冷却后，用半导电胶带，绕包铜屏蔽与半导电管搭接处（见图 5-84、图 5-85），各搭接 10mm。

工艺要求：将半导电管从长端线芯绝缘上移至外绝缘管上，中部对正。加热时应从中部向两端均匀、缓慢环绕进行，把管内气体全体排除，保证完好收缩，以防局部温度过高造成绝缘碳化、管材损坏。

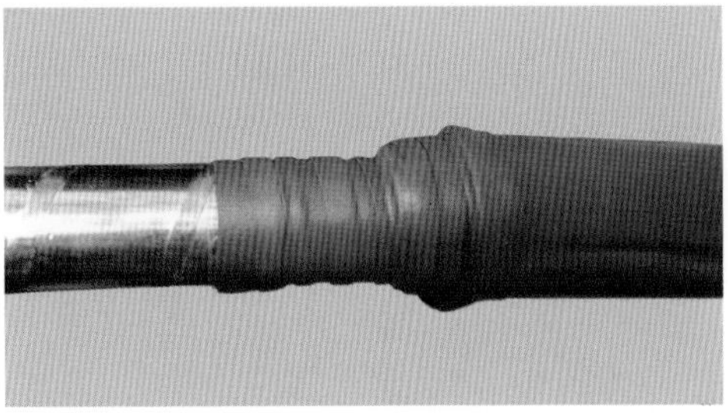

图 5-81 绕包密封胶（一）

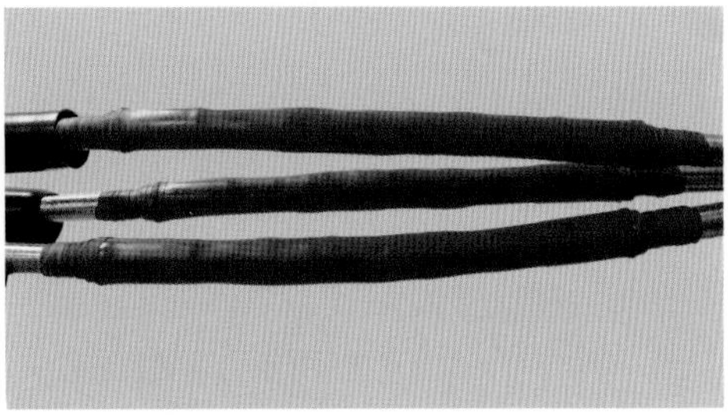

图 5-82 绕包密封胶（二）

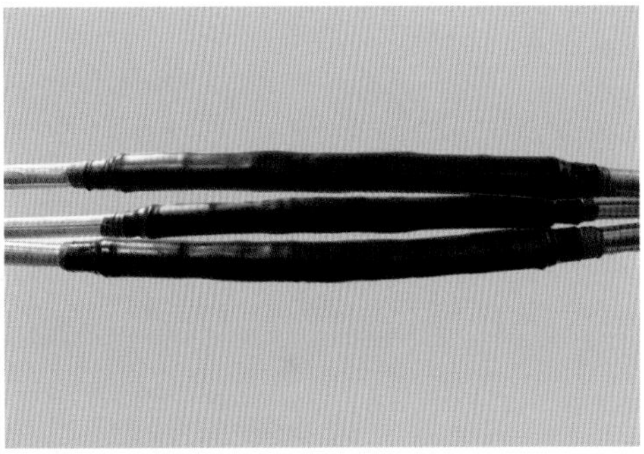

图 5-83 内半导电管收缩完成

图 5-84 铜屏蔽与半导电搭接处绕包半导电带

安装铜网和铜编织线

1 拉伸铜网。拉出三相铜屏蔽网，向两端拉伸（见图 5-86）。

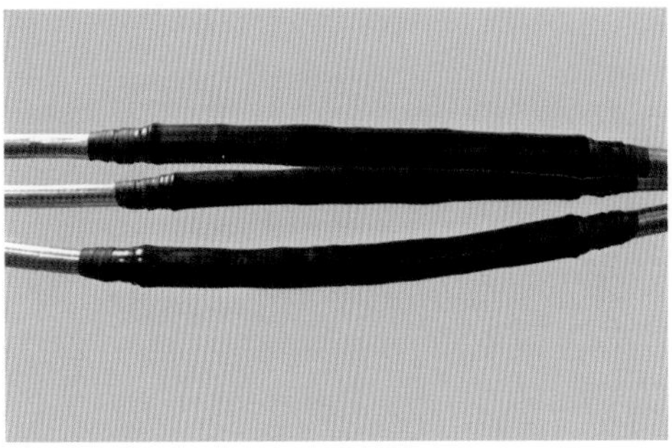

图 5-85 半导电带绕包完成

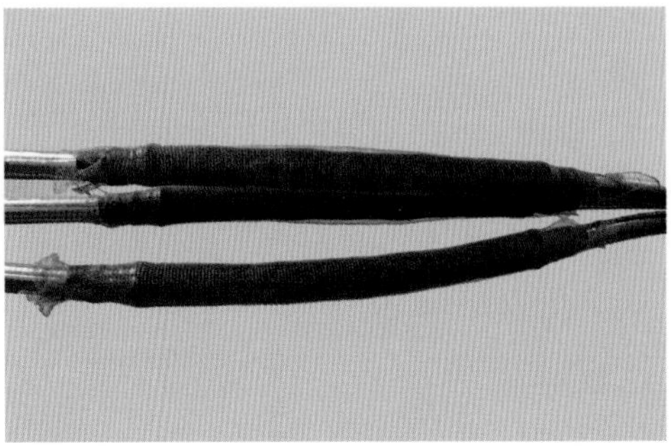

图 5-86 拉伸铜网

2 固定铜网和铜编织线。把铜网紧密覆盖在半导电管上，两端搭接在电缆铜屏蔽上，再用三根铜编织线（短）分别覆盖在铜网上并分别搭接在三相两端铜屏蔽上，用（小）恒力弹簧或铜扎丝固定在铜屏蔽层上（见图 5-87 ～图 5-89），并在恒力弹簧上绕 PVC 胶带（见图 5-90、图 5-91）。

工艺要求：铜屏蔽网套两端分别与电缆铜屏蔽层搭接时，必须用铜扎线扎紧并焊牢。铜编织带两端与电缆铜屏蔽层连接时，铜扎线应尽量扎在铜编织带端头的边缘。焊接时避免温度偏高，焊接渗透使端头铜丝胀开，导致焊面不够紧密服帖，影响外观质量。用恒力弹簧固定时，必须将铜编织带端头沿宽度方向略加展开，夹入恒力弹簧收紧并用 PVC 胶带缠绕固定，以增加接触面，确保接头稳固。

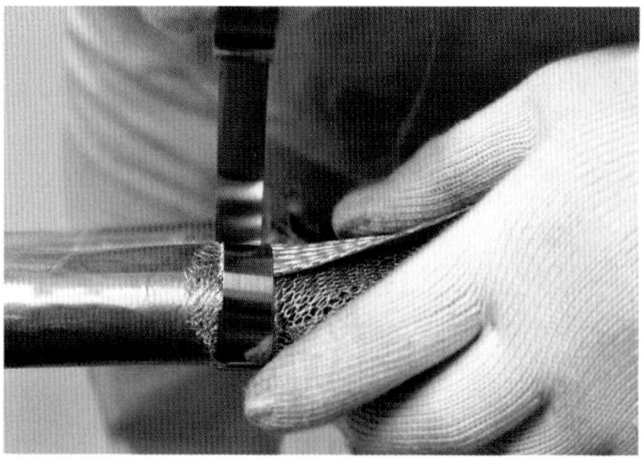

图 5-87　用恒力弹簧安装铜网、铜编织线

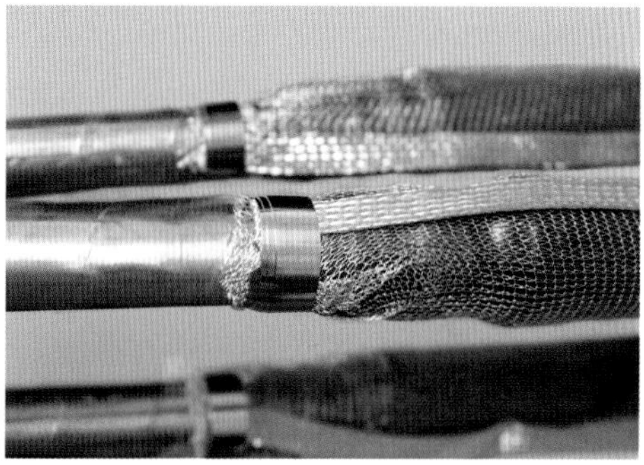

图 5-88　铜网、铜编织线固定在铜屏蔽层上

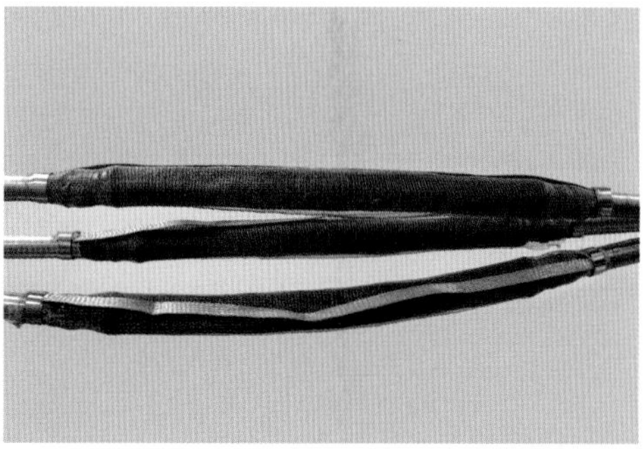

图 5-89　铜网、铜编织线固定在铜屏蔽层上

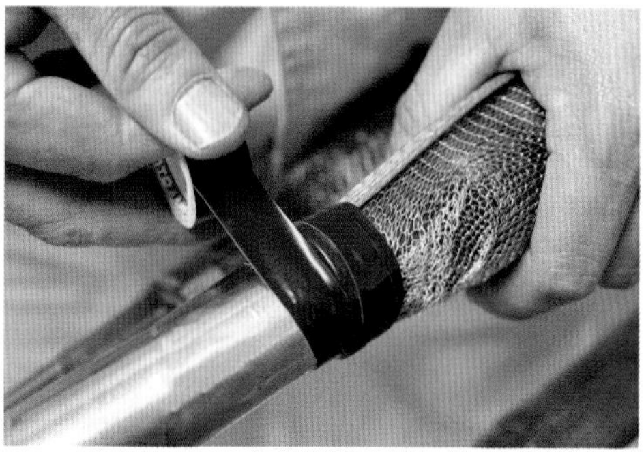

图 5-90　用 PVC 胶带缠绕固定恒力弹簧

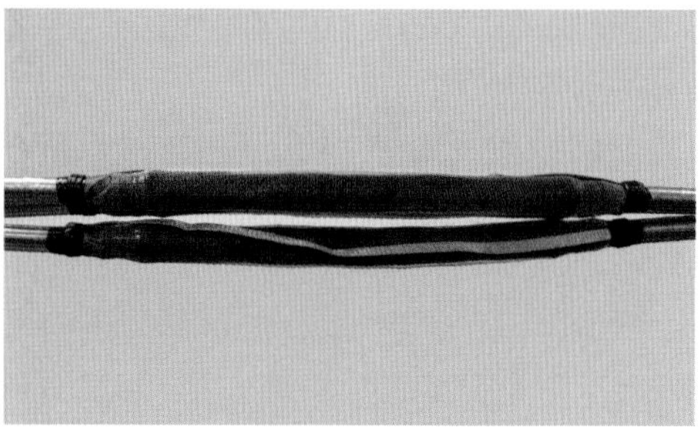

图 5-91　恒力弹簧固定完毕

恢复外护套

1 三相并拢整理，恢复内衬物。用 PVC 胶带整体扎紧在电缆两端内护套上绕包密封胶（见图 5-92），将内护套管搭接内护层上从一端开始加热收缩（见图 5-93），使两内护套管搭接。用接地铜编织线（长）接通两端钢铠，并用（大）恒力弹簧或铜扎丝绑牢固定（见图 5-94），在绑扎部位上绕包填充胶和 PVC 胶带（见图 5-95），不能有尖角和毛刺外露。

工艺要求：热缩内护套前，先将两侧电缆内护套端部打毛，并包一层绝缘密封胶带。由两端向中间均匀、缓慢、环绕加热，使内护套均匀收缩。接头内护套管与电缆内护套搭接部分必须密封可靠。铜编织带应焊在两层钢带上。焊接时，铠装焊区应用锉刀和砂纸打毛，并先镀上一层锡，将铜编织带两端分别放在铠装镀锡层上，用铜绑线扎紧并焊牢。用恒力弹簧固定铜编织带时，将铜编织带端头略加展开，夹入并反折在恒力弹簧之中，用力收紧，并用 PVC 胶带缠紧固定，以增加铜编织带与铠装的接触面和稳固性。

图 5-92 恢复内衬物

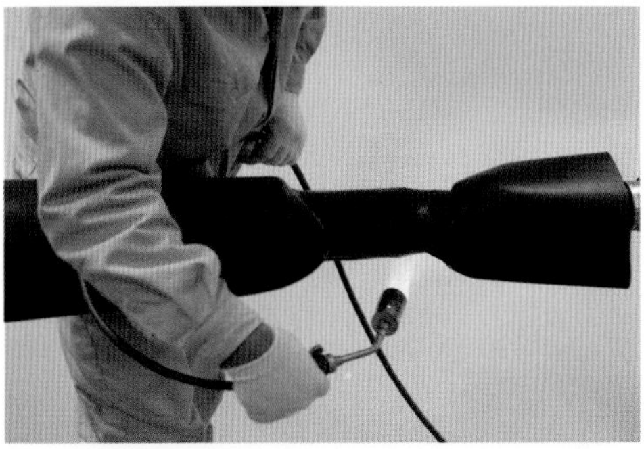

图 5-93 加热收缩内护套管

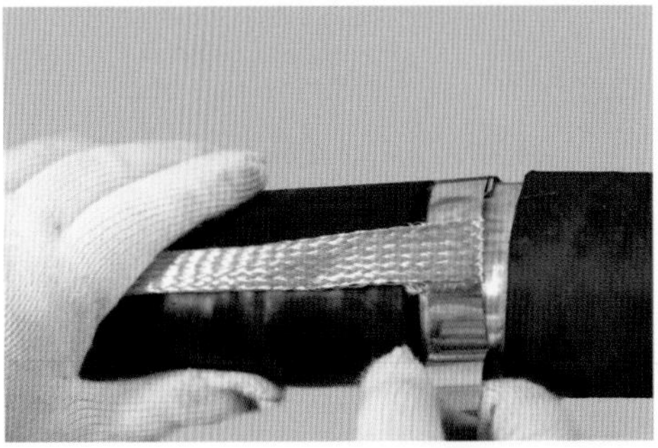

图 5-94 安装接地线

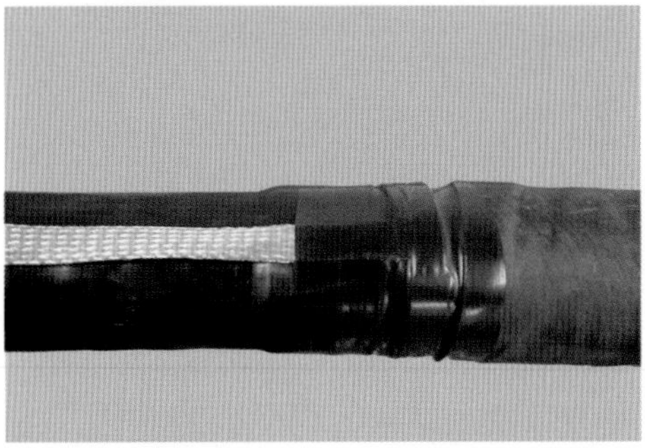

图 5-95 用填充胶和 PVC 胶带缠绕固定恒力弹簧

2 热缩外护套。在外护套层上 50mm 左右的位置绕密封胶，分别将外护套管拉出一端与电缆外护套搭接 100mm，加热固定（见图 5-96），直通接头安装完毕（见图 5-97）。

工艺要求：外护套管定位前，必须将接头两端电缆外护套端口 150mm 内清洁干净并用砂纸打毛，外护套定位后，应均匀环绕加热，使其收缩到位。

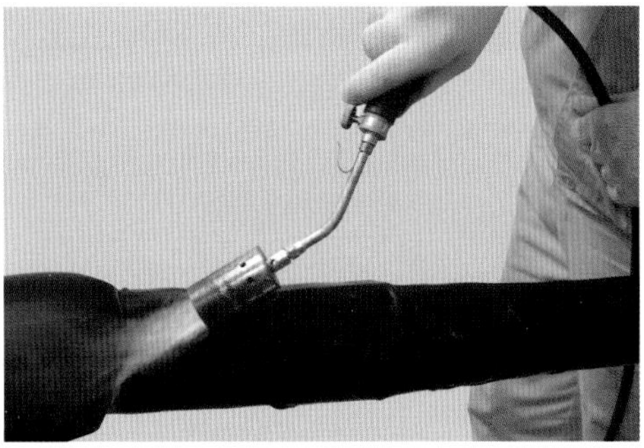

图 5-96　加热收缩外护套管

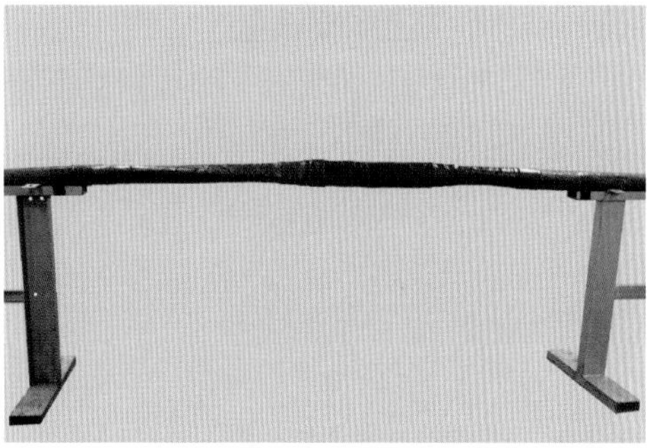

图 5-97　外护套热缩完毕

安装电缆接头防爆盒

1 松开中间接头防爆盒盒体两侧的螺栓，将两半式盒体打开（见图 5-98）。

注意点：注意保管好螺栓、螺母及垫片，以防丢失。

2 将中间接头置于接头盒下半部中间的位置（见图 5-99），在盒体两侧端部 A 区域（见图 5-100），根据电缆实际粗细（线径）先绕包硅橡胶密封条（或铠装带 / 防火泥），后在密封垫外绕包防水带进行固定（见图 5-101 ～图 5-103）。

注意点：盒体端部 A 处内径为 100mm。

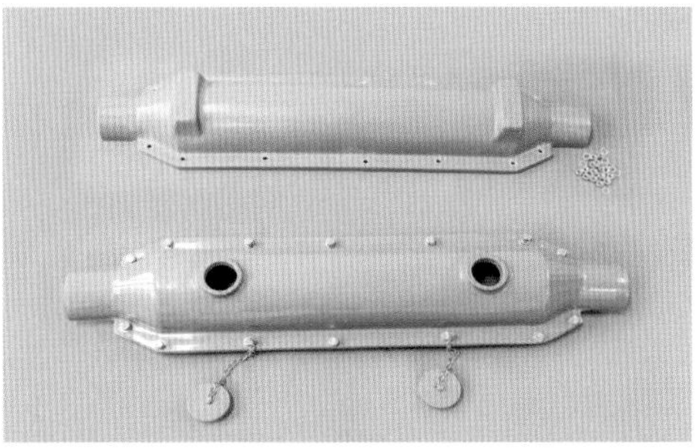

图 5-98　打开防爆盒盒体的螺栓

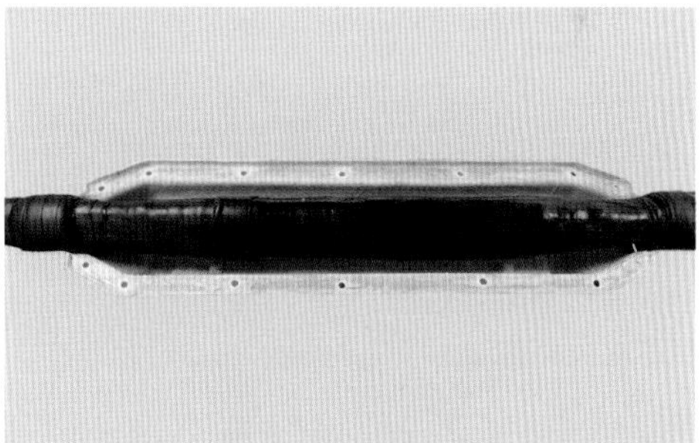

图 5-99　将中间接头置于接头盒下半部中间的位置

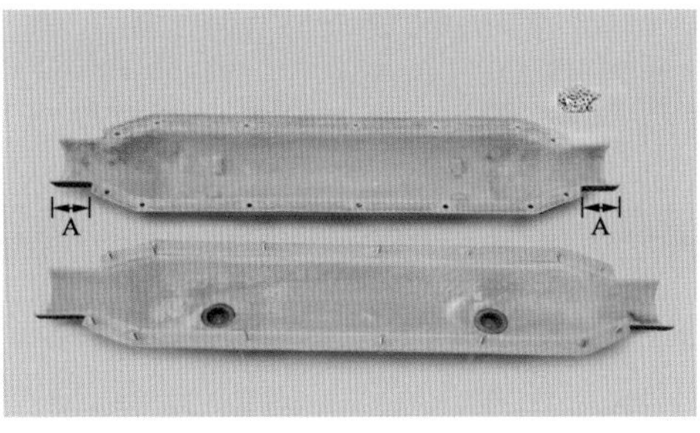

图 5-100　防爆盒 A 区域

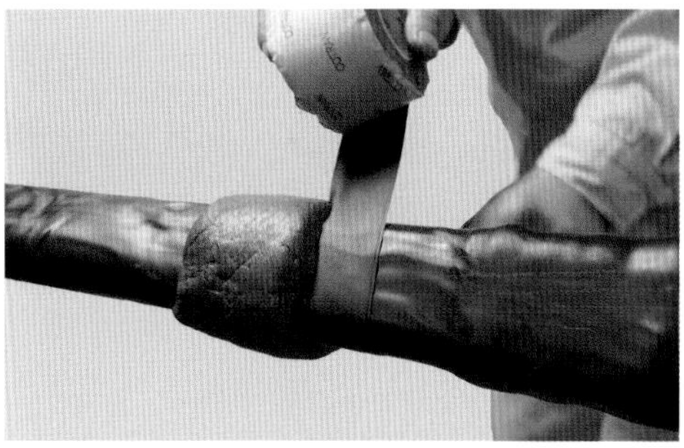

图 5-101　绕包防火泥后再绕包防水带

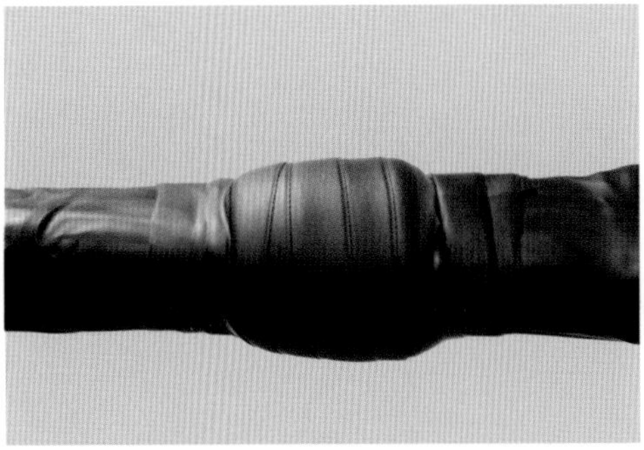

图 5-102 防水带绕包完成

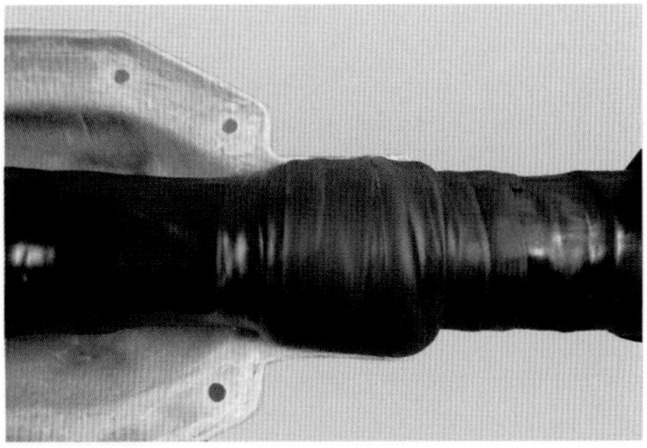

图 5-103 盒体 A 区域电缆绕包完毕

3 盖上盒体上半部，紧固盒体两侧的不锈钢螺栓；并将连接泄能孔盖的不锈钢链条另一端通过螺栓锁紧在盒体上（见图 5-104）。

4 将两个热缩管分别放置在盒体两侧端口与电缆外护套间，采用喷灯加热，使热缩管回缩（见图 5-105 ～图 5-107）。

注意点：先加热回缩盒体端，再向外护套方向匀速加热收缩；加热时喷灯采用均匀、环状来回操作。

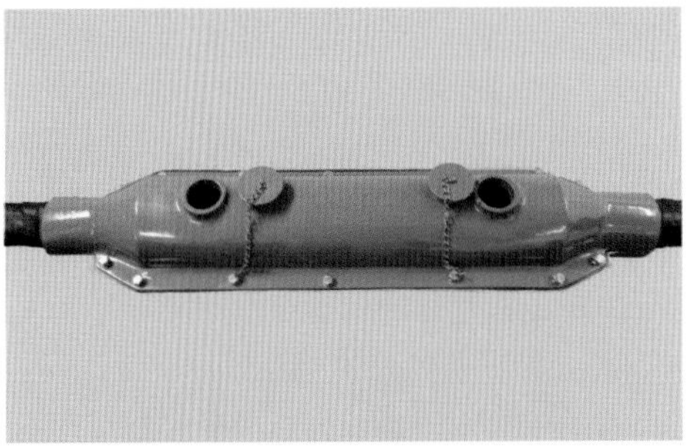

图 5-104 合上盒体上半部分

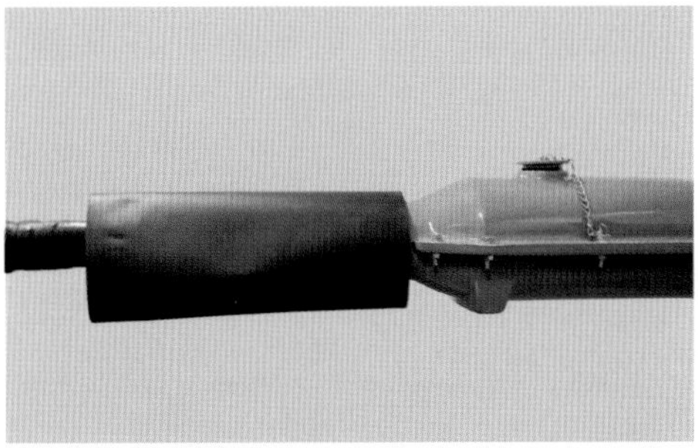

图 5-105 热缩管放置在盒体端口与外护套间

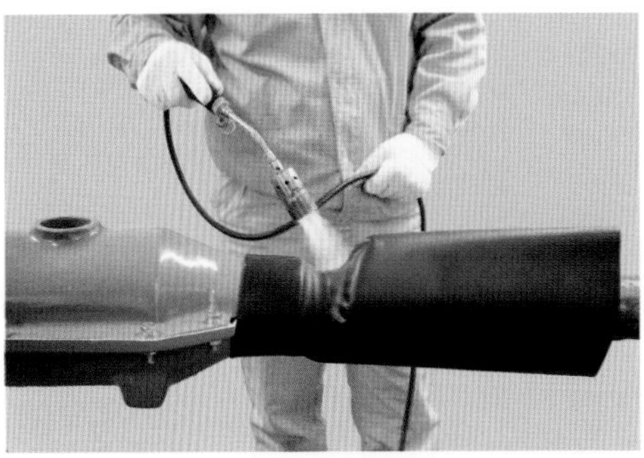

图 5-106 加热收缩热缩管

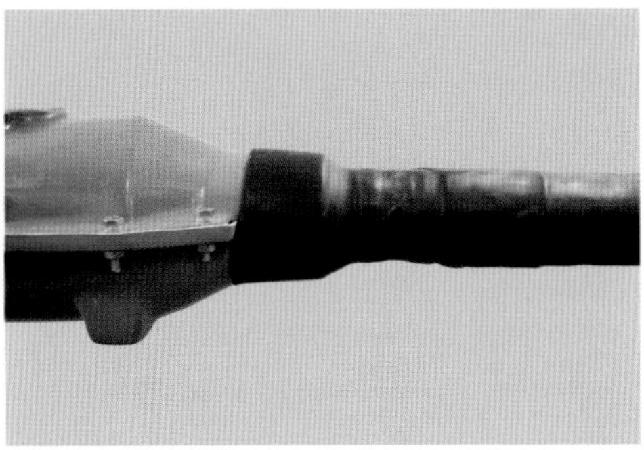

图 5-107 热缩管加热收缩在盒体和外护套上

5 在盒体端部热缩管外绕包上防水带（见图 5-108）。

6 在防水带外绕包上黑色 PVC 胶带（见图 5-109）。

图 5-108 在盒体端部热缩管外绕包上防水带

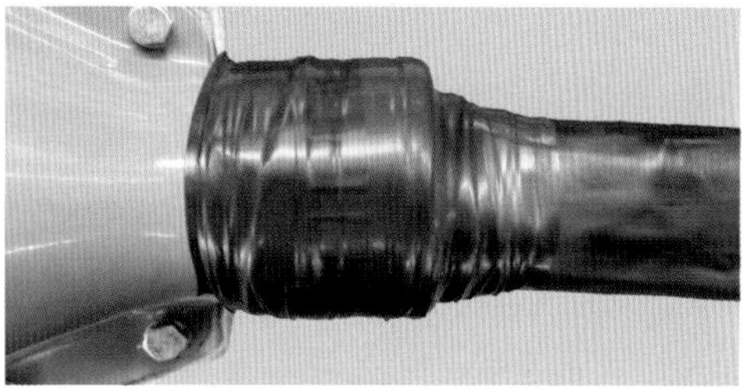

图 5-109 在防水带外绕包上黑色 PVC 胶带

7 将一组高压电缆密封胶 A、B 同时倒入容器中 (见图 5-110) ，并搅拌均匀 (见图 5-111) 。

图 5-110 将一组高压电缆密封胶 A、B 同时倒入容器中

图 5-111 将一组高压电缆密封胶 A、B 搅拌均匀

8 通过泄能孔将密封胶倒入盒体内，使盒体灌满高压电缆密封胶 (见图 5-112) 。

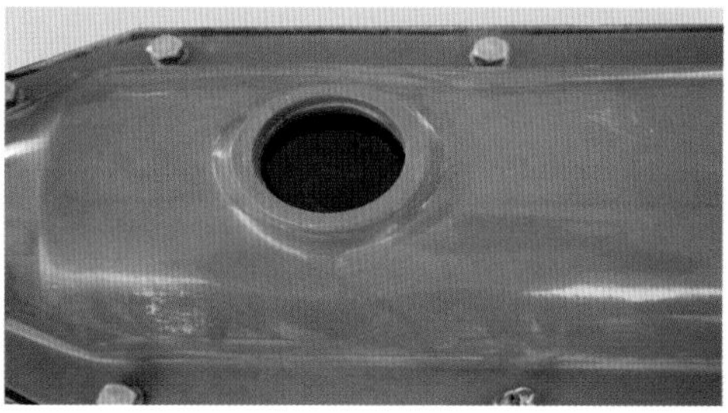

图 5-112 盒体灌满高压电缆密封胶

9 拧紧泄能孔盖子，完成全部工序 (见图 5-113、图 5-114) 。

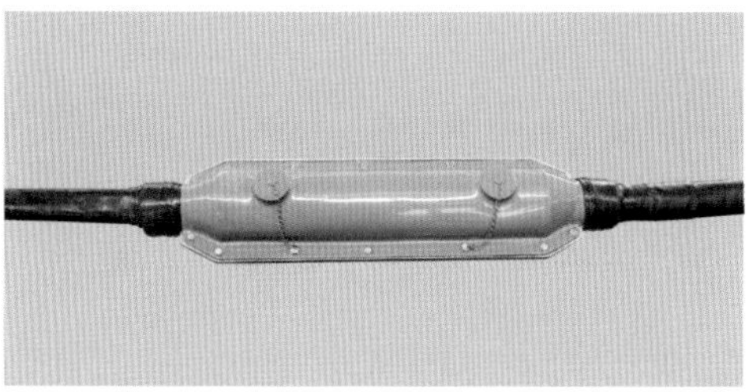

图 5-113 拧上泄能孔的盖子

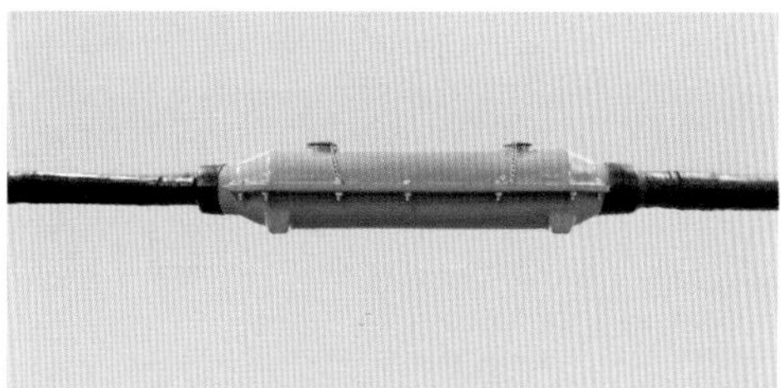

图 5-114 制作完成

第6章

10kV 热缩式电缆终端头制作安装

6.1 10kV 热缩式电缆终端头制作安装工艺流程

10kV 热缩式电缆终端头制作安装工艺流程图如图 6-1 所示。

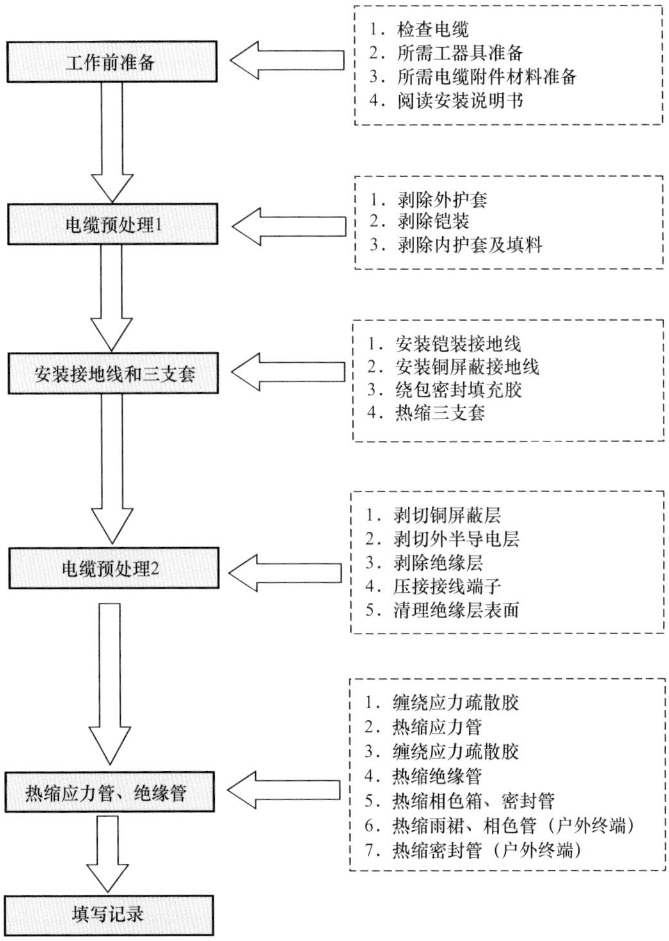

图 6-1 10kV 热缩式电缆终端头制作安装工艺流程

6.2 工作前准备

检查电缆

安装电缆附件前，应检查电缆，确认电缆状况良好，电缆无受潮进水、绝缘偏心、明显的机械损伤等不良缺陷（见图 6-2 ～图 6-4）。

图 6-2 擦拭电缆准备外观检查

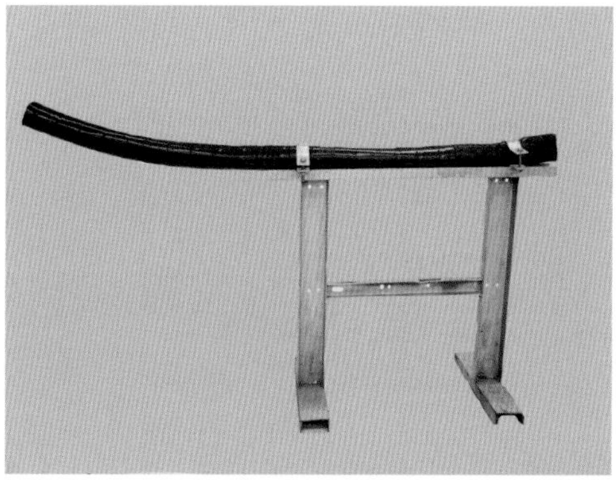

图 6-3 电缆外观检查

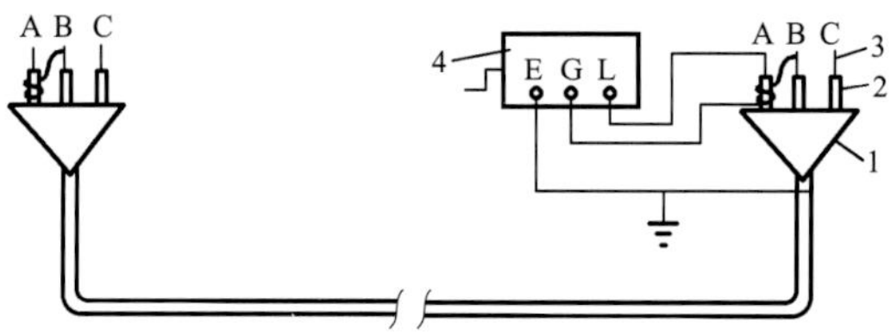

图 6-4 电缆受潮测试

1—电缆终端头；2—套管或绕包的绝缘；3—线芯导体；4—500 ～ 2500V 绝缘电阻表

所需工器具准备

安装电缆附件前，应做好施工用工器具检查，确保施工用工器具齐全完好，便于操作，状况清洁（见图 6-5、图 6-6、表 6-1）。

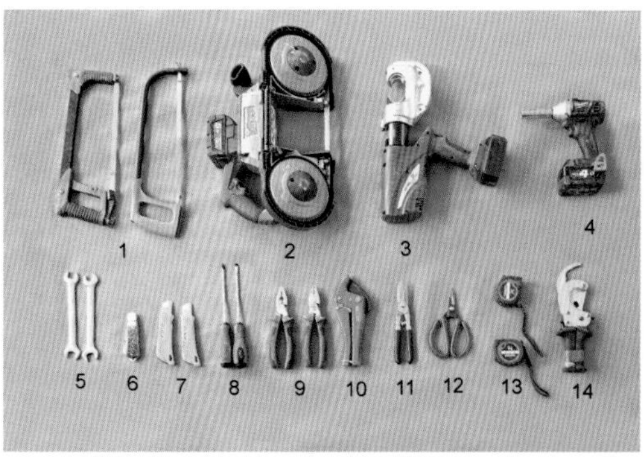

图 6-5 安装制作所需工具

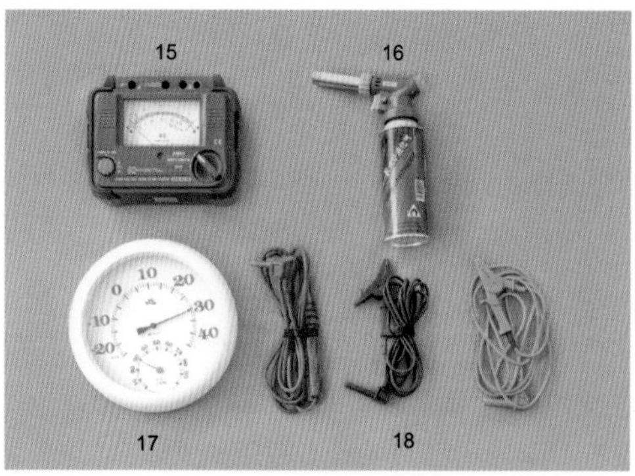

图 6-6 安装制作所需器具

表 6-1　　制作安装所需工器具表

序号	名称	规格	单位	数量	用途
1	手锯		把	2	切割铠装层
2	电锯		把	1	切割电缆
3	电压钳		把	1	压接铜接管
4	电动扳手		把	1	拧螺丝
5	扳手	17/19	把	2	拧螺丝
6	电工刀		把	1	切割外护套、填充层
7	墙纸刀		把	2	切割填充层、半导电层
8	起子		把	2	协助切割铠装层、铜屏蔽层等
9	克丝钳		把	2	剥半导电层
10	切割刀		把	1	协助切割绝缘层
11	切割剪刀		把	1	协助切割较硬的物体
12	剪刀		把	1	协助切割填充层
13	卷尺		把	2	测量尺寸
14	割刀		把	1	协助切割分相电缆
15	绝缘电阻表		只	1	测量电缆绝缘电阻
16	液化气喷灯		只	1	加热热缩套
17	温湿度计		只	1	测量温度、湿度
18	绝缘电阻表连接线		根	3	协助测量电缆绝缘电阻

所需电缆附件材料准备

电缆附件规格应与电缆匹配，零部件应齐全无损伤，绝缘材料不得受潮、过期（见图 6-7、表 6-2）。

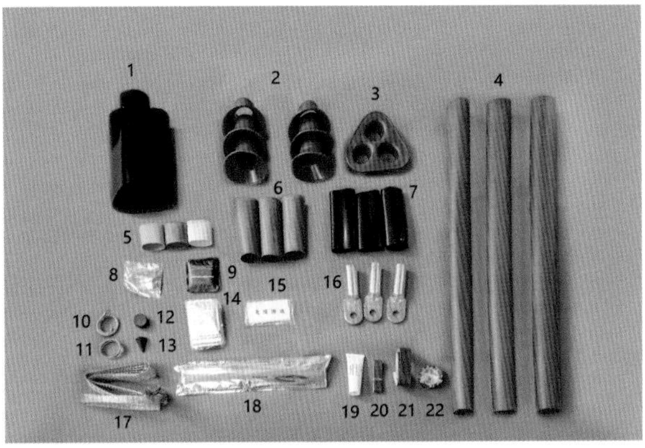

图 6-7　安装制作所需附件材料

表 6-2　　制作安装所需附件材料表

序号	名称	规格	单位	数量
1	绝缘三芯指套		支	1
2	单孔伞裙		个	6
3	三孔伞裙		个	1
4	绝缘管		根	3
5	相色环	黄、绿、红	个	各 1 个
6	密封管		根	3
7	应力控制管		根	3
8	应力疏散胶		袋	1
9	清洁巾		袋	1
10	焊锡丝		卷	1
11	铜丝		卷	1
12	焊锡膏		盒	1
13	三角垫锥		个	1
14	清洁巾		包	6
15	电缆擦纸		袋	1
16	接线端子		个	3
17	铜编织线		根	2
18	填充胶、密封胶		袋	1
19	硅脂膏		支	1
20	砂带		条	1
21	砂带		条	1
22	PVC 胶带		圈	1

阅读安装说明书

施工前仔细阅读随材料箱的制作安装说明书，审核说明书是否正确，确认附件安装次序。

6.3 10kV 热缩式电缆终端头安装的制作步骤及工艺要求

电缆预处理 1

1 剥除外护套。如开剥尺寸所示（见图 6-8）剥去 A（A = 绝缘管长度 +100mm）长外护套（见图 6-9、图 6-10），也可根据实际现场情况适当增减。

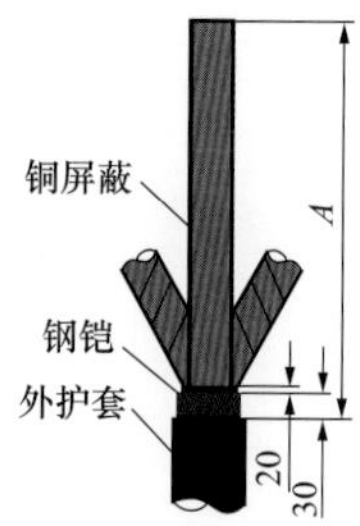

图 6-8 开剥尺寸

工艺要求：应分两次进行，以避免电缆铠装层铠装松散。先将电缆末端外护套保留 100mm。然后按规定尺寸剥除外护套，要求断口平整。外护套断口以下 100mm 部分用砂纸打毛并清洗干净，以保证分支手套定位后，密封性能可靠。

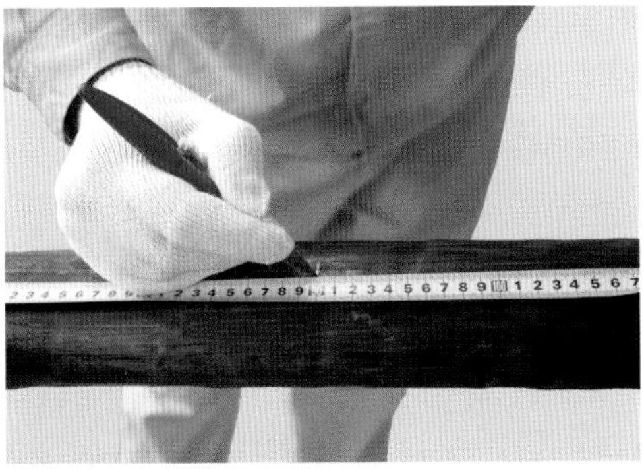

图 6-9　自电缆末端量取 900mm 并做好记号

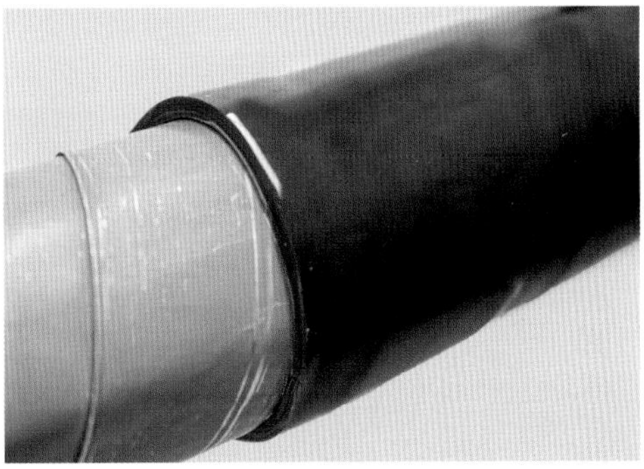

图 6-10　外护套环切断口平整

2 剥除铠装。留下 30mm 钢铠（见图 6-11），其余剥去，去除留下钢铠表面的氧化层和油漆。

工艺要求： 按规定尺寸在铠装上绑扎铜线，绑线的缠绕方向应与铠装的缠绕方向一致，使铠装越绑越紧不致松散。绑线用 ϕ 2.0 的铜线，每道 3 ～ 4 匝。锯铠装时，其圆周锯痕深度应均匀，不得锯透，不得损伤内护套。剥铠装时，应首先沿锯痕将铠装卷断，铠装断开后再向电缆终端头剥除。

3 剥除内护套及填料。留 20mm 内护套（见图 6-12、图 6-13），其余剥去（见图 6-14 ～图 6-16），用 PVC 胶带包扎每相端头铜屏蔽，剥去填充物。

工艺要求： 在应剥除内护套处用刀横向切一环形痕，深度不超过内护套厚度的一半。纵向剥除内护套时，切口应在两芯之间，防止切伤金属屏蔽层。剥除内护套后应将金属屏蔽带末端用聚氯乙烯粘带扎牢，防止松散。切除填料时刀口应向外，防止损伤金属屏蔽层。

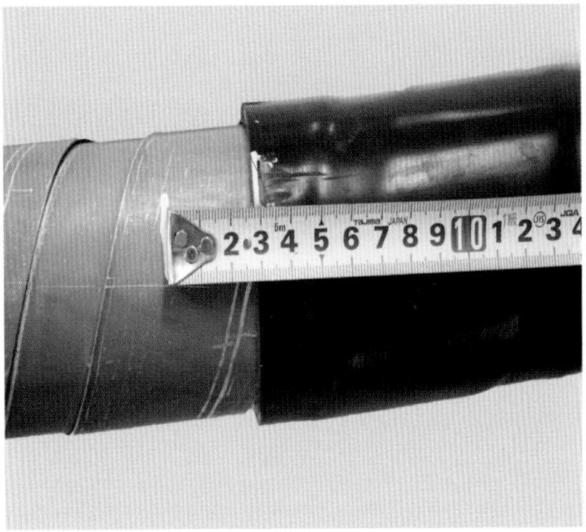

图 6-11　量取 30mm 钢铠并做记号

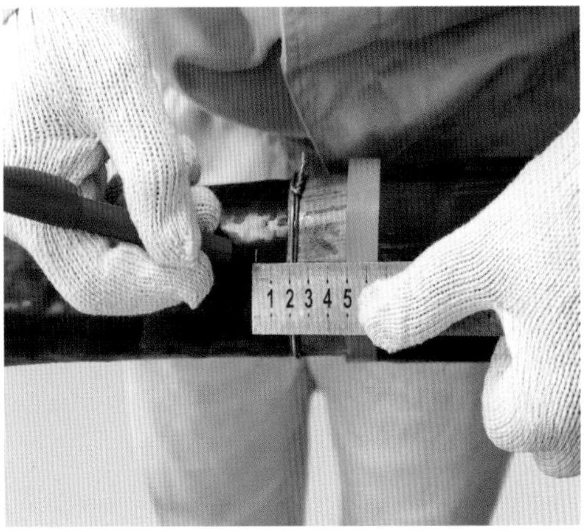

图 6-12　量取 20mm 并做好记号

图 6-13 使用 PVC 胶带做好记号

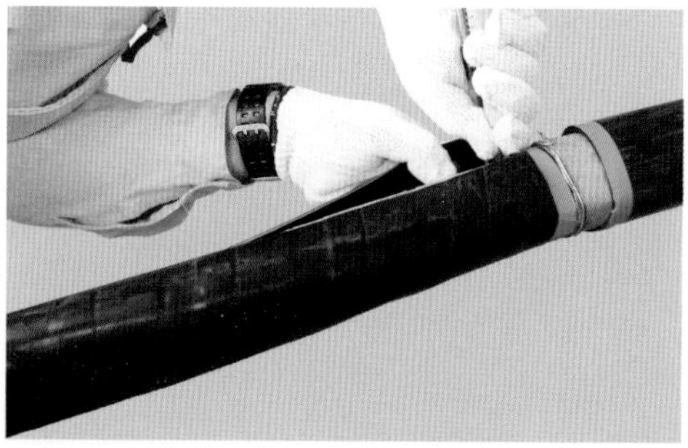

图 6-14 切割内护套

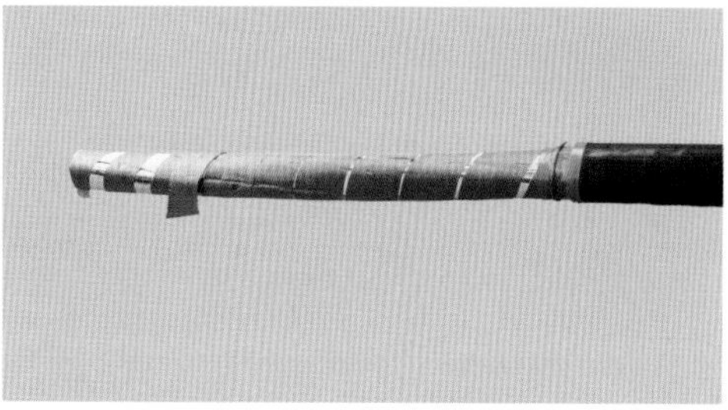

图 6-15 内护套切割后

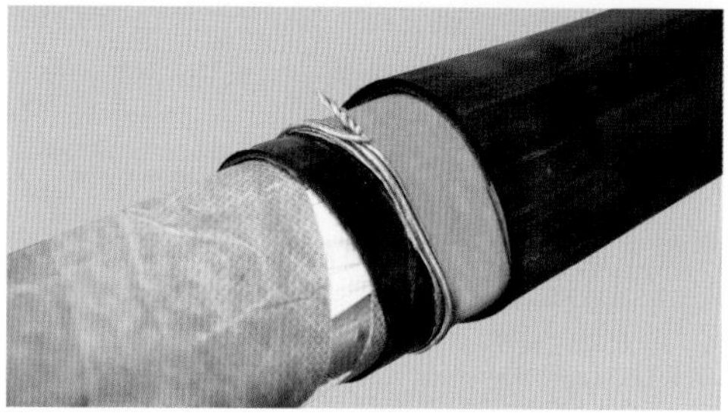

图 6-16 环切断口平整

安装接地线和三支套

1 安装铠装接地线。擦去剥开处往下 50mm 长外护套表面的污垢（见图 6-17、图 6-18），均匀绕一层密封胶。将铜编织线（较细的那根）用锡焊接在钢铠或用恒力弹簧固定在钢铠上，再绕一层填充胶。

工艺要求：铜编织线必须焊牢在铠装的两层钢带上。焊面上的尖角毛刺必须打磨平整，并在外面绕包几层 PVC 胶带。也可用恒力弹簧扎紧，但在恒力弹簧外面也必须绕包几层 PVC 胶带加强固定。

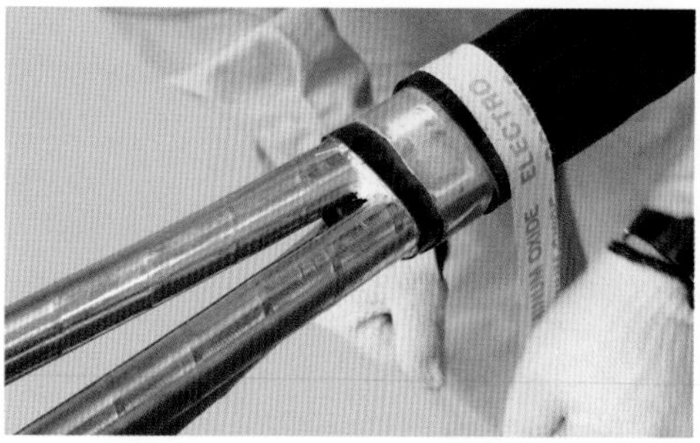

图 6-17 清除外护套表面的污垢

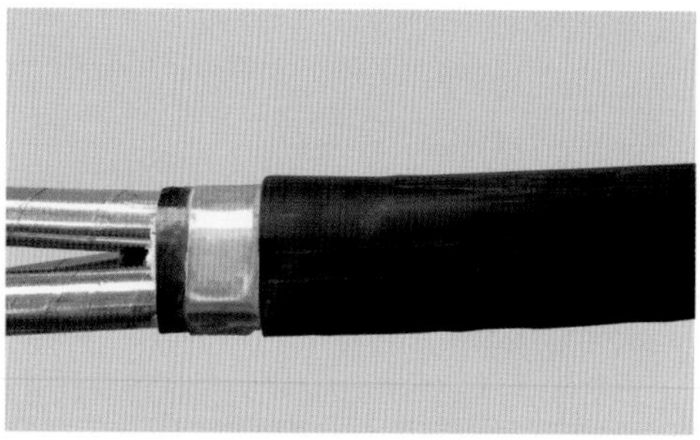

图 6-18 清除干净后的外护套表面

2 安装铜屏蔽接地线。将另一根铜编织线用锡焊接到铜屏蔽层上或者将编织线末端翻卷 1 ～ 2 卷后插入三芯电缆分岔处用三角锥将其楔入分岔底部，绕包三相铜屏蔽一周后引出，用恒力弹簧卡紧编织线。

工艺要求：铜编织线必须焊牢在三相铜屏蔽层上。焊面上的尖角毛刺必须打磨平整（见图 6-19），并在外面绕包几层 PVC 胶带。也可用恒力弹簧扎紧，但在恒力弹簧外面也必须绕包几层 PVC 胶带加强固定。

注意点：以上是铜屏蔽层和铠装层分别引出接地线的“双接地线法”，也允许使用“单接地线法”，即使用一条铜编织线同时焊接或用恒力弹簧固定在铜屏蔽或钢铠上（见图 6-20、图 6-21）。

3 绕包密封填充胶。将两根编织线分别安在填充胶上，再在上面绕 1 ～ 2 层填充胶至编织线与铜屏蔽层连接处（见图 6-22）。

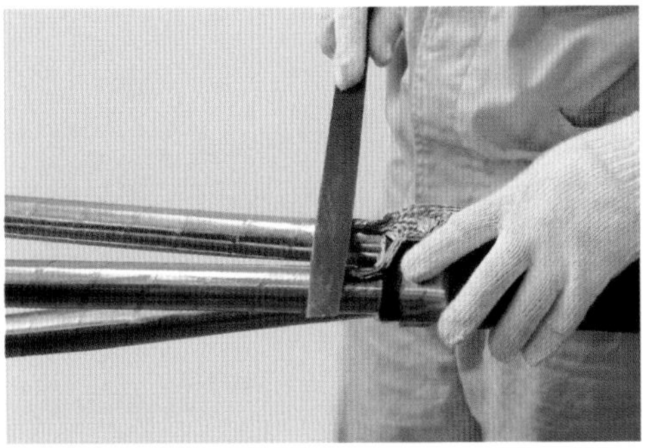

图 6-19 打磨焊面上的尖角毛刺

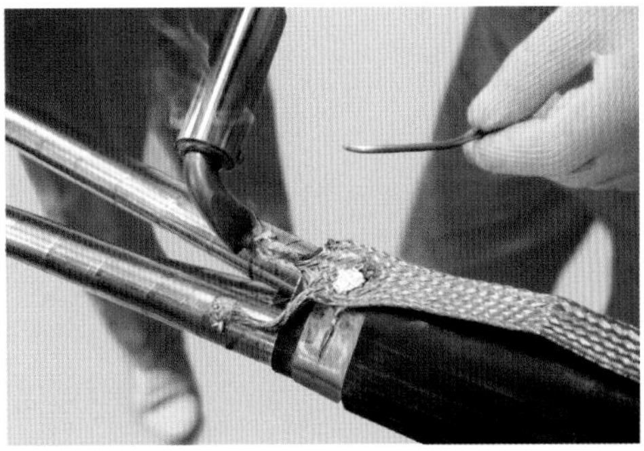

图 6-20 用锡焊接铜编织线

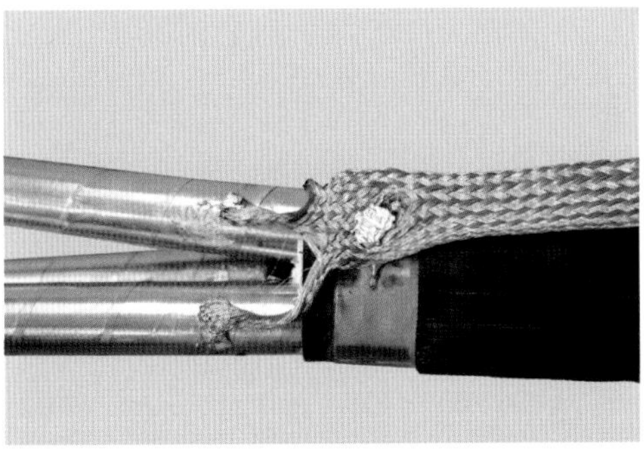

图 6-21 将铜编织线固定在铜屏蔽层和钢铠层上

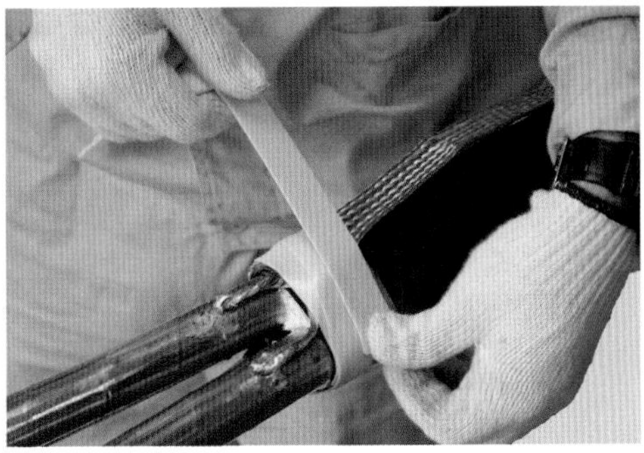

图 6-22 绕包填充胶

工艺要求：自外护套断口向下 40mm 范围内的两条铜编织线必须用焊锡做 20 ～ 30mm 的防潮段，同时在防潮段下端电缆上绕包两层密封胶，将接地编织线埋入其中，以提高密封防水性能。两条编织线之间必须用绝缘分开，安装时错开一定距离。

4 热缩三支套。套入三支套（见图 6-23），尽量往下压，加热收缩（见图 6-24、图 6-25）。

工艺要求：将分支手套套入电缆三叉部位，必须压紧到位，由中间向两端加热收缩，注意火焰不得过猛，应环绕加热，均匀收缩。收缩后不得有空隙存在，并在分支手套下端口部位绕包几层密封胶加强密封。

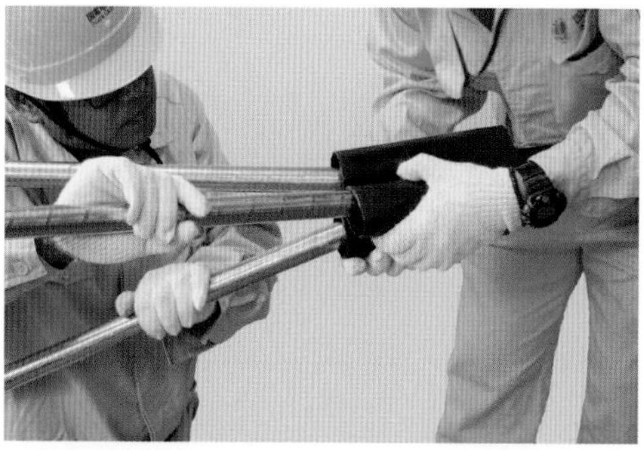

图 6-23 将分支手套套入电缆三叉口

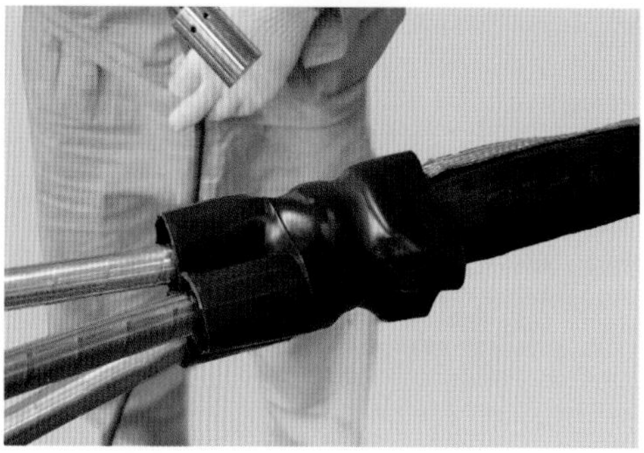

图 6-24 加热分支手套

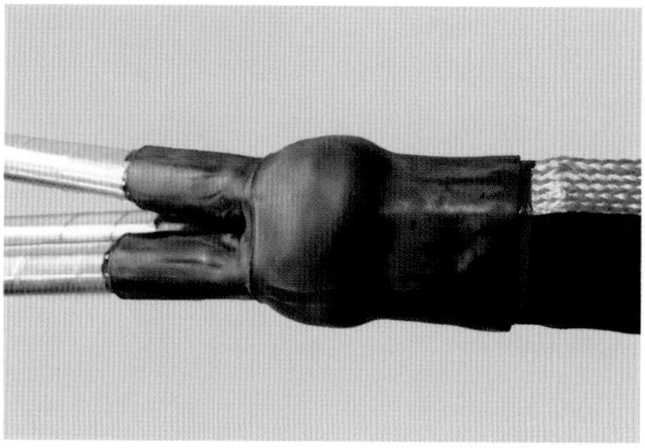

图 6-25 加热收缩后的分支手套

电缆预处理 2

1 剥切铜屏蔽层。分支套向上留 50mm 的铜屏蔽（见图 6-26），其余切去（见图 6-27）。

工艺要求：铜屏蔽层剥切时，就用 ϕ 1.0 镀锡铜线扎紧或用恒力弹簧固定。切割时，只能环切一刀疤，不能切透，以免损伤外半导电层。剥除时，应从刀疤处撕剥，断开后向线芯端部剥除。

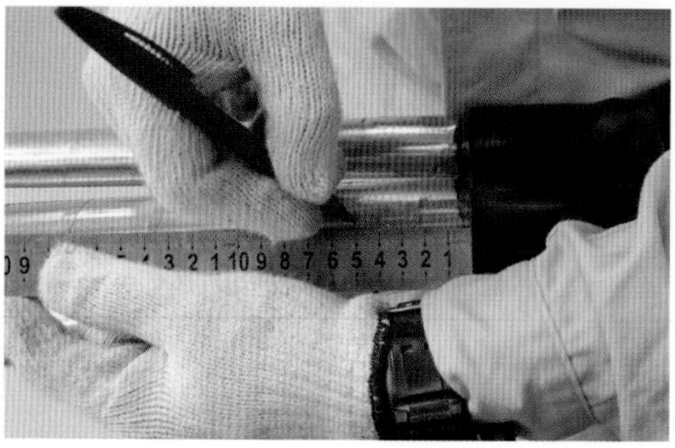

图 6-26 分支套向上量取 50mm 铜屏蔽并做好记号

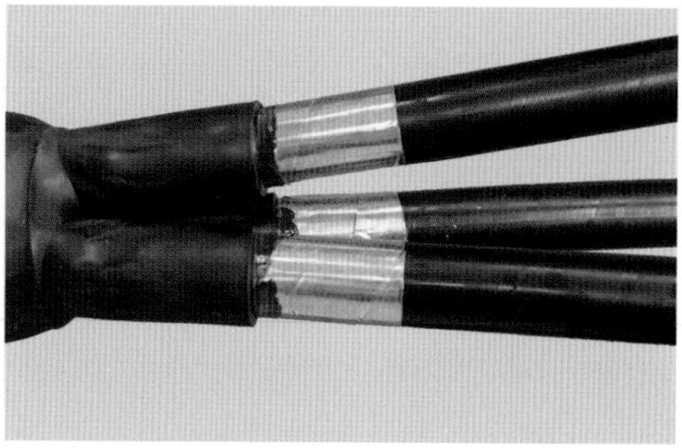

图 6-27 铜屏蔽层断口平整

2 剥切外半导电层。向上留 20mm 的半导电层（见图 6-28），其余剥去（见图 6-29 ～图 6-32）。

工艺要求：切割时，不能切透，以免损伤绝缘层。剥除时，外半导电层应剥除干净，不得留有残迹。

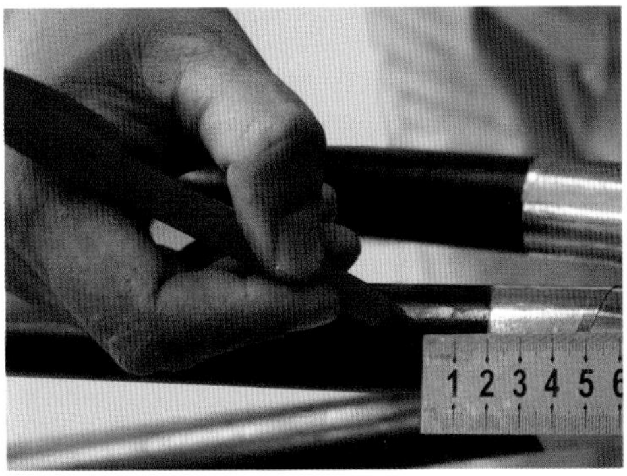

图 6-28　量取 20mm 半导电层并做好记号

图 6-29　切割半导电层

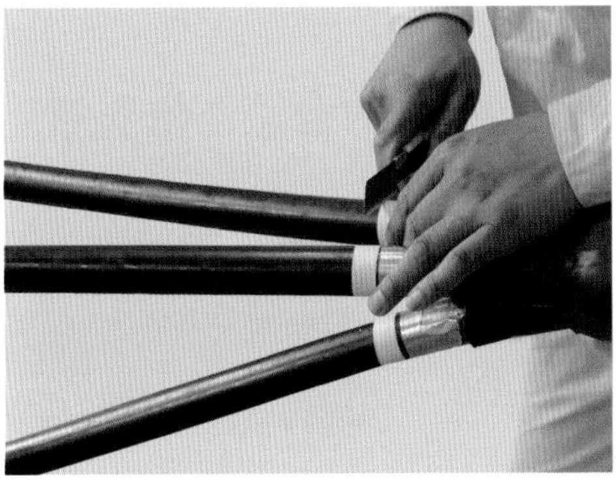

图 6-30　环切半导电层

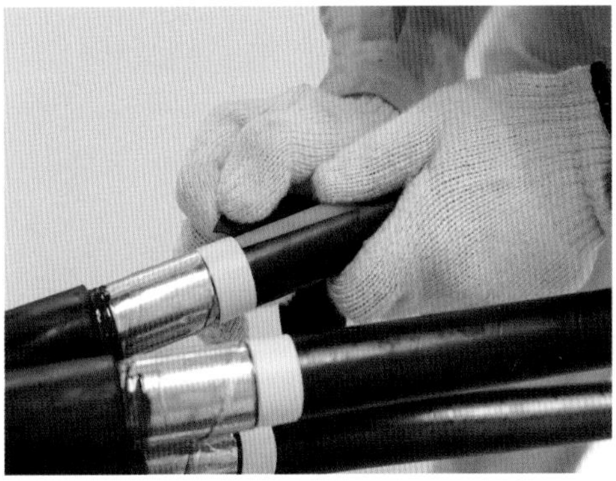

图 6-31　剥除半导电层

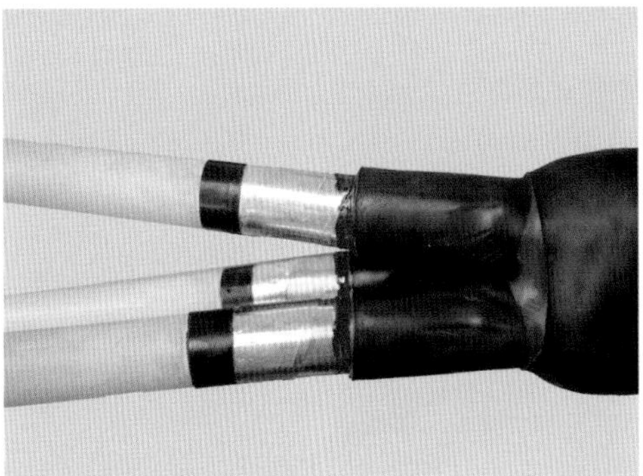

图 6-32　外半导电层断口平整

3 剥除绝缘层。主绝缘层顶端切除长度 L = 端子孔深 +3mm 的绝缘层（见图 6-33、图 6-34）。剥切过程要求端面整齐，不允许划伤绝缘层。

工艺要求：剥除末端绝缘时，注意不要伤到线芯。绝缘端部应力处理前，用 PVC 胶带黏面朝外将电缆三相线芯端头包扎好，以防切削反应力锥时伤到导体。

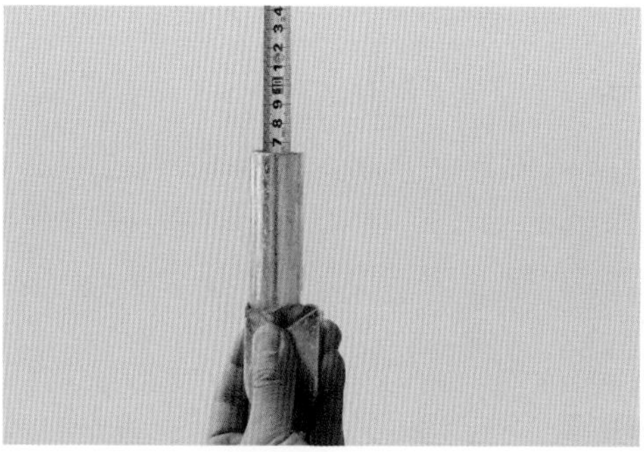

图 6-33 测量端子孔深

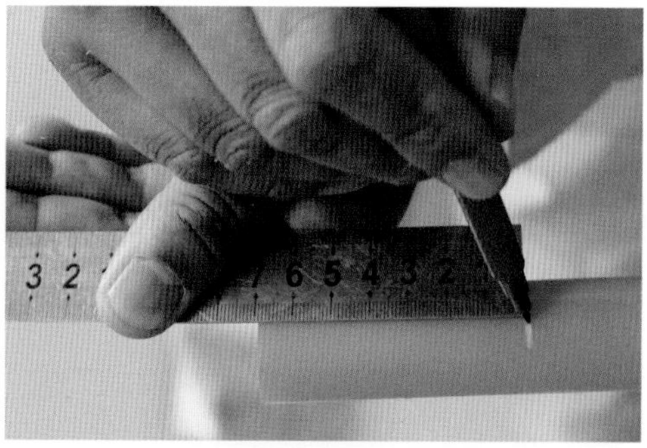

图 6-34 量取 L 长度并做记号

4 压接接线端子。压接端子（三个端面要在一个方向）（见图 6-35、图 6-36），去除棱角与毛刺（见图 6-37、图 6-38）。

工艺要求：压接接线端子时，接线端子与导体必须紧密接触，按先上后下顺序进行压接。压接后，端子表面的尖端和毛刺必须打磨光滑。

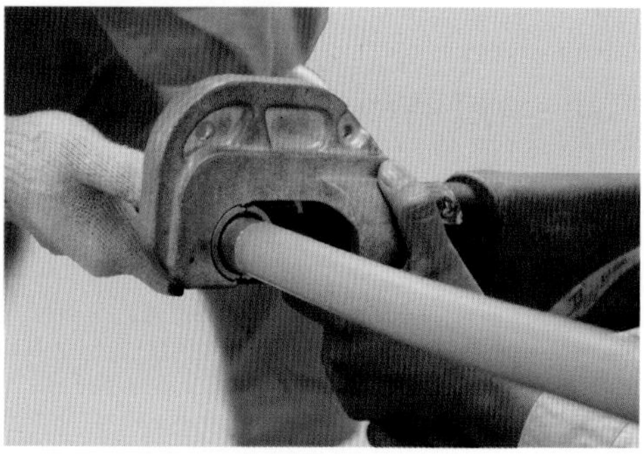

图 6-35 压接接线端子

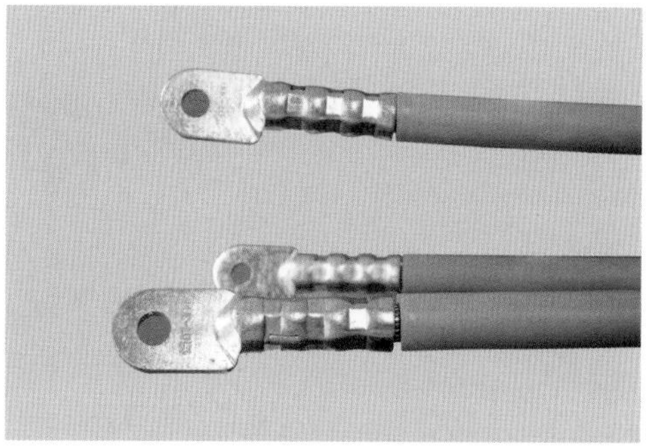

图 6-36 接线端子压接完毕

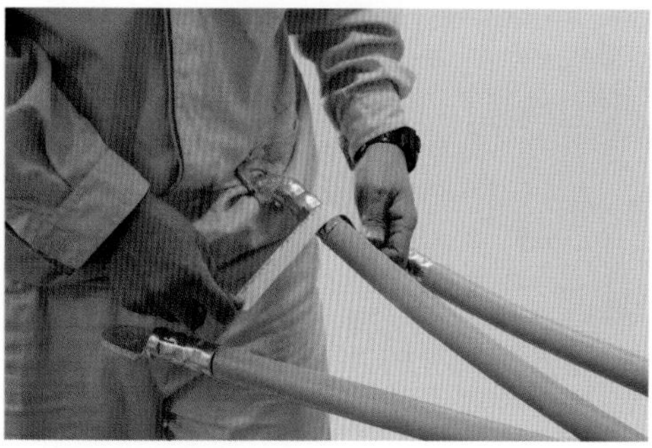

图 6-37 打磨接线端子表面的棱角和毛刺

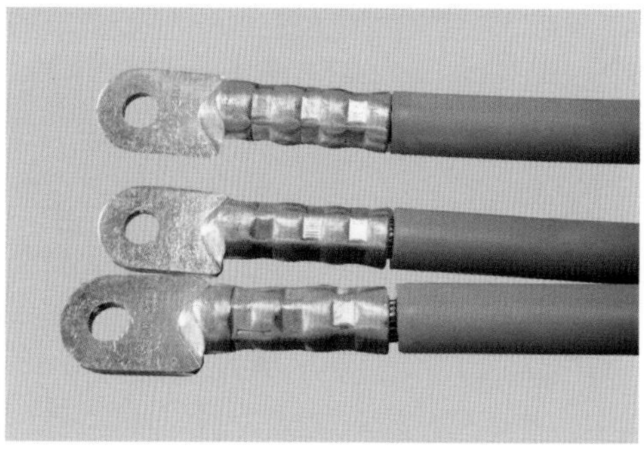

图 6-38 去除棱角和毛刺的接线端子表面

5 清理绝缘层表面。用砂纸打磨绝缘层表面，将绝缘层表面清理干净（见图 6-39）。

工艺要求：外半导电层剥除后，绝缘表面必须用细砂纸打磨，去除嵌入在绝缘表面的半导电颗粒，用清洁巾将电缆绝缘表面清洗干净。

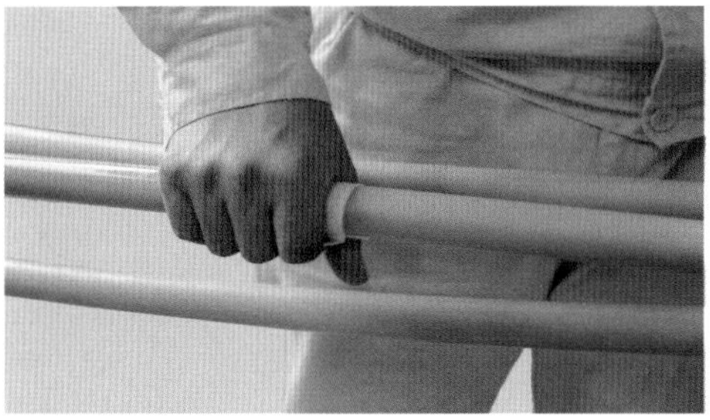

图 6-39　清理绝缘层表面

热缩应力管、绝缘管、雨裙

1 缠绕应力疏散胶。待清洗剂挥发后将应力疏散胶拉薄，缠绕在半导电与绝缘层交接处（见图 6-40），把斜坡填平，各搭接 5 ～ 10mm。将硅脂均匀地涂在绝缘层表面（见图 6-41）。

工艺要求：用浸有清洁剂且不掉纤维的细布或清洁纸清除绝缘层表面上的污垢和炭痕。清洁时应从绝缘端口向外半导电层方向擦抹，不能反复擦，严禁用带有炭痕的布或纸擦抹。擦净后用一块干净的面或纸再次擦抹绝缘表面，检查布或纸上无炭痕方为合格。涂硅脂时，注意不要涂在应力疏散胶上。

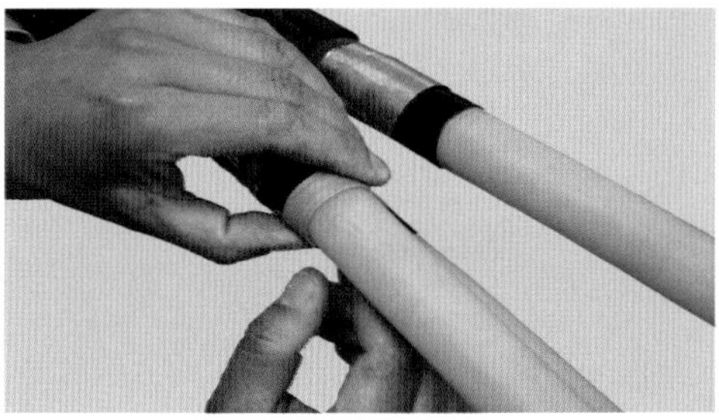

图 6-40　缠绕应力疏散胶

图 6-41　将硅脂涂抹在绝缘层表面

2 热缩应力管。将应力管套入绝缘线芯，搭接 20mm 铜屏蔽（见图 6-42、图 6-43），均匀加热收缩（见图 6-44、图 6-45）。清洁应力管表面。

工艺要求：根据安装工艺图纸要求，将应力控制管套在适当的位置。加热收缩应力控制管时，火焰不得过猛，应温火均匀加热，使其自然收缩到位。

图 6-42　在铜屏蔽上量取 20mm 并做记号

图 6-43　应力管套入绝缘线芯并搭接 20mm 铜屏蔽

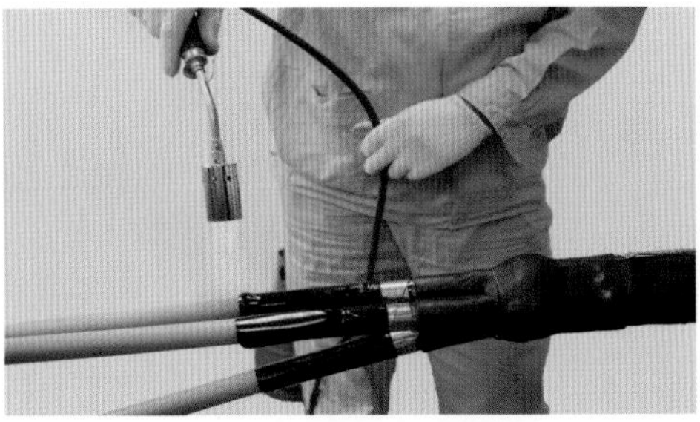
图 6-44 均匀加热收缩应力管

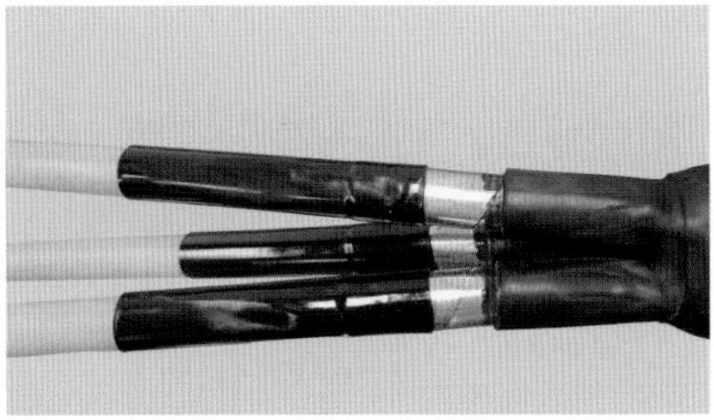
图 6-45 应力管热缩在绝缘线芯上

3 缠绕应力疏散胶。用应力疏散胶拉薄，将应力管与绝缘体间的台阶缠平（见图 6-46），缠绕长度 5 ～ 10mm。

工艺要求：缠绕应力控制胶，必须拉薄拉窄，将外半导电层与绝缘之间台阶绕包填平，再搭盖外半导电层和绝缘层，绕包的应力控制胶应均匀圆整，端口平齐。

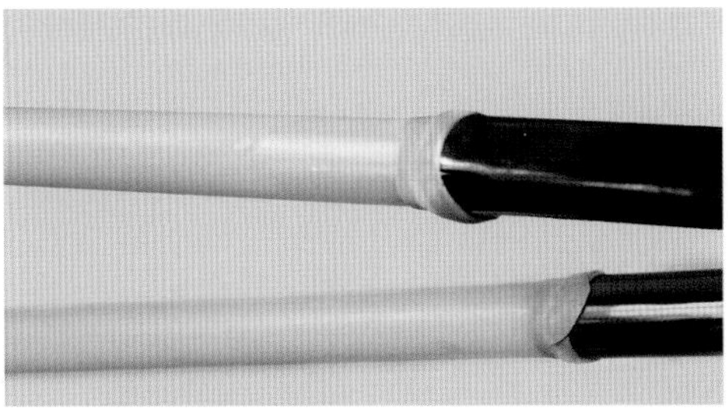
图 6-46 将应力疏散胶缠绕在应力管与绝缘体间的台阶

4 热缩绝缘管。套入绝缘管至三支套（至少搭接 20mm）（见图 6-47 ～图 6-49）。由下往上环绕均匀加热收缩固定（见图 6-50、图 6-51）。绝缘管若长，稍冷后可以用刀在绝缘管上划一圈割去（见图 6-52 ～图 6-54）。

工艺要求：在分支手套指管端口部位绕包一层密封胶。密封胶一定要绕包严实紧密。套入绝缘管时，应注意将涂有热溶胶的一端套至分支手套三支管根部；热缩绝缘管时，必须由下向上缓慢、环绕加热，将管中气体全部排出，火焰不得过猛，使其均匀收缩。在冬季环境温度较低时施工，绝缘管做二次加热，收缩效果较好。

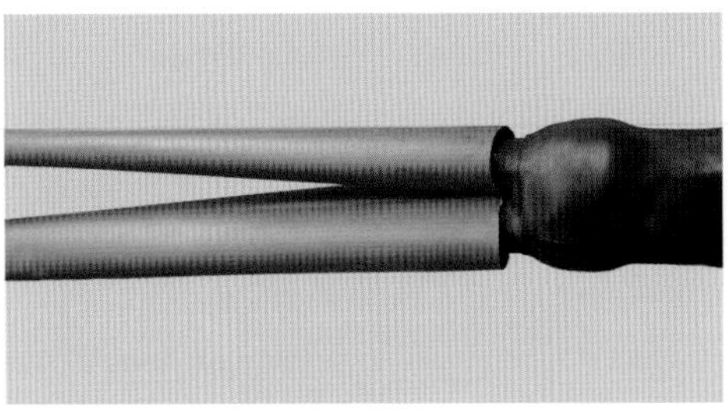
图 6-47 将绝缘管套入分支手套三支管根部

图 6-48 将涂有热溶胶的一端套到分支手套三支管根部

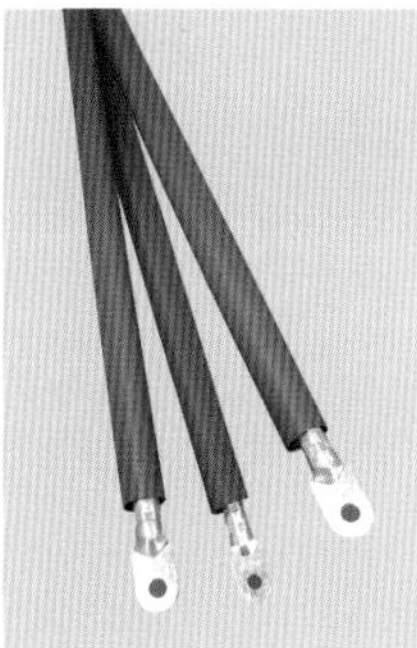

图 6-49　将三根绝缘管套入电缆三相

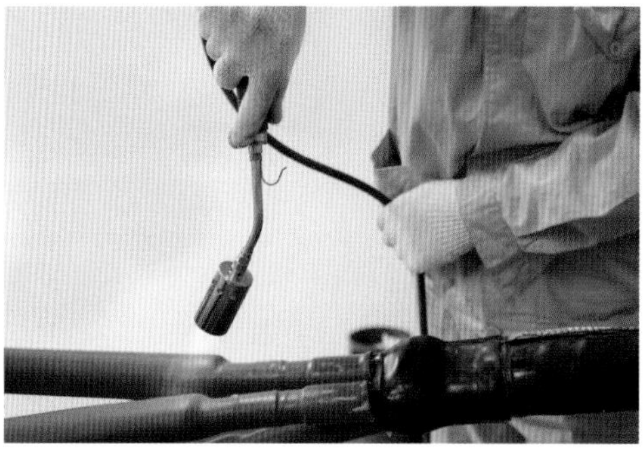

图 6-50　加热收缩绝缘层

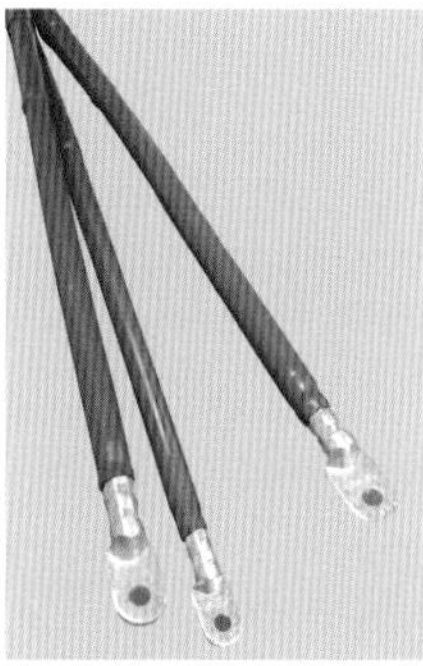

图 6-51　绝缘管热缩至绝缘管

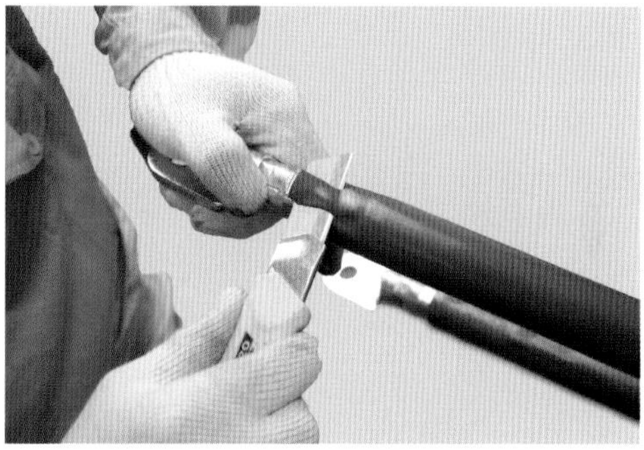

图 6-52　修整热缩绝缘管的长度（一）

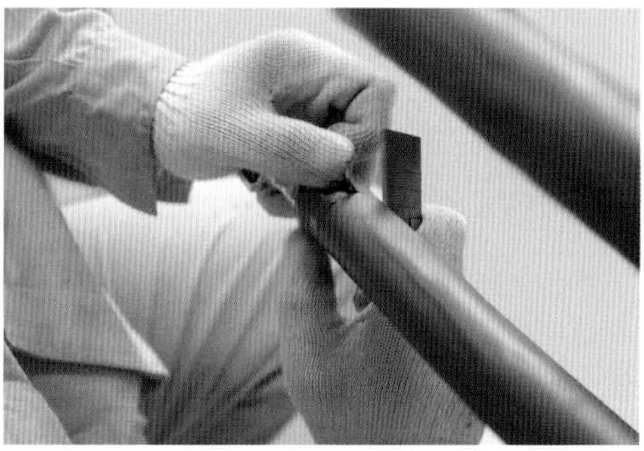

图 6-53　修整热缩绝缘管的长度（二）

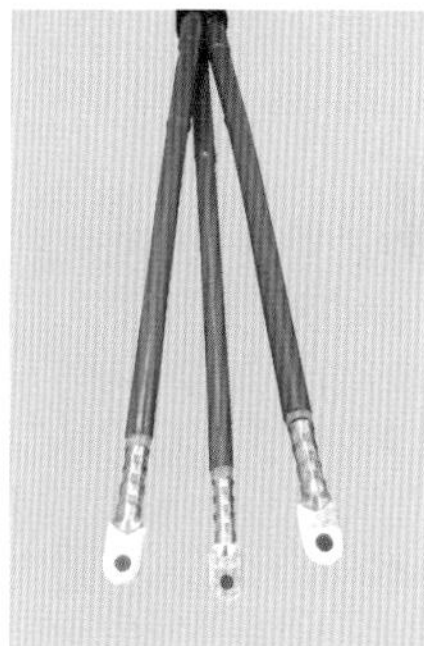

图 6-54　修整好热缩绝缘管长度

5 热缩密封管、相色箱。套入相色管、密封管，用密封胶绕包接线端子上的压坑及端子与绝缘之间的空隙（见图 6-55 ～图 6-57）。加热收缩密封管、相色箱（见图 6-58 ～图 6-63）。户内终端安装完毕。

注意点：安装户外终端时省略此步骤。

工艺要求：在绝缘管与接线端子间用填充胶和密封胶将台阶填平，使其表面平整。热缩密封管时，其上端不宜搭接到接线端子孔的顶端，以免形成豁口进水。热缩相色管时，按系统相色，将相色管分别套入各相绝缘管上端部，环绕加热收缩。

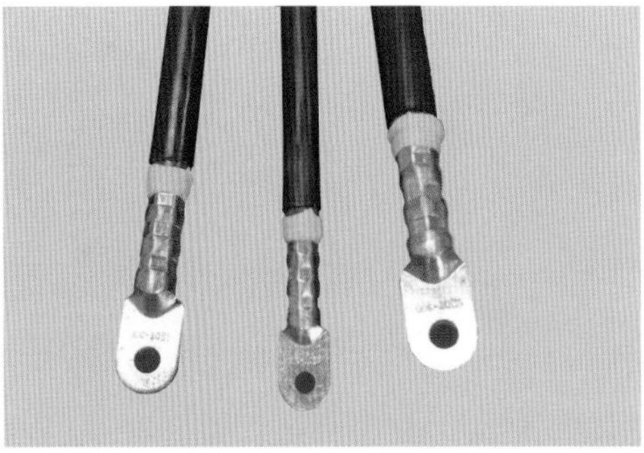

图 6-55 用填充胶填充端子与绝缘之间的空隙

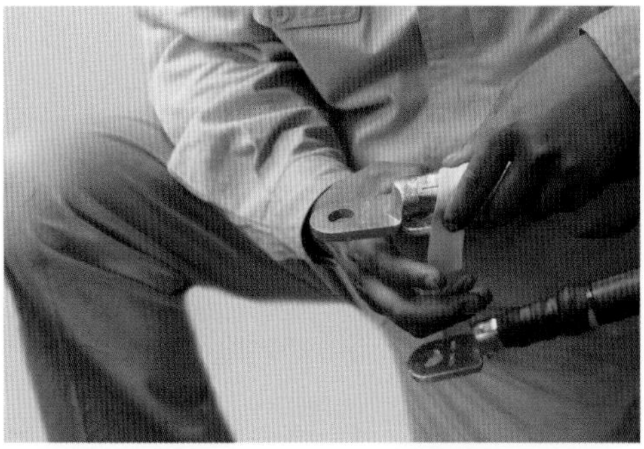

图 6-56 用填充胶和密封胶绕包端子上的压坑

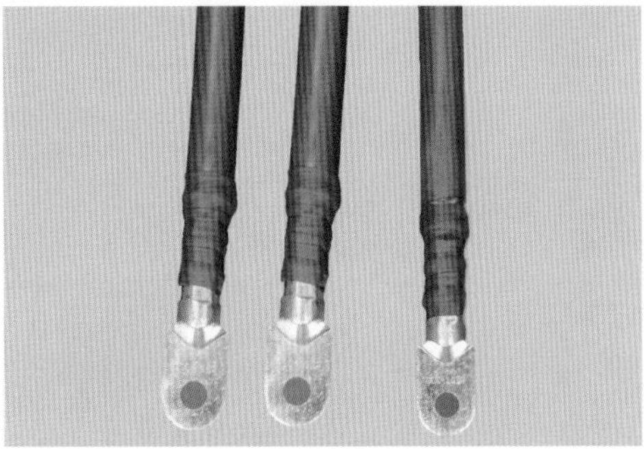

图 6-57 用填充胶和密封胶填充绕包好

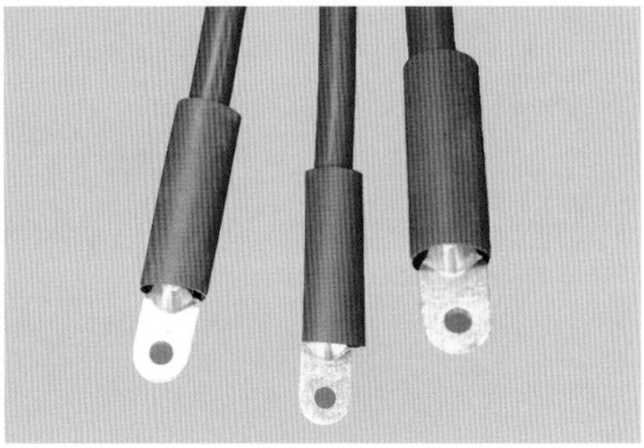

图 6-58 套入密封管

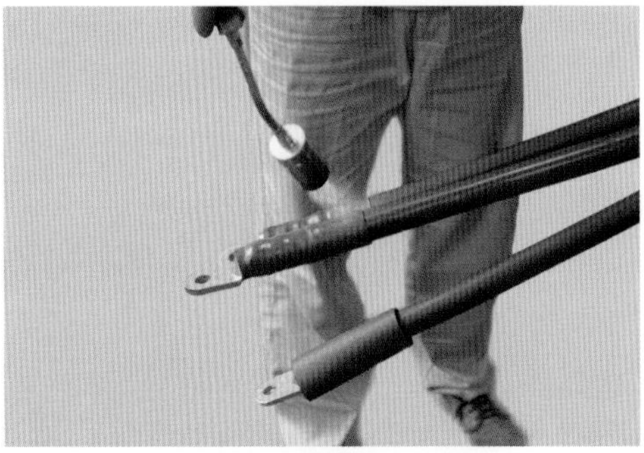

图 6-59 热缩密封管

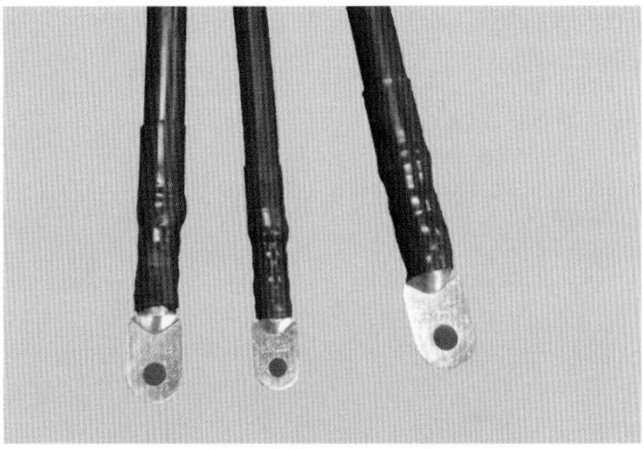

图 6-60 密封管热缩完毕

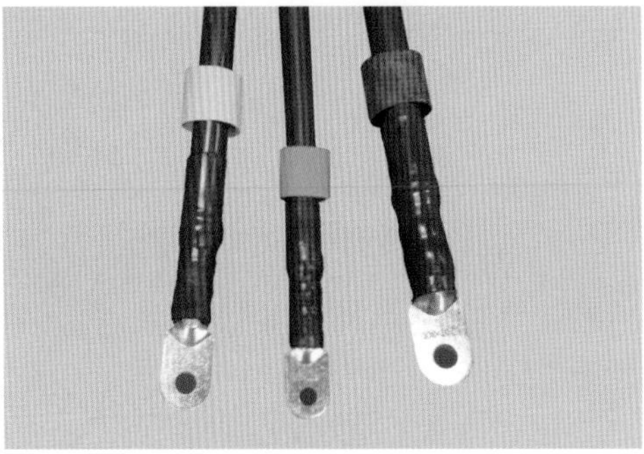

图 6-61 套入相色管

图 6-62 加热收缩热缩相色管

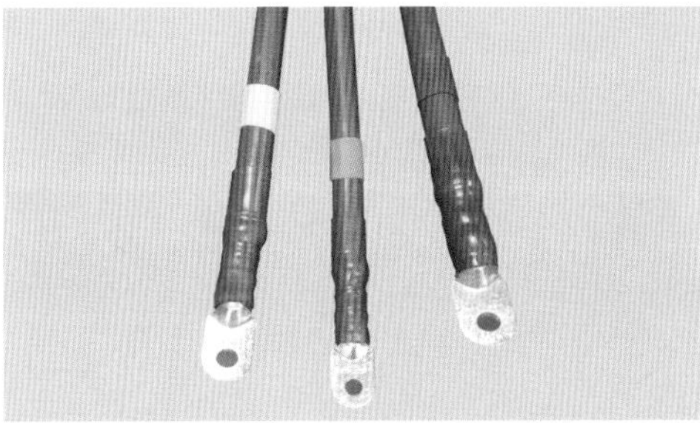

图 6-63 加热收缩相色管完毕

6 热缩雨裙、相色管。清洗绝缘管表面，套入三孔雨裙（见图 6-64、图 6-65），加热收缩固定三孔雨裙（见图 6-66）。再套入单孔雨裙（见图 6-67），量取雨裙间距 120mm 并做好记号（见图 6-68），加热收缩固定单孔雨裙（见图 6-69），每相两个。再套入相色管加热收缩固定单孔雨裙（见图 6-70）。

工艺要求：防雨裙固定应符合图纸尺寸要求，并与线芯、绝缘垂直。热缩防雨裙时，应对防雨裙上端直管部位圆周进行加热。加热时应用温火，火焰不得集中，以免防雨裙变形和损坏。防雨裙加热收缩中，应及时对水平、垂直方向进行调整和对防雨裙边进行整形。防雨裙加热收缩只能一次性定位，收缩后不得移动和调整，以免防雨裙上端直管内壁密封胶脱落，固定不牢，失去防雨功能。

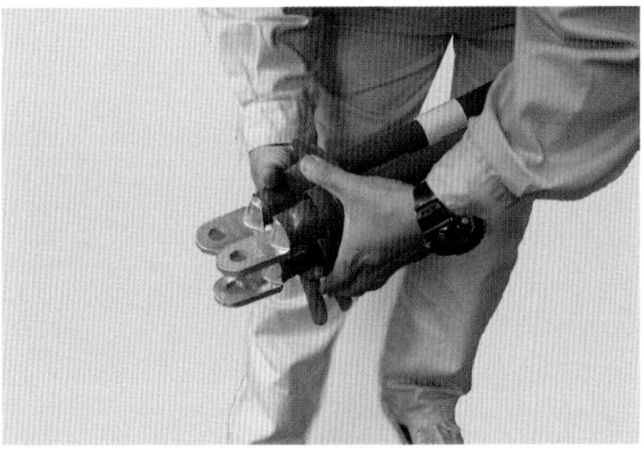

图 6-64 套入三孔雨裙

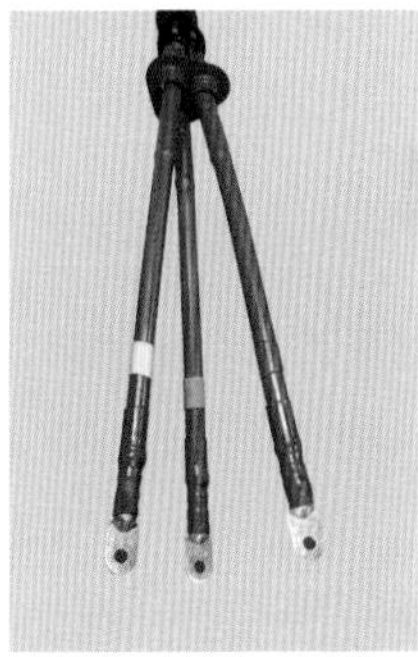

图 6-65 三孔雨裙套到位

图 6-66 加热收缩固定三孔雨裙

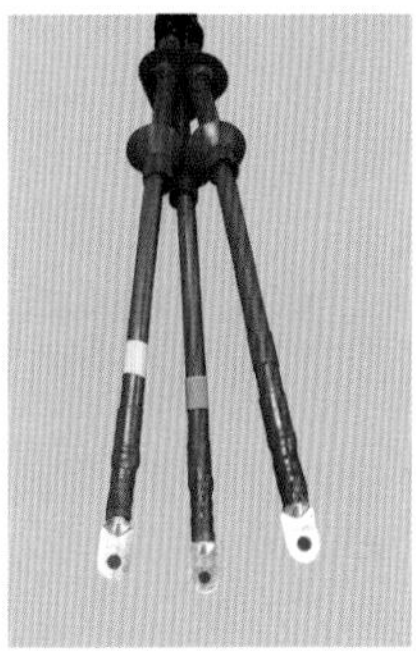

图 6-67 套入单孔雨裙

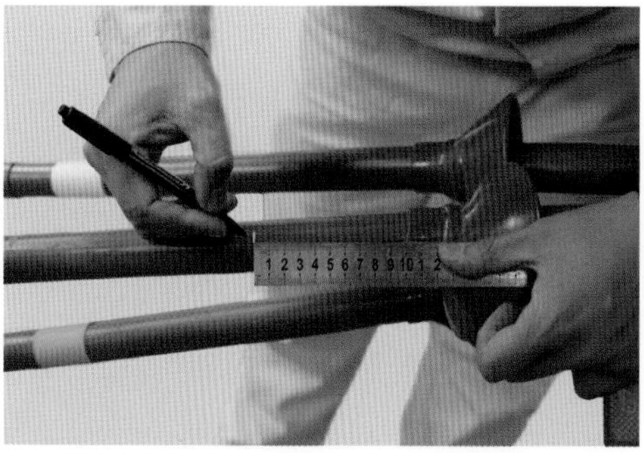

图 6-68 量取雨裙间隔 120mm 并做记号

图 6-69 加热收缩固定单孔雨裙

7 热缩密封管。套入密封管，用密封胶绕包接线端子上的压坑及端子与绝缘之间的空隙，加热收缩固定。户外热缩终端头安装制作完毕（见图 6-71）。

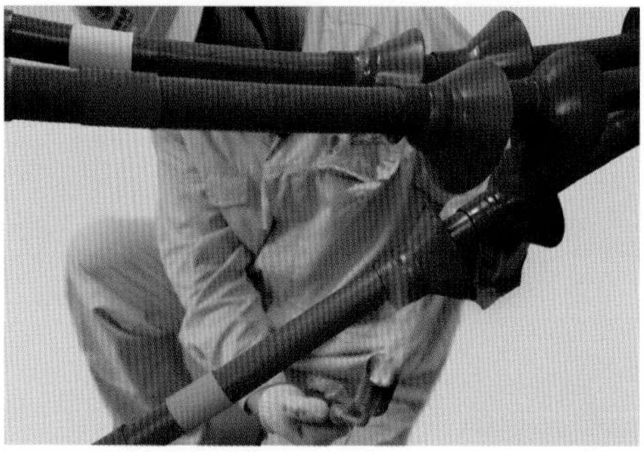

图 6-70 继续加热收缩固定单孔雨裙

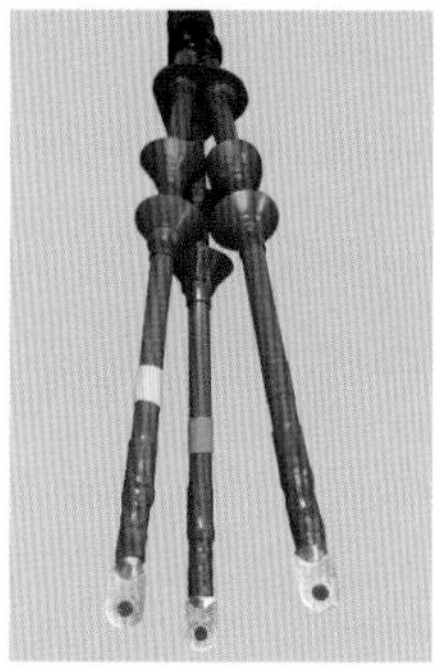

图 6-71 户外热缩终端头安装制作完毕

工艺要求：在绝缘管与接线端子间用填充胶和密封胶将台阶填平，使其表面平整。热缩密封管时，其上端不宜搭接到接线端子孔的顶端，以免形成豁口进水。

第 7 章

10kV 欧式可触摸电缆接头制作安装

7.1 10kV 欧式可触摸电缆接头制作安装工艺流程

10kV 欧式可触摸电缆接头制作安装工艺流程图如图 7-1 所示。

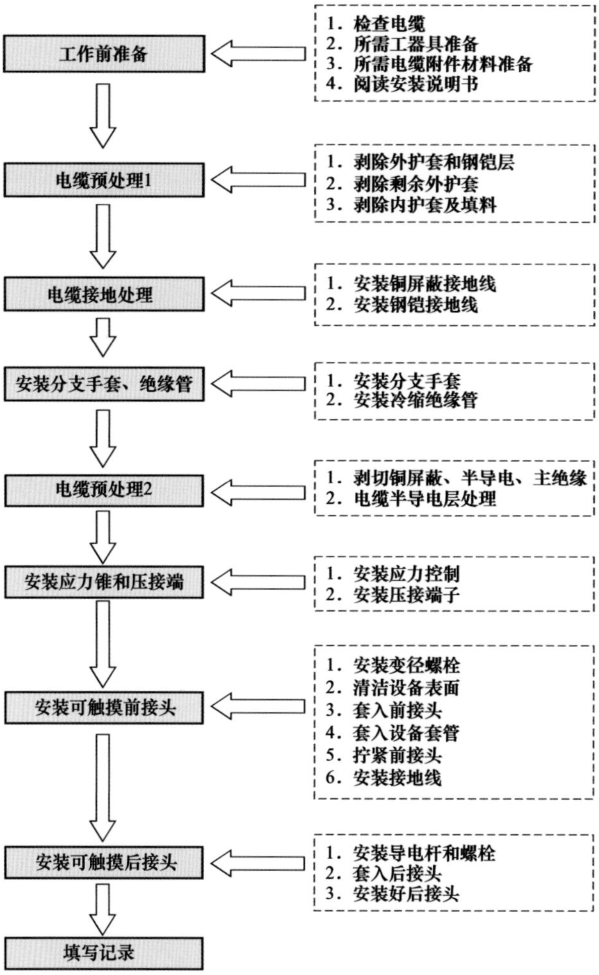

图 7-1 10kV 欧式可触摸电缆接头制作安装工艺流程图

7.2 工作前准备

检查电缆

安装电缆附件前，应检查电缆，确认电缆状况良好，电缆无受潮进水、绝缘偏心、明显的机械损伤等不良缺陷（见图 7-2 ～图 7-4）。

图 7-2　擦拭电缆准备外观检查

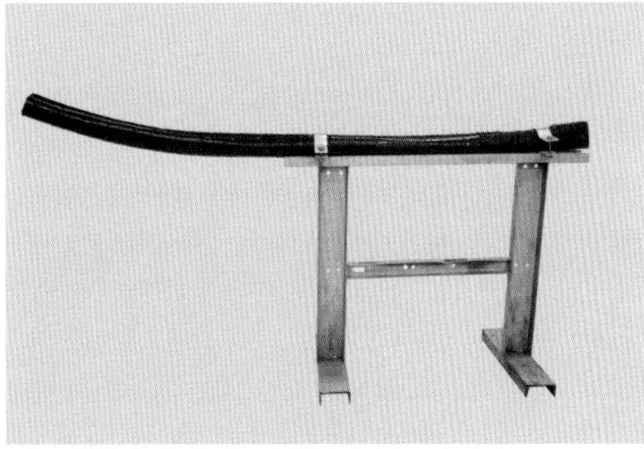

图 7-3　电缆外观检查

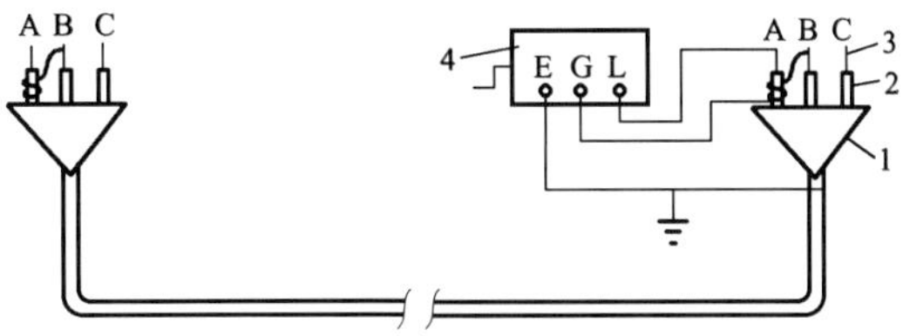

图 7-4　电缆受潮测试

1—电缆终端头；2—套管或绕包的绝缘；3—线芯导体；4—500 ～ 2500V 绝缘电阻表

所需工器具准备

安装电缆附件前，应做好施工用工器具检查，确保施工用工器具齐全完好，便于操作，状况清洁（见图 7-5、表 7-1）。

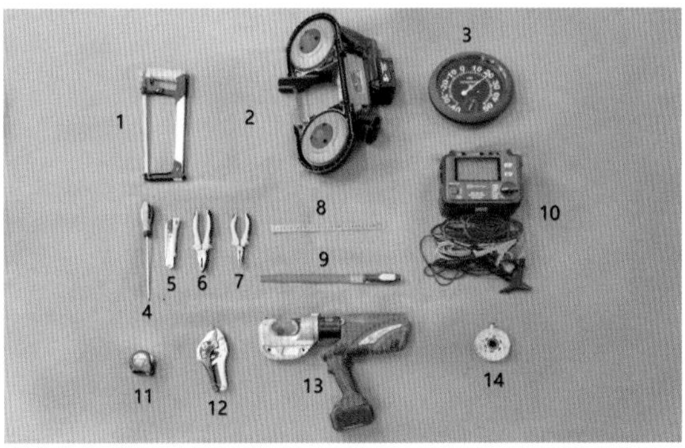

图 7-5　安装制作所需工器具

表 7-1　制作安装所需工器具表

序号	名称	规格	单位	数量	用途
1	手锯		把	1	切割铠装层
2	电锯		把	1	切割电缆
3	温湿度计		只	1	测量温度、湿度
4	起子		把	1	协助切割铠装层、铜屏蔽层等

续表

序号	名称	规格	单位	数量	用途
5	墙纸刀		把	1	切割填充层、半导电层
6	克丝钳		把	1	剥半导电层
7	尖嘴钳		把	1	协助剥除外护套、内护套
8	直尺		把	1	测量尺寸
9	锉刀		把	1	协助打磨钢铠、端子的毛刺
10	绝缘电阻表及连线		套	1	测量电缆绝缘电阻
11	卷尺		把	1	测量尺寸
12	切割刀		把	1	协助切割绝缘层
13	液压钳		把	1	压接铜接管
14	倒角器		把	1	绝缘端部倒角

所需电缆附件材料准备

电缆附件规格应与电缆匹配，零部件应齐全无损伤，绝缘材料不得受潮、过期（见图 7-6、图 7-7、表 7-2）。

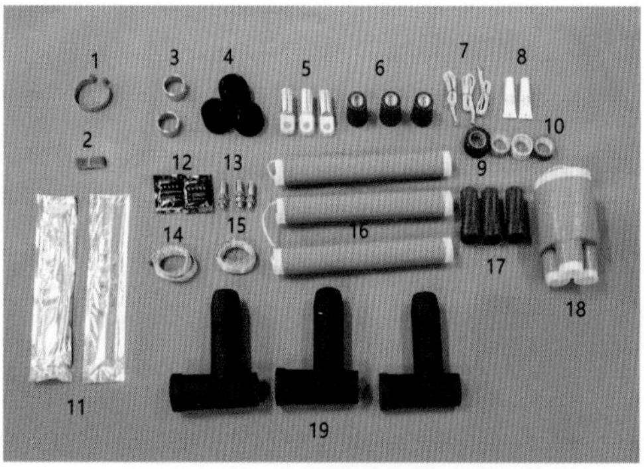

图 7-6 安装制作所需附件材料 1

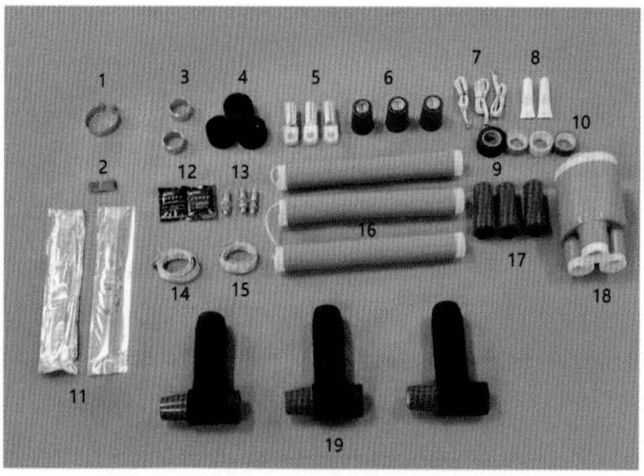

图 7-7 安装制作所需附件材料 2

表 7-2　　制作安装所需附件材料表

序号	名称	规格	单位	数量
1	接地环		个	3
2	砂布		m	1
3	恒力弹簧		个	2
4	护帽		个	3
5	线耳		个	3
6	堵盖		个	3
7	接地线		根	3
8	硅脂		支	2

续表

序号	名称	规格	单位	数量
9	半导电带		卷	1
10	PVC 胶带	黄、绿、红	卷	各 1 卷
11	密封胶		包	2
12	清洁巾		包	2
13	连杆及弹垫、平垫、螺母		套	3
14	铜编织线	细	根	1
15	铜编织线	粗	根	1
16	冷缩绝缘管		根	3
17	应力锥		个	3
18	冷缩三支套		个	1
19	后插头		个	3

阅读安装说明书

施工前仔细阅读随材料箱的制作安装说明书，审核说明书是否正确，确认附件安装次序。

7.3 10kV 欧式可触摸电缆接头的制作步骤及工艺要求

电缆预处理 1

将电缆垂直放置，在距电缆终端 750mm 处进行剥切分相处理（剥切尺寸按设备内部空间决定，最长不得超过 750mm）。

工艺要求：安装电缆终端头时，应尽量垂直固定。大截面电缆终端头宜在杆塔上制作，以免安装时线芯伸缩错位，三相长短不一，分支手套局部受力损坏。

1 剥除外护套和钢铠层。在距电缆终端 750mm 处（见图 7-8）进行剥切分相处理（剥切尺寸按设备内部空间决定，最长不得超过 750mm）。切去该段内的外护套和钢铠层。

工艺要求：剥除外护套。应分两次进行，以避免电缆铠装层铠装松散。先将电缆末端外护套保留 100mm（见图 7-9）。然后按规定尺寸剥除外护套，要求断口平整（见图 7-10）。外护套断口以下 100mm 部分用砂纸打毛并清洗干净，以保证分支手套定位后，密封性能可靠。锯铠装时，其圆周锯痕深度应均匀，不得锯透，不得损伤内护套。剥铠装时，应首先沿锯痕将铠装卷断，铠装断开后再向电缆终端头剥除。

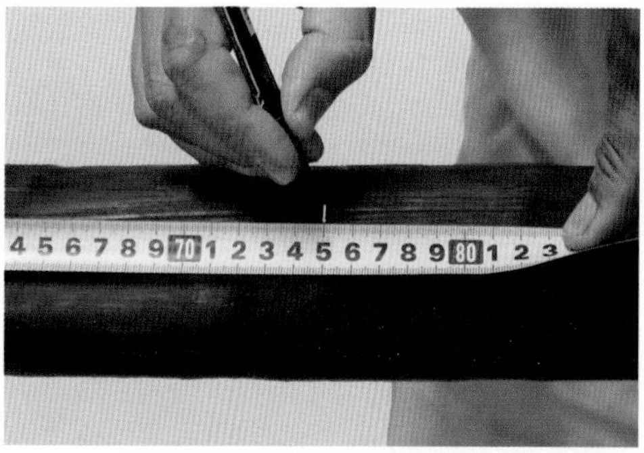

图 7-8 在外护套上量取 750mm 并做记号

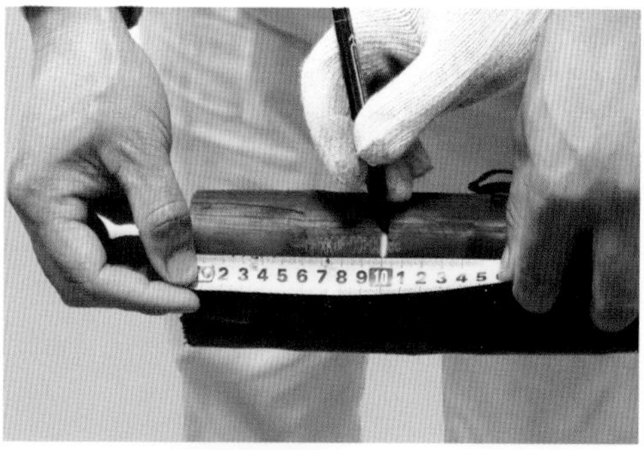

图 7-9 在电缆端部量取 100mm 外护套并做记号

图 7-10 外护套环切口平整

2 剥除剩余外护套。再向下剥除 30mm 的外护层（见图 7-11、图 7-12）。

工艺要求：按规定尺寸剥除外护套，要求断口平整。

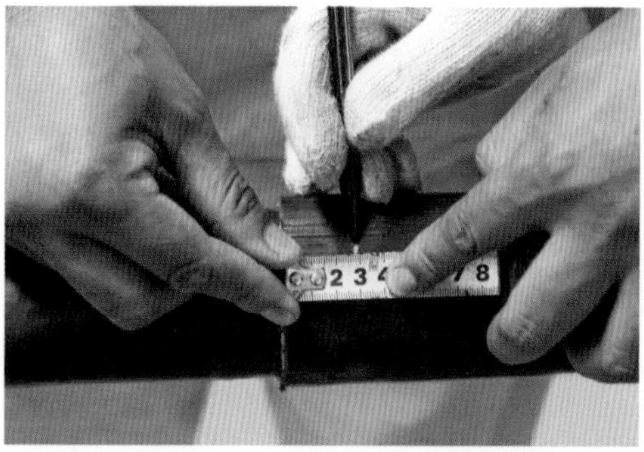

图 7-11 量取 30mm 外护套并做记号

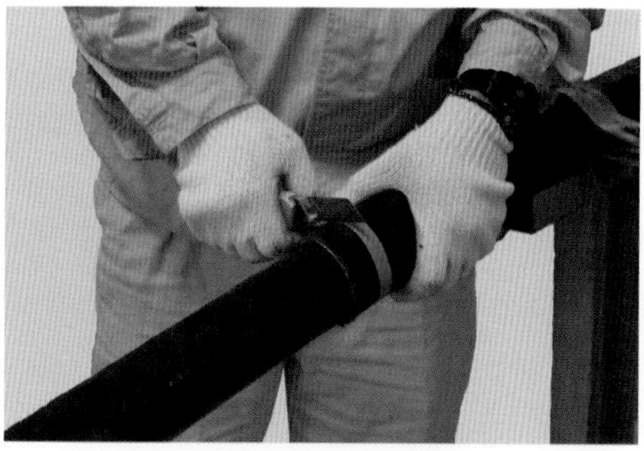

图 7-12 切除 30mm 外护套

3 剥除内护套及填料。向上留 10mm 的内护层（见图 7-13），剥除多余的内护层及填充物。

工艺要求：在应剥除内护套处用刀横向切一环形痕，深度不超过内护套厚度的一半。纵向剥除内护套时，切口应在两芯之间，防止切伤金属屏蔽层。剥除内护套后应将金属屏蔽带末端用聚氯乙烯粘带扎牢，防止松散。切除填料时刀口应向外，防止损伤金属屏蔽层。

电缆接地处理

1 安装铜屏蔽接地线。将电缆三叉分开（见图 7-14），铜编织线一端卷曲一匝后楔入分岔底部，将铜编织线绕包三相铜屏蔽一周后引出，用恒力弹簧将铜编织线卡紧固定。

工艺要求：分开三相线芯时，不可硬行弯曲，以免铜屏蔽层褶皱、变形。用恒力弹簧将接地编织带固定在三相铜屏蔽层上。

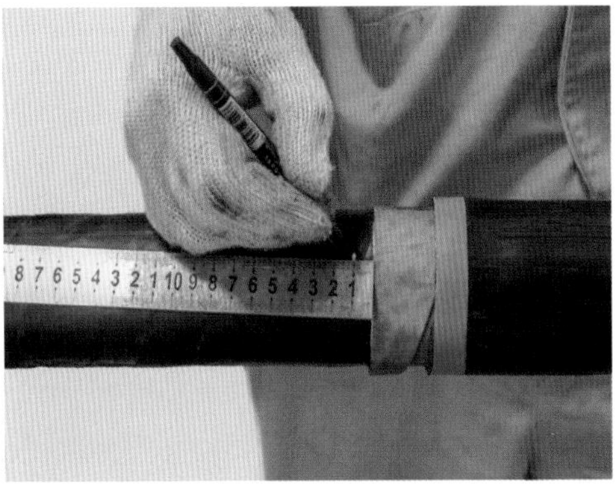

图 7-13 量取 10mm 内护套并做记号

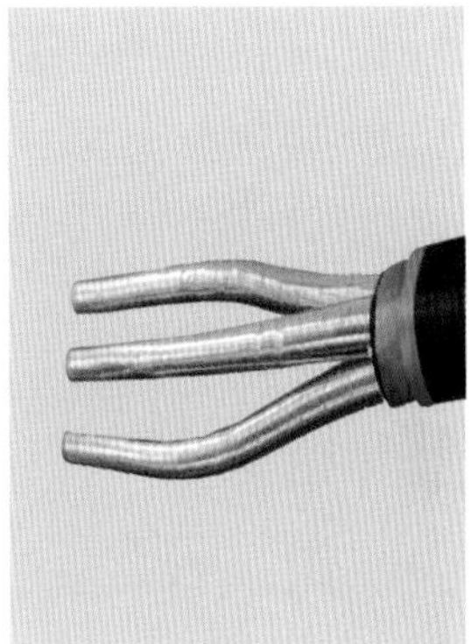

图 7-14 分开三相线芯

2 安装钢铠接地线。钢铠表面用砂纸打磨去除氧化层或油漆，将铜编织线与钢铠接触良好，用恒力弹簧卡紧铜编织线（见图 7-15）。在恒力弹簧上包绕 PVC 胶带（见图 7-16），在外护套断面向下 30mm 处打毛外护套（见图 7-17），缠绕密封胶包住铜编织地线（见图 7-18），做好防水处理（见图 7-19、图 7-20）。

工艺要求：用恒力弹簧将接地编织带固定在铠装层的两层钢带上。在恒力弹簧外面必须绕包几层 PVC 胶带，以保证铠装与金属屏蔽层的绝缘。自外护套断口向下 40mm 范围内的铜编织带必须做 20 ～ 30mm 的防潮段，同时在防潮段下端电缆上绕包两层密封胶，将接地编织带埋入其中，提高密封防水性能。两编织带之间必须用绝缘分开，安装时错开一定距离。

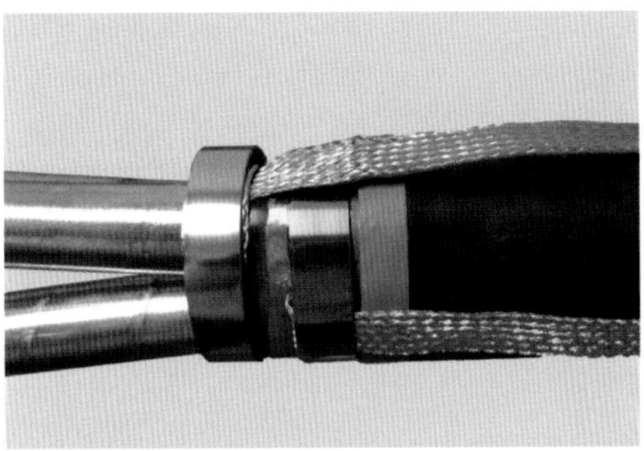

图 7-15 安装好铜屏蔽接地线和钢铠接地线

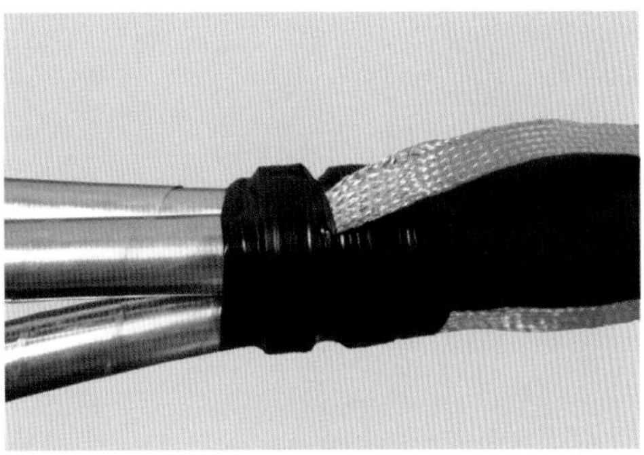

图 7-16 在恒力弹簧上包绕 PVC 胶带

图 7-17 在外护套断面向下 30mm 处打毛外护套

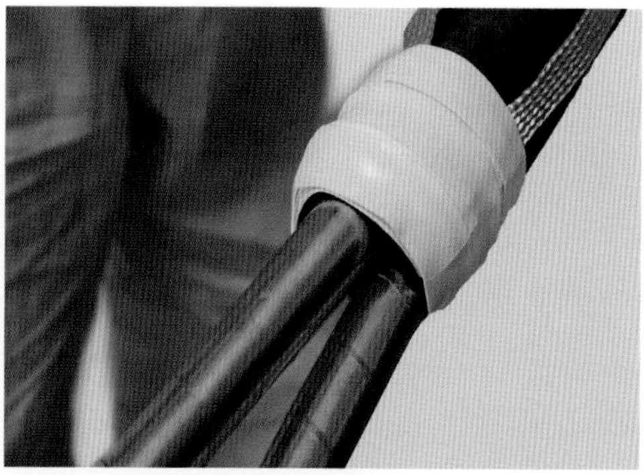

图 7-18 缠绕密封胶包住铜编织线

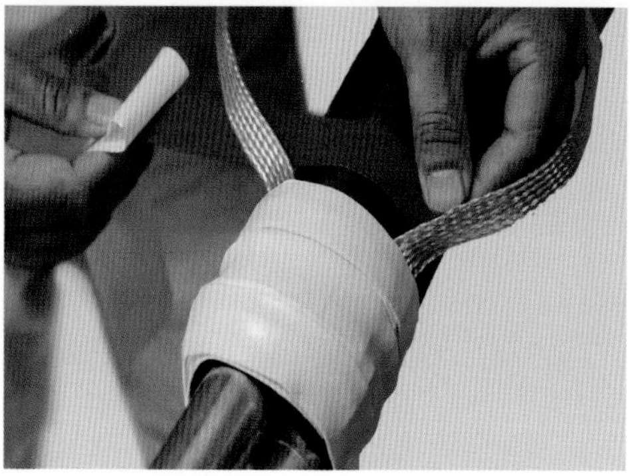

图 7-19 做防水处理

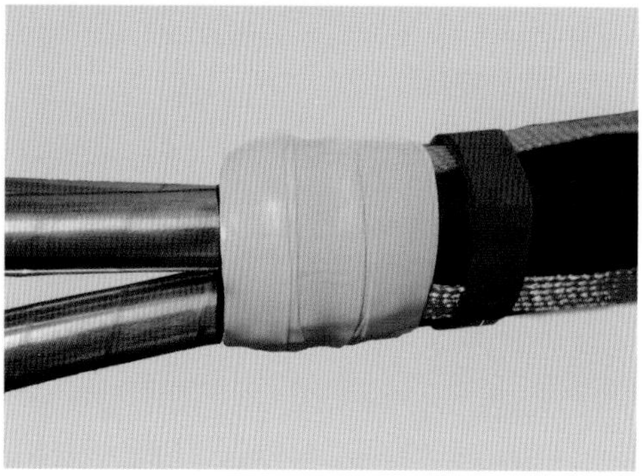

图 7-20 铜编织线做好防水处理

安装分支手套、绝缘管

1 安装分支手套。套入冷缩三支套，尽量往下（见图 7-21），逆时针抽去支撑条收缩（见图 7-22）。

工艺要求：冷缩分支手套套入电缆前应先检查三支管内塑料衬管条内口预留是否过多，注意抽衬管条时，应谨慎小心，缓慢进行，以避免衬管条弹出。分支手套应套至电缆三叉部位填充胶上，必须压紧到位。检查三支管根部，不得有空隙存在。

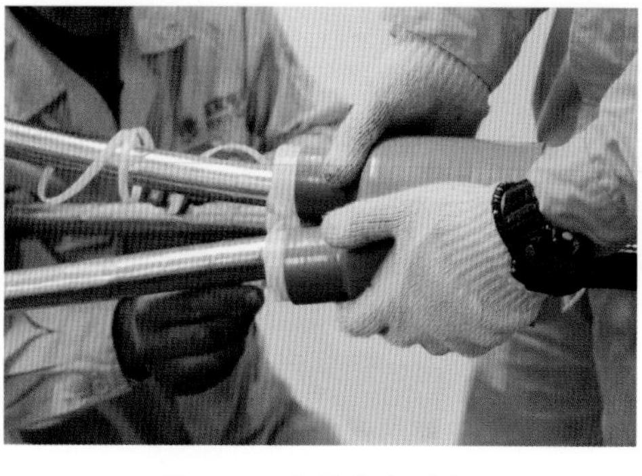

图 7-21 安装分支手套

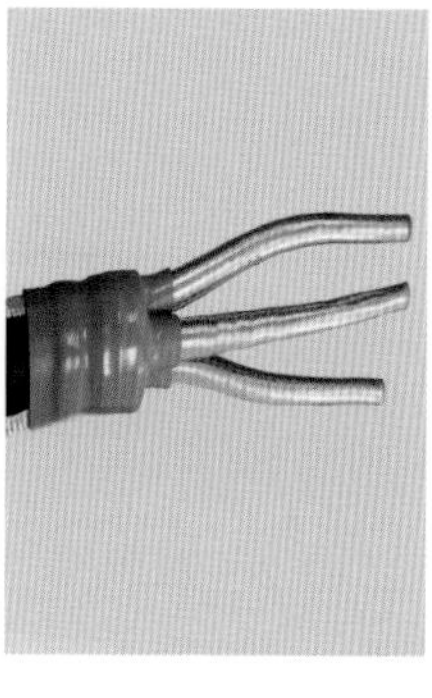

图 7-22 分支手套安装完毕

2 安装冷缩绝缘管。然后套入冷缩绝缘管，绝缘管与支套指端搭接 20 ～ 30mm（见图 7-23），逆时针抽去冷缩绝缘管支撑条（见图 7-24）。

工艺要求：安装冷缩绝缘管，抽拉出衬管条时，速度应均匀缓慢，两手应协调配合，以防冷缩绝缘管收缩不均匀造成拉伸和反弹。

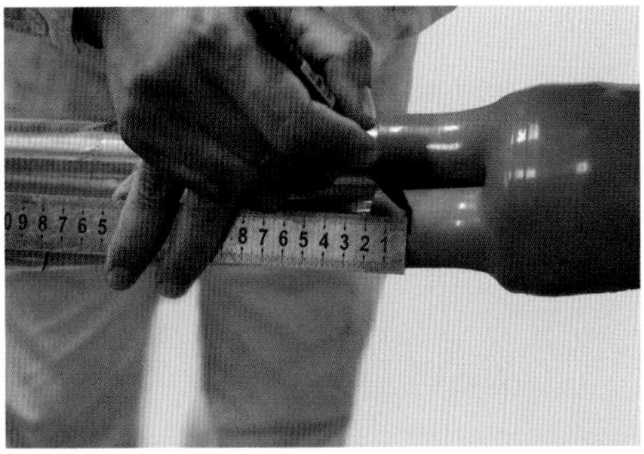

图 7-23　三支套指端量取 20mm 并做记号

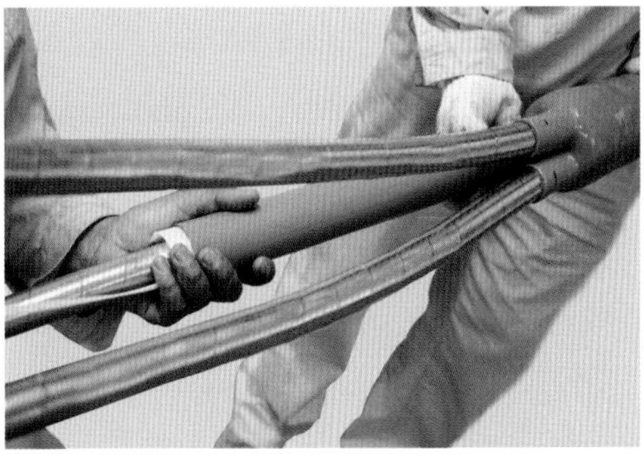

图 7-24　逆时针抽去冷缩绝缘管支撑条

电缆预处理 2

剥切铜屏蔽、半导电层、主绝缘。在电缆端部剥去 185mm 范围内的绝缘管，留 10mm 铜屏蔽层（见图 7-25、图 7-26），20mm 半导电层（见图 7-27 ～图 7-29），电缆端切去 50mm 主绝缘层（见图 7-30、图 7-31）。用 PVC 胶带临时包扎电缆线芯端部（见图 7-32），在芯主绝缘端倒角 45°（见图 7-33）。

工艺要求：铜屏蔽层剥切时，就用 ϕ 1.0 镀锡铜绑线扎紧或用恒力弹簧固定。切割时，只能环切一刀疤，不能切透，以免损伤外半导电层。剥除时，应从刀疤处撕剥，断开后向线芯端部剥除。外半导电层剥除后，绝缘表面必须用细砂纸打磨，去除嵌入在绝缘表面的半导电颗粒。割切线芯绝缘层时，注意不得损伤线芯导体，剥除绝缘层时，应顺着导线绞合方向进行，不得使导体松散变形。内半导电层应剥除干净，不得留有残迹。绝缘端部处理前，用 PVC 胶带黏面朝外将电缆线芯端头包好，以防倒角时伤到导体。

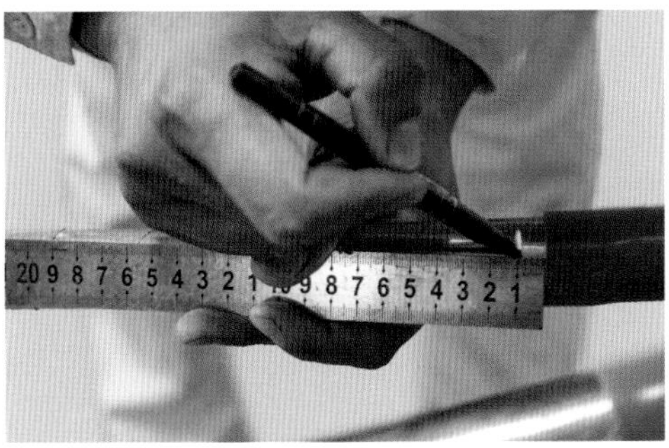

图 7-25　量取 10mm 铜屏蔽层

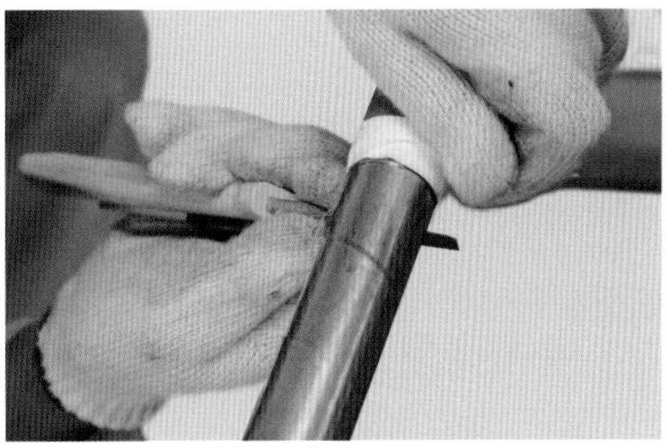

图 7-26　切割铜屏蔽

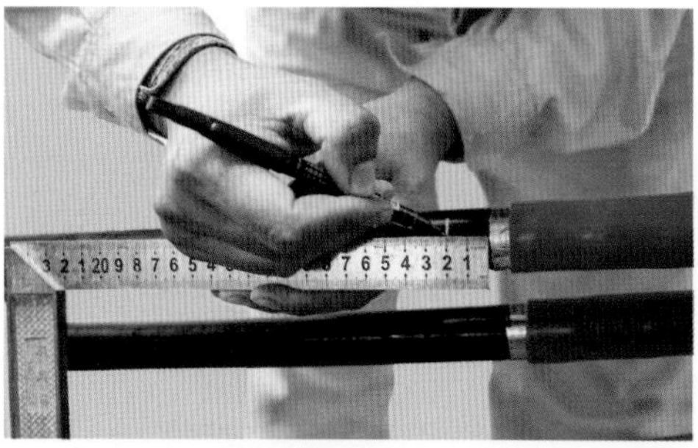

图 7-27 量取 20mm 半导电层并做记号

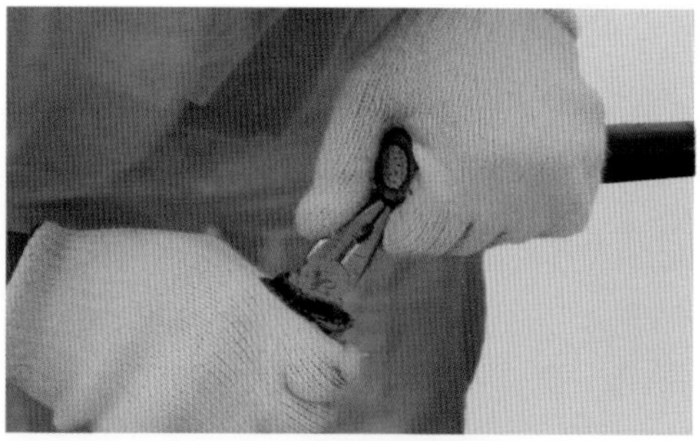

图 7-28 开剥半导电层

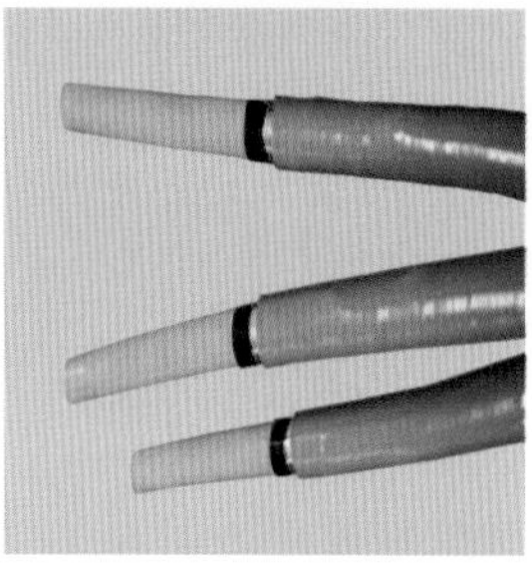

图 7-29 半导电层开剥完成

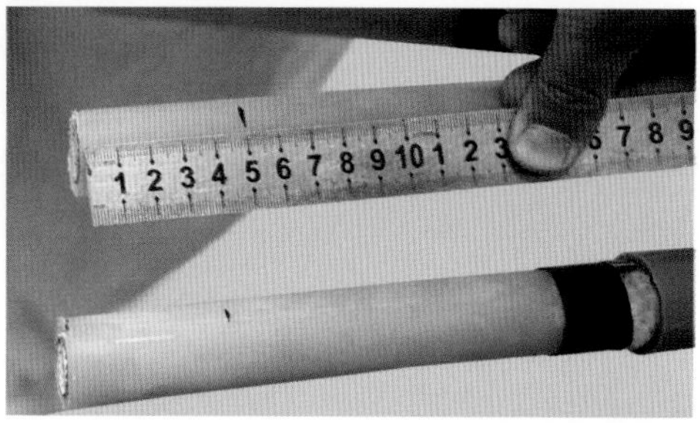

图 7-30 量取 50mm 绝缘层并做记号

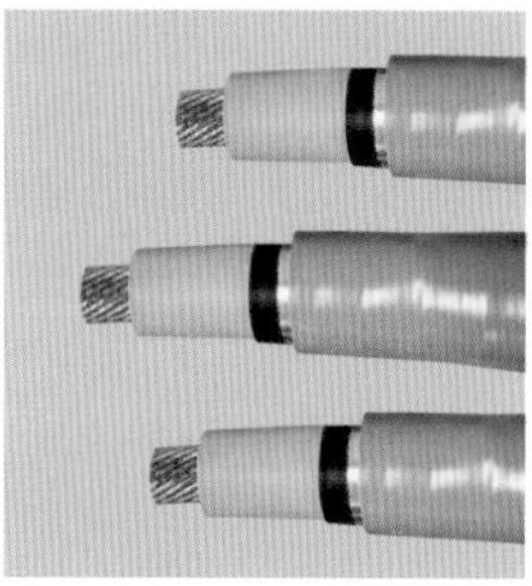

图 7-31 电缆端切除 50mm 主绝缘

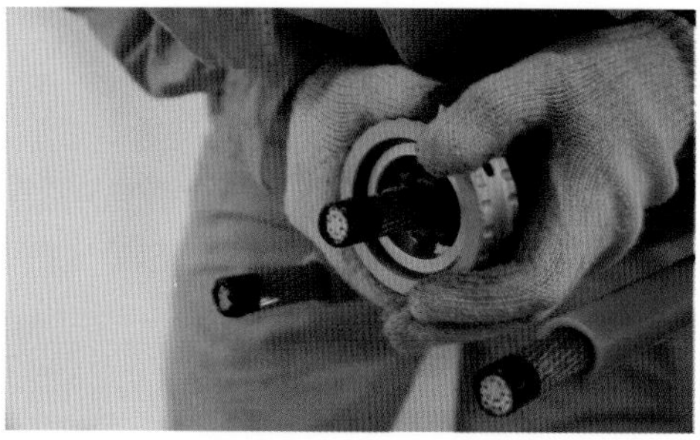

图 7-32 绝缘层倒角

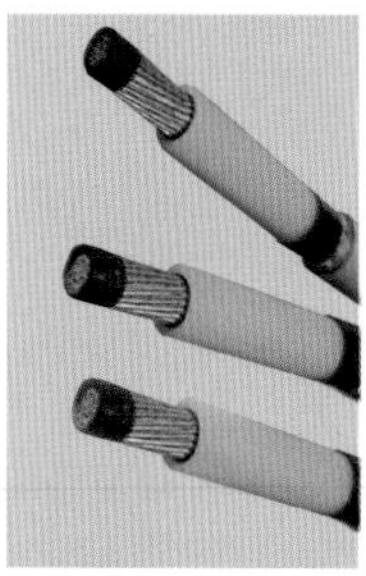

图 7-33 线芯端部用 PVC 胶带包扎

电缆半导电层处理

1 半导电层末端用刀具倒角，使半导电层与主绝缘层平滑过渡。

工艺要求：外半导电层端部切削打磨斜坡时，注意不得损伤绝缘层。打磨后，外半导电层端口应平齐，坡面应平整光洁，与绝缘层圆滑过渡。

2 在铜屏蔽上绕单边 3 ～ 4mm 厚的半导电带（见图 7-34）。

工艺要求：将半电导带拉伸 200%使用。

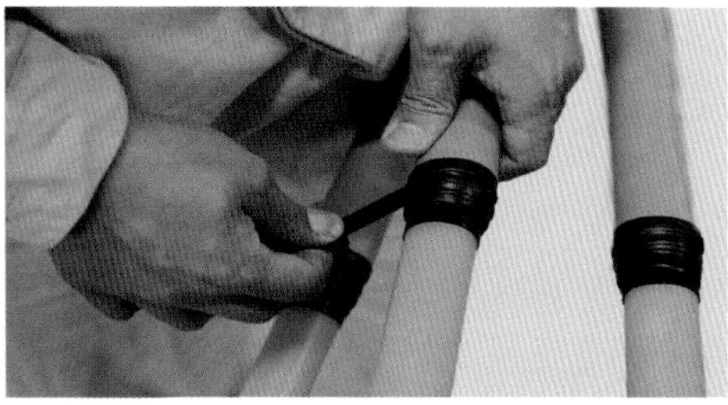

图 7-34 在铜屏蔽上绕包半导电带

3 半导电带绕包时，铜屏蔽带与电缆半导电层交界处以及铜屏蔽与电缆护套交界处均搭接绕包 5mm 宽度左右半导电带。

工艺要求：绕包的平面和线芯垂直，圆周应平整，不得绕包成圆锥形或鼓形。

4 用砂纸打磨主绝缘层表面（见图 7-35、图 7-36），用清洁巾将绝缘层表面清理干净（见图 7-37）。

工艺要求：清洁绝缘层时，必须用清洁纸从绝缘层端部向外半导电层端部一次性清洁，以免把半导电粉质带到绝缘上。仔细检查绝缘层，如发现有半导电粉质、颗粒或较深的凹槽等，必须用细砂纸打磨，再用新的清洁纸擦净。

注意点：此操作是保证电缆平衡运行的重要步骤。

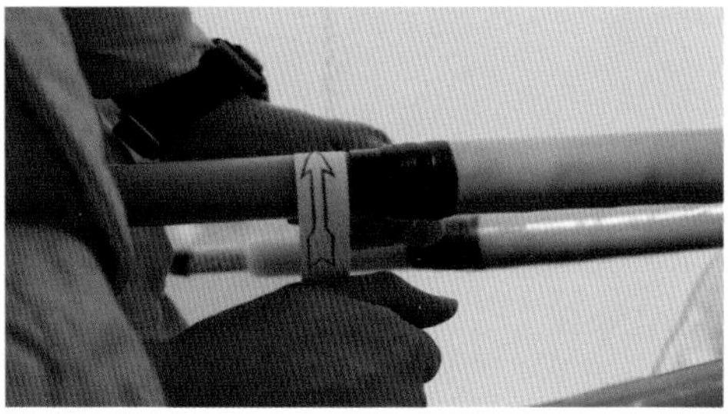

图 7-35 打磨绝缘层（一）

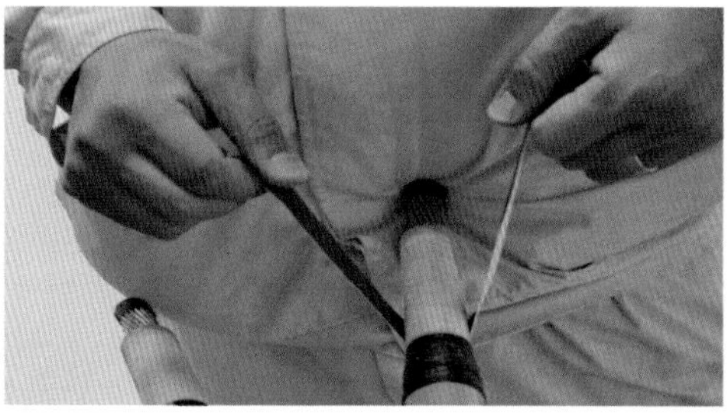

图 7-36 打磨绝缘层（二）

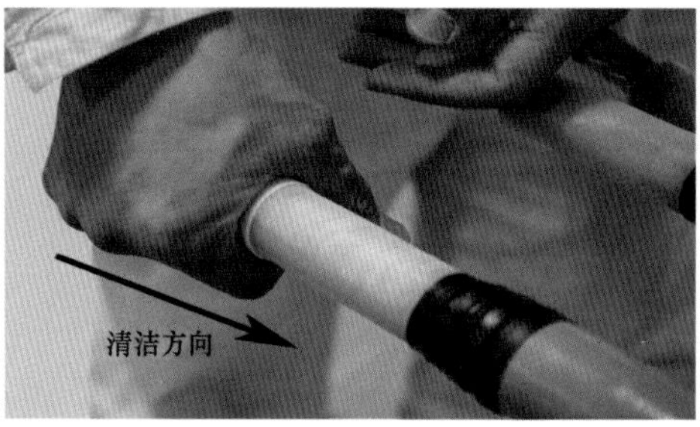

图 7-37 清洁绝缘层

安装应力锥和压接端子

1 安装应力控制体。根据配套安装标尺用 PVC 胶带标识安装定位线位置（见图 7-38 ～图 7-40），使用钢支将硅脂均匀涂于插头内表面（深度不超过 6mm）和应力控制体表面（见图 7-41），然后将应力锥从线芯套入，用力往下推，直到与安装定位线标识齐平（见图 7-42）。

工艺要求：将硅脂均匀涂抹在电缆绝缘表面和应力锥内表面，注意不要涂在半导电层上。将应力锥套入电缆绝缘上，直到应力锥下端的台阶与绕包的半导电带圆柱形凸台紧密接触。

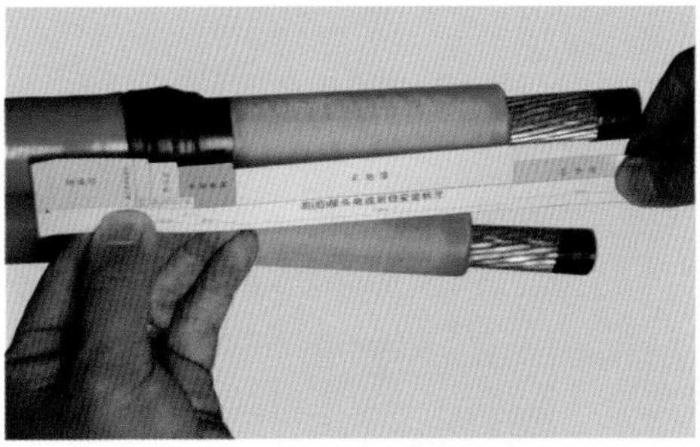

图 7-38 用标尺量取安装定位线位置

图 7-39 绕包安装定位线

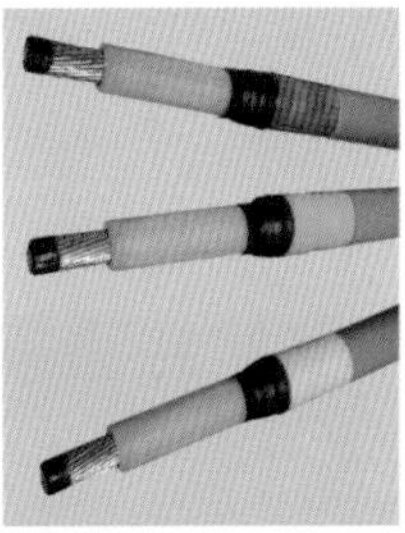

图 7-40 绕包好安装定位线

图 7-41 在应力锥内部涂抹硅脂

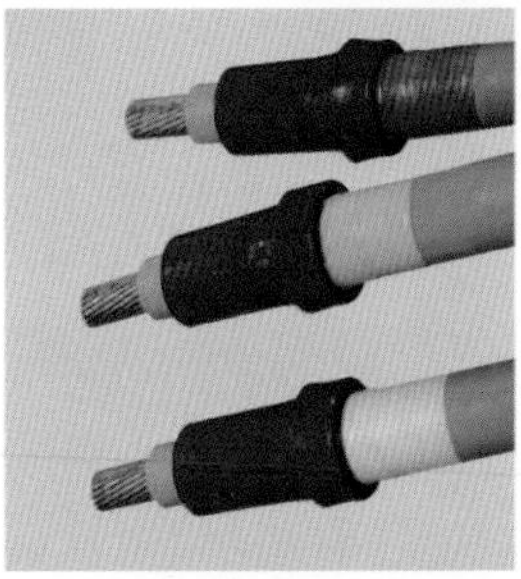

图 7-42 将应力锥从线芯推入

2 安装压接端子。将压接端子套进线芯，并旋转端子的方向直到端子头部平面与套管端面平行，按端子上的压接标位从端子头部位置依次向下压好端子（推荐采用围压）（见图 7-43、图 7-44）。压接完成后将压接时形成的尖锐边缘要用锉刀锉平滑（见图 7-45、图 7-46），并清理干净。

工艺要求：压接时，必须保证接线端子与导体必须紧密接触，按先上后下顺序进行压接。端子表面的尖端和毛刺必须打磨光滑。

注意点：请使用与电缆相同规格的压接端子，铜芯电缆使用铜端子、铝芯电缆使用铜铝过渡端子。

图 7-43　压接接线端子

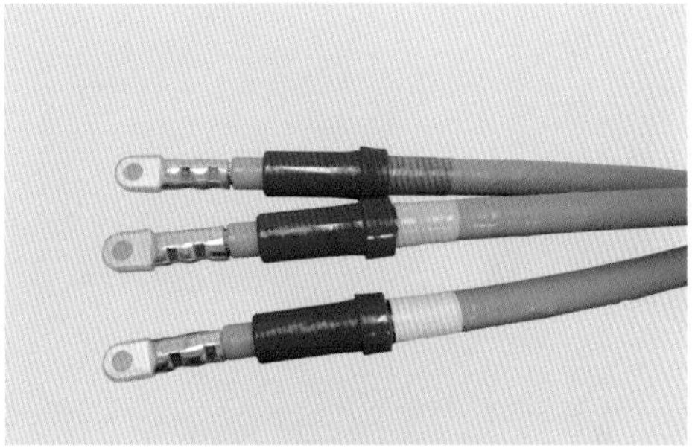

图 7-44　接线端子压接完毕

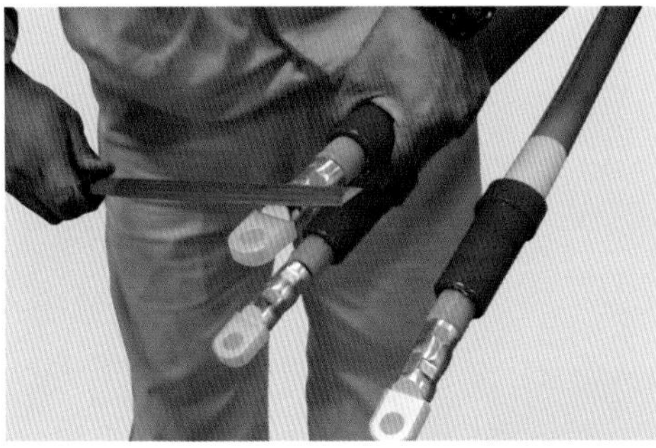

图 7-45　打磨接线端子上的毛刺

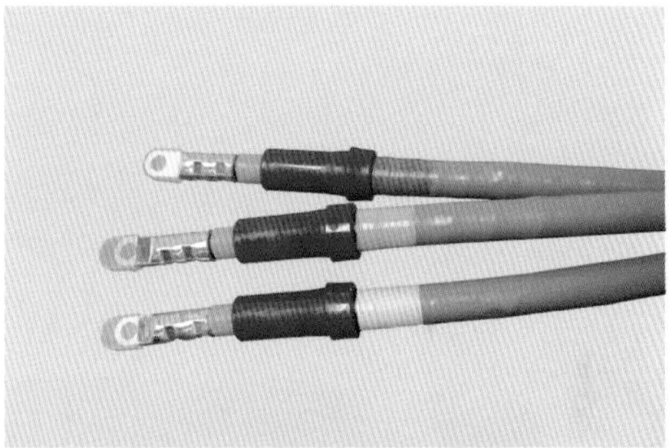

图 7-46　接线端子打磨光滑

安装可触摸前接头

1 安装变径螺栓。检查设备套管的螺孔，将 M16/12 变径螺栓旋入套管的螺孔中（见图 7-47）并拧紧。

工艺要求：螺栓旋入套管的深度不小于 25mm。

图 7-47　将变径螺栓旋入套管的螺孔中

2 清洁设备表面。清洁设备套管、前接头、压接端子、应力锥、绝缘塞以及端盖，并在应力锥外表面、前接头内表设备套管外表面、绝缘塞外表面均匀涂上硅脂（见图 7-48、图 7-49）。

工艺要求：清洁纸不得反复使用，以免二次污染。将硅脂均匀涂抹在应力锥外表面、前接头内表设备套管外表面、绝缘塞外表面。

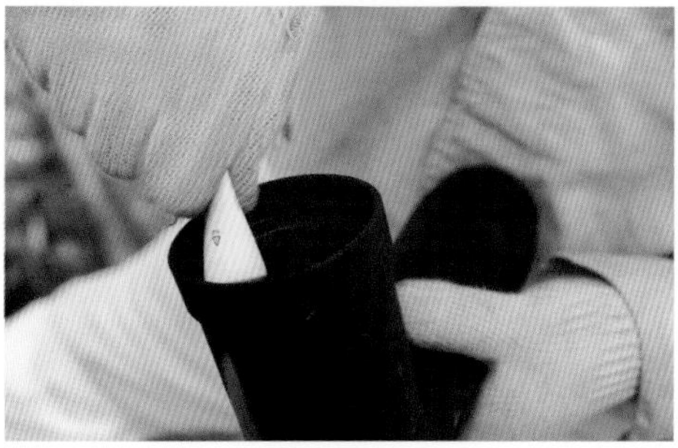
图 7-48 前接头内表设备套管外表面涂抹硅脂

图 7-49 在应力锥外表面涂抹硅脂

3 套入前接头。将压接好端子的电缆套入前接头内（见图 7-50、图 7-51），其中一相前接头安装在电缆上（见图 7-52），直到端子上部的孔在前接头中心位置为止（见图 7-53）。

工艺要求：压接时，必须保证接线端子与导体必须紧密接触，按先上后下顺序进行压接。端子尖端和毛刺必须打磨光滑。

图 7-50 压接好端子的电缆套入前接头内（一）

图 7-51 压接好端子的电缆套入前接头内（二）

图 7-52 其中一相前接头安装在电缆上

图 7-53 端子上部的孔在前接头中心位置

4 套入设备套管。将前接头套入设备套管，变径螺栓应穿过压接端子的圆孔（见图 7-54）。

工艺要求：将前接头套入设备套管上，确保电缆端子孔正对螺栓。

图 7-54　变径螺栓穿过压接端子的圆孔

5 拧紧前接头。将平垫、弹垫、螺母依次套在螺栓上，用套筒扳手将螺母拧紧（见图 7-55、图 7-56）。

工艺要求：用螺母将电缆端子压紧在套管端部的铜导体上。

注意点：只需安装前接头时，须套上绝缘塞，盖好屏蔽护帽。

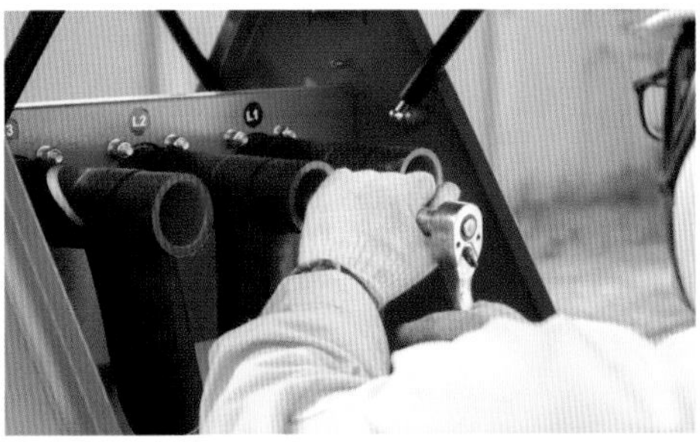

图 7-55　用套筒扳手将螺母拧紧

图 7-56　将三相前接头拧紧在套管上

6 安装接地线。将无磁接地环紧装在前插头本体中部（见图 7-57）并良好接地（见图 7-58）。

工艺要求：通过接地环将前接头外屏蔽接地。

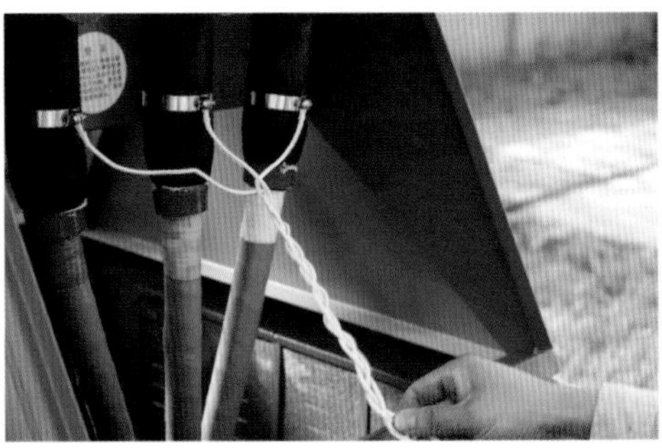

图 7-57　将无磁接地环紧装在前接头本体中部

图 7-58　将接地线良好接地

安装可触摸后接头

1 安装导电杆和螺栓。用扳手将导电杆紧固在前接头内的螺栓上（见图 7-59），保证导电杆与前接头压接端子接触良好。然后拧上 M16/12 螺栓。

工艺要求：将导电杆拧紧在前接头内的螺栓上，确保螺纹对位。

2 套入后接头。将装好电缆的后接头对准前接头套入（见图 7-60）。保证导电杆与后接头的端子面贴平，并且螺栓穿过后接头端子的圆孔。

工艺要求：将后接头套入前接头上，确保电缆端子孔正对螺栓。

图 7-59 将导电杆紧固在前接头内的螺栓上

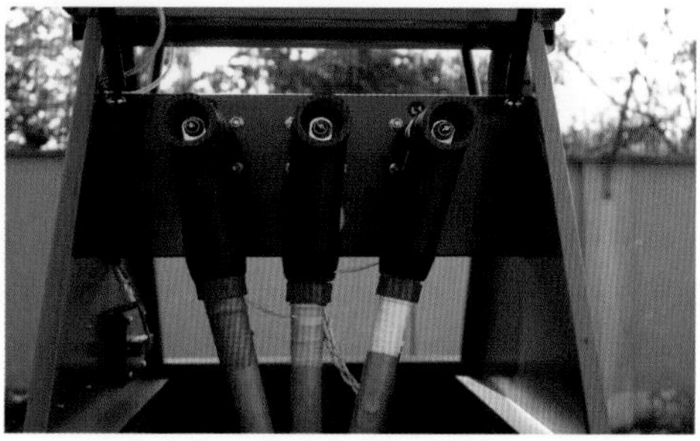

图 7-60 将后接头对准前接头套入

3 安装好后接头。按照安装前接头的顺序安装好后接头（见图 7-61 ～图 7-67）。

注意点：设备标准套管安装有前插头时，加装后接头时须在卸下前接头上绝缘塞屏蔽帽的同时卸下 M16/12 螺栓上的平垫、弹垫、螺母才可进行后续安装，以确保导电杆与端子表面完全接触。

图 7-61 安装后接头接地线

图 7-62 后接头接地线良好接地

图 7-63 绝缘塞涂抹硅脂

图 7-64 后接头涂抹硅脂

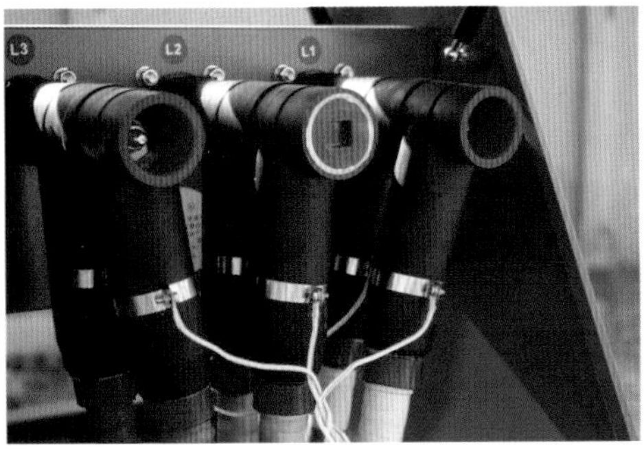

图 7-65 其中一相拧紧绝缘塞

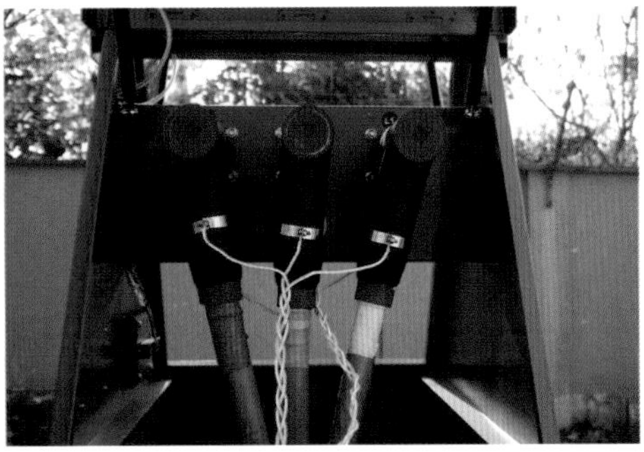

图 7-66 三相绝缘塞安装完毕

图 7-67 盖上屏蔽护帽（安装完毕）

第8章

电缆作业后收尾

1 全部工作完毕后，工作班清理现场，全部工作人员撤离，检查设备上是否有遗留物，并核对设备状态，然后办理工作终结手续。

2 监理人员做好旁站记录（见表 8-1）。

表 8-1　　旁站监理记录表

工程名称：　　　　　　　　　　　　　　　　　　编号：项目编号

日期及天气：	施工单位：
旁站监理的部位或工序：电缆中间接头 套　　部位	
旁站监理开始时间：	旁站监理结束时间：
旁站的关键部位、关键工序施工情况： 今日对　工程；从　中间接头进行旁站监理，　部位专业监理工程师检查施工现场。首先对工作票进行核实：维护设施布置到位；现场施工条件满足施工要求；劳保用品佩戴正确；专职监护人员现场到位；施工机具齐全；附件材料到位；电缆加温调直到位；对绝缘体进行打磨处理；接线管对接完成后进行压接处理；应力椎绕包绕紧；接头组装工序符合规范；施工顺序正确。再后进行防水密封处理	
发现的问题及处理情况： 施工顺序符合要求，施工人员操作熟练。 施工工程正常	
旁站监理人员（签字）：　　　　　年　　月　　日	

3 清点所有工器具（见图 8-1）。

4 打扫场地卫生，做到“工完场清”（见图 8-2）。

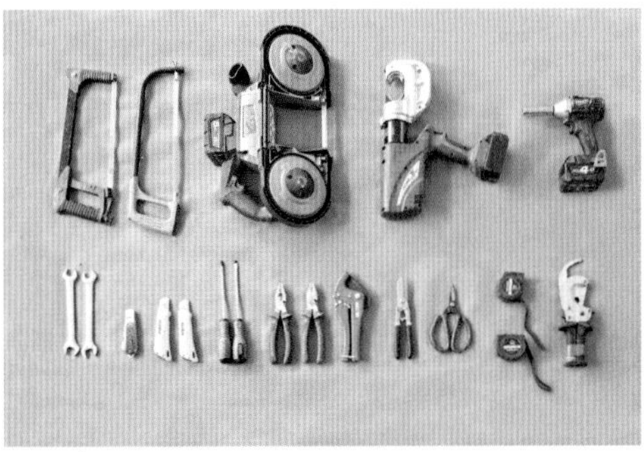

图 8-1　工器具陈列

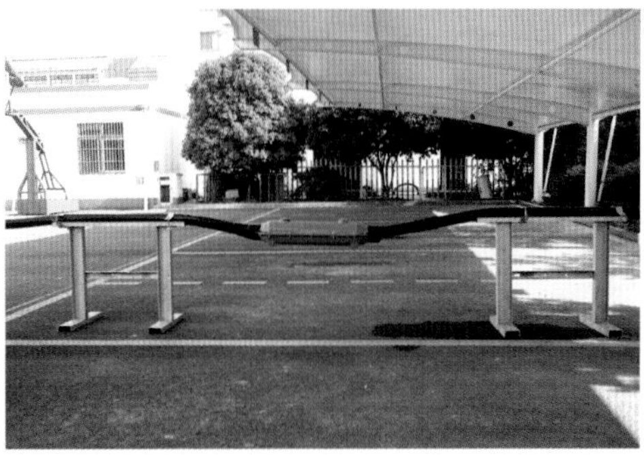

图 8-2　施工现场

第二部分

第9章

土建作业前准备

9.1 技术资料准备

1 做好设计图纸和施工交底。

2 根据进度计划安排好施工任务及做好现场准备工作。

3 施工人员应充分熟悉相关施工准则。

4 施工之前，对参加施工作业人员进行技术交底，并做好交底记录。安全技术交底须有参加人员签字记录，参加人员明确作业方法和安全注意事项后方可安排其工作。

9.2 施工人员安排

现场施工人员应经过培训并考试合格后持证上岗。

9.3 工器具准备

工器具须在有效使用期内。使用前进行检查，确保施工工器具齐全完好，便于施工（见图 9-1）。

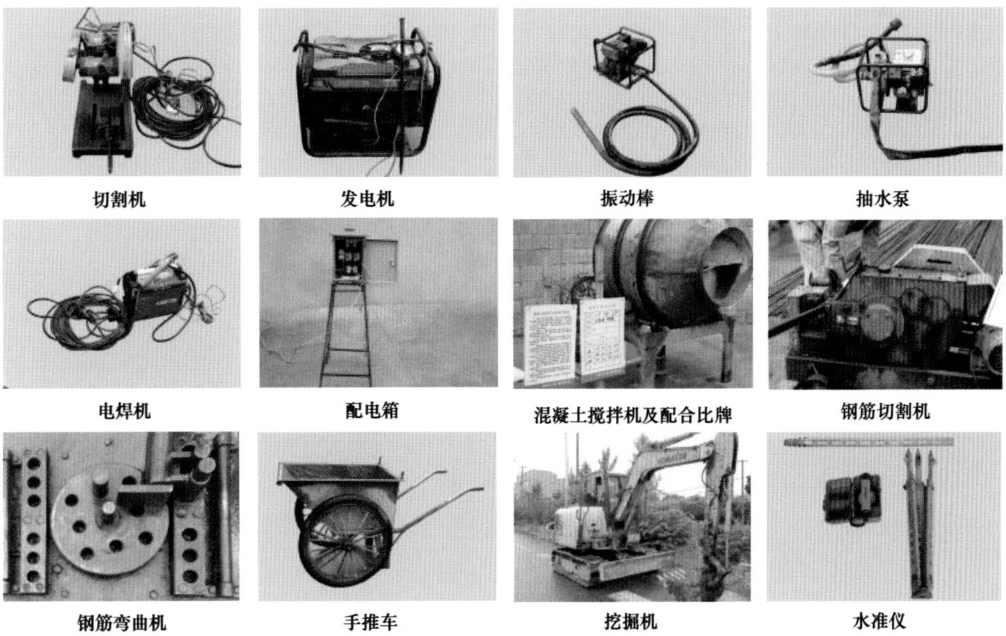

图 9-1　常用工器具（一）

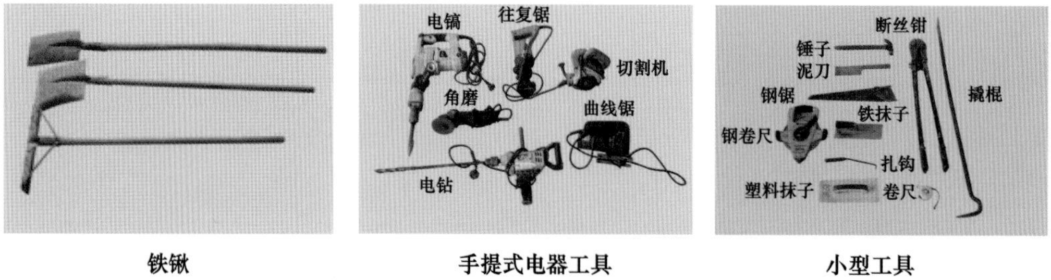

图 9-1 常用工器具（二）

9.4 材料准备

现场辅助性材料、消耗性材料应在施工前运达施工现场，其质量应符合设计及规范要求（见图 9-2）。

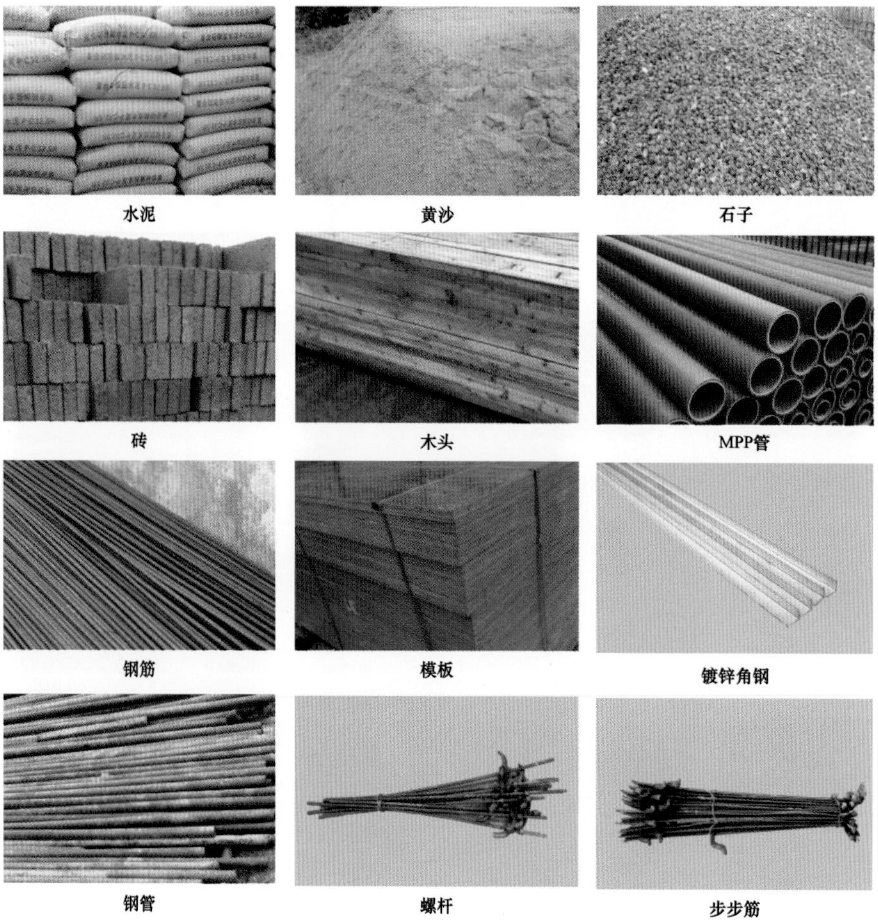

图 9-2 主要材料

9.5 安全围护等安全措施

施工现场应根据相关要求采取安全围栏等安全措施（见图 9-3）。

图 9-3　安全围护

第10章

排管砂土（混凝土）包封施工工艺

10.1 概述

电缆排管敷设方案根据电缆线路敷设路径要求及敷设地段情况分为 7 个断面，各断面形式详见表 10-1。本图集排管以 2×3MPP 管、3×4MPP 管砂土（混凝土）包封两种方式为例。

表 10-1　排管敷设断面形式表

序号	排管敷设根数（层数 × 孔数）	保护	序号	排管敷设根数（层数 × 孔数）	保护
1	2×2	砂土回填	4	3×4	砂土回填
		混凝土回填			混凝土回填
2	2×3	砂土回填	5	3×6	混凝土回填
		混凝土回填	6	4×4	砂土回填
3	3×3	砂土回填			混凝土回填
		混凝土回填	7	4×5	混凝土回填

10.2 工艺流程

排管细砂（混凝土）包封工艺流程图如图 10-1 所示。

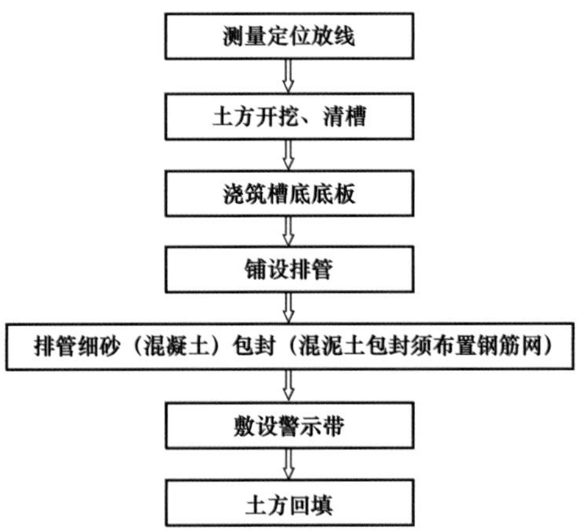

图 10-1 排管细砂（混凝土）包封工艺流程图

10.3 测量定位放线

沟槽开挖前，应根据图纸提供的定线依据，施放管道中心线。中心线确定后，根据管道的埋深及管径，计算管沟上口的宽度，用白灰粉定出沟槽边线。

10.4 土方开挖、清槽

1 现场采用明挖开槽方法施工，使用挖掘机和人工配合的开挖方式。管沟开挖前，应向挖掘机司机详细交底，交底内容包括挖槽断面、堆土位置、现有地下构筑物情况及施工技术、安全要求等，并指定专人与司机配合，及时测量槽底高程和宽度，防止超挖。

2 沟槽开挖前，先进行详细的测量定位并用石灰标示出开挖边线，复核无误后可指挥挖掘机进行开挖，开挖出来的土堆于沟槽单侧，堆土距槽边 1.0m 以外，土堆高度不超过 1.5m。

3 开挖管沟时应在设计槽底高程以上保留 20cm 左右不用挖掘机进行挖掘，须使用人工清底，确保槽底土壤结构不被扰动或破坏。

10.5 沟槽混凝土底板施工

施工前，对沟槽底板进行整平，放出沟槽中心线，底板厚度为 100mm。模板采用木模板，根据现场需要加工。模板与混凝土接触面板应涂脱模剂，以及各块模板接缝处必须平整严密。采用强度等级 C15 混凝土，浇筑时严格按要求振捣，直到完全密实为止。浇筑后进行收光并做到及时养护（见图 10-2）。

图 10-2 C15 混凝土底板厚度 100mm

10.6 电缆排管铺设

1 排管前应先对混凝土垫层高程复核，复核无误后在混凝土垫层上定位放线，保证排管位置正确。

2 管节安装前先验收管材的质量，将管内外清扫干净。严禁使用有裂痕、破损等现象的管材。

3 管道安装采用人工下管人工安装，调整管材长短时须用锯切割，断面应垂直平整，不应有损坏。

4 下管时应控制管内底高程；管间尺寸根据管材内径来确定，尺寸包括：管材内径 175mm、管间尺寸 250mm，管材内径 150mm、管间尺寸 220mm，管材内径 200mm、管间尺寸 280mm。本图集以管材内径 175mm 、管间尺寸 250mm 为例，调整管道中心及高程时，必须用管枕稳固，管枕连接采用燕尾销（见图 10-3 ～图 10-6）。

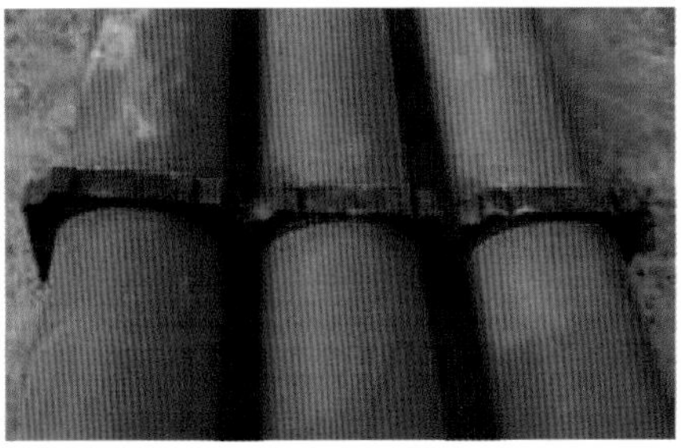

图 10-3 管枕稳固，管枕连接采用燕尾销

图 10-4　2×3 排管敷设

图 10-5 3×4 排管敷设

图 10-6 3×4 排管管材内径 175mm、管间尺寸 250mm

10.7 排管砂土（混凝土）包封

细砂包封

施工要点

在混凝土底板上平铺一层中砂垫层，再铺设电缆排管，并在管沟管间空隙用

细砂回填，用木棒捣实，使砂在管外壁形成圆弧状管床。依照施工要求进行逐层排管铺设，待最上层排管铺设完后，再铺设细砂垫层，最后采用灌水的方法将砂进一步沉降，使砂与电缆排管形成密实整体（见图 10-7）。

图 10-7 砂土回填

混凝土包封浇筑

施工要点

混凝土包管顶层埋深达不到要求或埋设于车行道下，需在排管顶部及底部处绑扎钢筋网，以增加强度。钢筋采用受力筋直径 12mm、间距 150mm，分布筋直径 12mm、间距 200mm（见图 10-8），钢筋保护层厚度不应小于 30mm。

模板验收合格且管材敷设完成后进行混凝土施工，采用强度等级为 C20 混凝土保护层包封。（见图 10-9）。

注意事项

浇筑混凝土时，应两侧同时进行，防止管子挤偏，四周用振捣棒进行振捣，振捣过程中防止漏振、欠振。

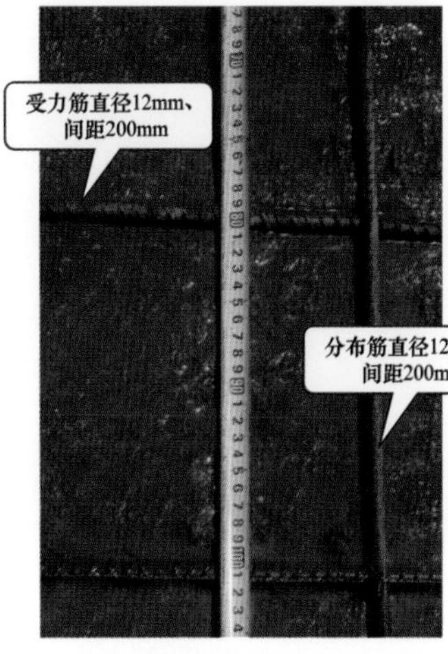

图 10-8 受力筋直径 12mm、间距 200mm，分布筋直径 12mm、间距 200mm

图 10-9 强度等级为 C20 混凝土保护层

10.8 警示带敷设

施工要点

警示带主要用于直埋、排管、电缆沟和隧道敷设电缆的覆土层中。外力破坏高风险区域，电缆通道宽度范围内两侧设置警示带，宽度大于 2m 应增加警示带数量；外力破坏非高风险区域，敷设一道警示带，警示带颜色宜为黄底红字，并需留有服务电话（见图 10-10）。

图 10-10 警示带敷设

10.9 土方回填

电缆排管铺设完工后，进行土方回填，宜以机械为主，人工配合。最后土方回填的高度与主体路面高程吻合。

施工要点

分层回填，每层厚度为 150mm，并进行夯实，严禁回填垃圾土及虚填。

第11章

电缆沟施工工艺

11.1 概述

电缆沟敷设按沟体结构分为砖砌电缆沟和钢筋混凝土电缆沟两种。钢筋混凝土电缆沟分为 6 个断面，各断面形式详见表 11-1，本图集以 3×500mm 双侧支架现浇电缆沟方式为例。砖砌电缆沟分为 8 个断面，各断面形式详见表 11-2，本图集以 3×500mm 单侧支架砖砌电缆沟方式为例。电缆支架主要有角钢支架和复合材料支架两种，本图集以镀锌角钢支架为例。

注意点：电缆沟在盖板开启时沟、井侧壁应做好支撑防护措施，以防沟壁倒塌。

表 11-1　　现浇电缆沟断面形式表

序号	沟体结构	支架层数	支架长度（mm）
1	钢筋混凝土	单侧 3 层	500
2		单侧 4 层	500
3		单侧 5 层	500
4		双侧 3 层	500
5		双侧 4 层	500
6		双侧 5 层	500

表 11-2　　砖砌电缆沟断面形式表

序号	沟体结构	支架层数	支架长度（mm）
1	砖砌	单侧 3 层	350
2		单侧 3 层	500
3		单侧 4 层	350
4		单侧 4 层	500
5		双侧 3 层	350
6		双侧 3 层	500
7		双侧 4 层	350
8		双侧 4 层	500

11.2 现浇电缆沟施工工艺

现浇电缆沟施工工艺流程

现浇电缆沟施工工艺流程图如图 11-1 所示。

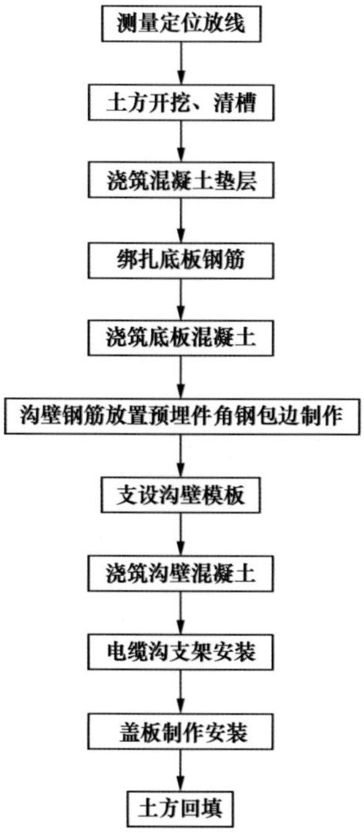

图 11-1 现浇电缆沟施工工艺流程图

测量定位放线

根据平面布置图，对基坑中心位置及外轮廓进行定位、放样。

土方开挖、清槽

电缆井开槽以机械施工为主，人工配合为辅。机械挖土应严格控制标高，防止超挖或扰动地基，应分层分段开挖，挖至槽底设计标高以上 200 ～ 300mm 应用人工修整。

开槽过程中，如遇地下管线或其他基础时，应摸清情况并按规范要求做移位或保护。同时应严格控制槽底高度和宽度，防止超挖。

地基验槽完成后，须清除表层浮土和扰动土，不留积水。沟槽边沿 1.5m 范围内严禁堆放土、设备或材料等，1.5m 以外的堆土高度不应大于 1m。

混凝土垫层

混凝土垫层的强度等级为 C15，厚度为 100mm（见图 11-2）。

施工要点

1 垫层下的地基应稳定且夯实平整。

2 垫层材料宜采用混凝土；若采用其他材料，应根据工程实际情况合理选取，满足强度及工艺的相关要求。

3 垫层混凝土浇筑时施工环境应满足无水施工要求。

4 垫层混凝土应密实，上表面应平整。

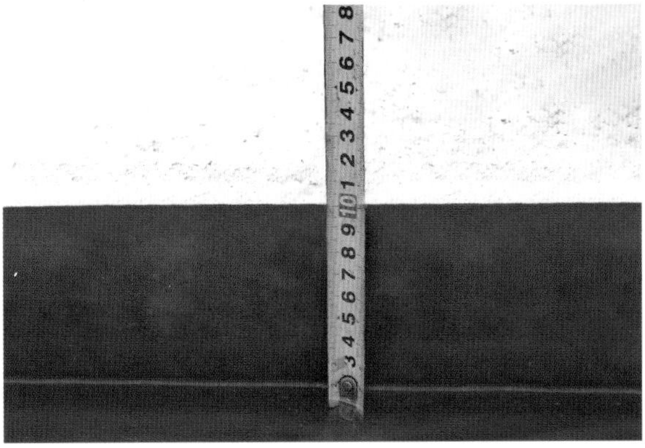

图 11-2 垫层厚度 100mm

绑扎底板钢筋

1 钢筋严格按照图纸尺寸集中加工。

2 垫层混凝土强度达到 1.2MPa 后，表面弹线进行钢筋绑扎，钢筋连接点处必须全部绑扎，先绑扎底板钢筋再绑扎侧壁钢筋。

3 底板钢筋绑扎：底板受力钢筋直径 14mm、间距 150mm，分布钢筋直径 8mm、间距 150mm 双层双向布置（见图 11-3）。钢筋连接方式为搭接绑扎，采用交错变向绑扎，靠近外围两行的相交点和双向受力钢筋交叉点须满扎。绑完下层钢筋后，放置垫块，间距 1m 为宜，厚度满足钢筋保护层要求。摆放钢筋马凳筋（见图 11-4），在马凳筋上摆放纵横两个方向定位钢筋，钢筋上下次序及绑扎方法同底板下层钢筋。

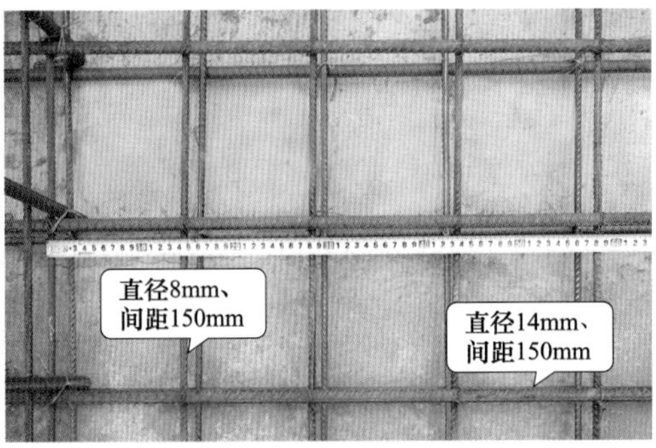

图 11-3 底板横向钢筋直径 14mm、间距 150mm，纵向钢筋直径 8mm、间距 150mm 双层双向

图 11-4 底板钢筋放置垫块及马凳筋

浇筑底板混凝土

浇筑底板采用强度等级为 C30 混凝土，底板厚为 200mm（见图 11-5）。

施工要点

混凝土浇筑应遵循从一端向另一端浇筑原则，振捣遵循“快插慢拔”原则，每一振点的延续时间，以混凝土表面呈现浮浆和不再沉落为达到要求，振捣时避免碰撞钢筋。

图 11-5 底板混凝土厚度为 200mm

绑扎沟壁钢筋放置预埋件角钢包边制作

施工要点

沟壁钢筋绑扎：沟壁受力钢筋直径 14mm、间距 150mm，分布钢筋直径 8mm、间距 150mm 双层双向布置（见图 11-6），所有钢筋交叉点应逐点绑扎，横竖筋搭接长度和搭接位置须符合设计图纸要求，沟壁筋的外侧应放置垫块，以保证钢筋保护层厚度。为保证预留洞口标高位置正确，应在洞口竖筋上画出标高线。预留洞口要按设计要求绑扎洞口加强筋，锚入墙内长度要符合设计及规范。

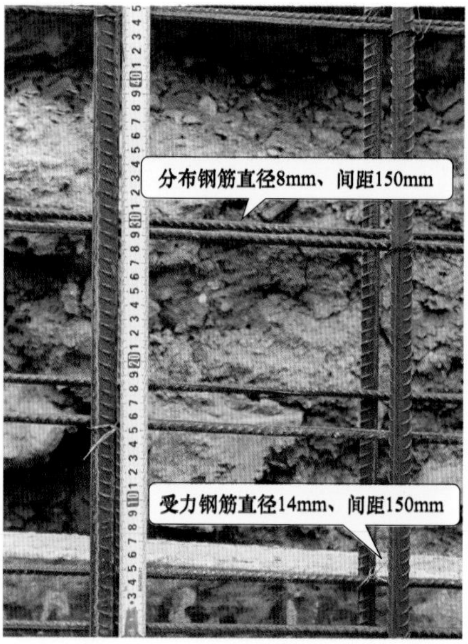

图 11-6 沟壁受力钢筋直径 14mm、间距 150mm，分布钢筋直径 8mm、间距 150mm 双层双向

预埋件：预埋件应可靠固定，采用 120×80×6 镀锌钢板和 4 只 ϕ12 拉钩焊接并整体镀锌（见图 11-7）。左右预埋件中心线间距 800mm，上下预埋件中心线间距 350mm，双侧支架预埋件两边应相互错开。

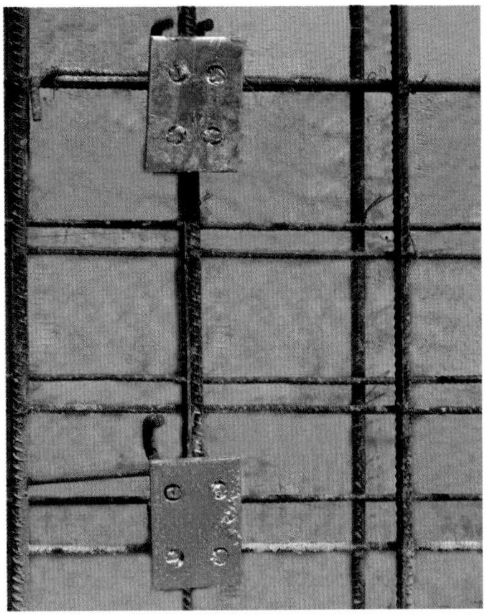

图 11-7 电缆沟预埋件安装

包边角钢：电缆沟压顶支撑盖板的凹角处焊一根水平钢筋并放置∠ 50mm×50mm×5mm 镀锌角钢（见图 11-8）。焊接时用水平仪控制标高，使水平钢筋上顶为镀锌角钢底标高，保证镀锌角钢水平度。在镀锌角钢上定出边线，并将镀锌角钢点焊接至水平钢筋上，复核准确后，再加焊加固。

图 11-8 ∠ 50mm×50mm×5mm 镀锌角钢

支设沟壁模板

1 模板及支架应具有足够的承载能力、刚度和稳定性，能可靠地承受混凝土的重量、侧压力以及施工荷载。模板及支架拆除的顺序及安全措施应按施工技术方案执行。

2 测量人员放线后进行复线，确定模板的安装位置。根据各种构件的断面尺寸和设计方法配模板，并分类、分规格堆码，模板应涂抹脱模剂，不得沾污钢筋和混凝土。

3 为提高模板拆模后混凝土表面的观感度及光洁度，模板支撑体系采用钢管支撑体系，沟壁内部使用与壁厚相同尺寸的钢筋做模板支撑并与钢筋绑扎牢固确保模板位置准确。内外沟壁之间采用钢管及拉线体系支撑，模板与模板之间使用螺栓连接（见图 11-9）。预留洞口尺寸应设置相应的木框。

4 模板内钢筋隐蔽检查验收合格后，根据模板的位置线冲洗干净后关模。水平方向加钢管楞，通过拉杆固定模板位置。模板安装后须进行校正，检查模板的断面尺寸、标高、轴线位置、接缝宽度、垂直度。各项指标满足要求后进行加固，确保混凝土浇筑过程中模板不变形。

图 11-9 沟壁模板封模

浇筑沟壁混凝土

浇筑沟壁时，采用强度等级为 C30 混凝土，沟壁厚为 200mm（见图 11-10）。

施工要点

混凝土卸车前应充分搅拌均匀，不允许任意加水，混凝土发生离析时，浇筑前应二次搅拌。浇筑混凝土时，混凝土振捣遵循“快插慢拔”的原则，洞口两侧要振捣密实，不得漏振。每一振点的延续时间，以混凝土表面呈现浮浆和不再沉落为达到要求，振捣时避免碰撞钢筋、模板、预埋件等物。

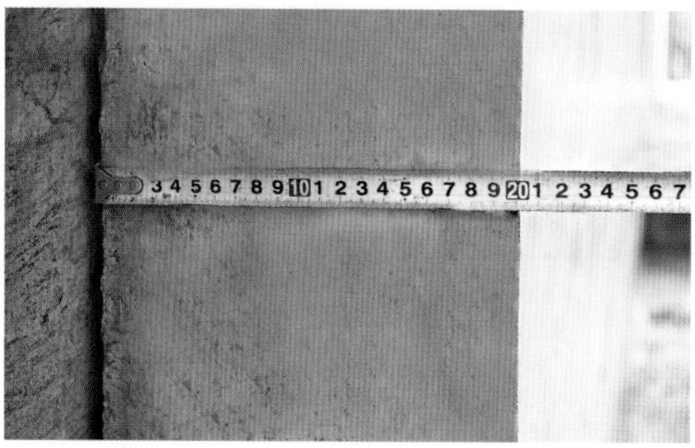

图 11-10 电缆沟壁厚度为 200mm

电缆沟支架安装

施工要点

1 支架安装前应划线定位，保证排列整齐，横平竖直。

2 角钢应平直，无明显扭曲，支架为 3×500mm（见图 11-11）。下料误差应在范围内，切口无卷边、毛刺。

3 支架焊接应牢固，无显著变形，各横撑间的垂直净距为 250mm。

电缆支架宜与沟壁预埋件焊接，焊接应饱满，焊接处应进行热镀锌防腐防锈处理，安装牢固，横平竖直，各支架的同层横撑的水平间距应一致。

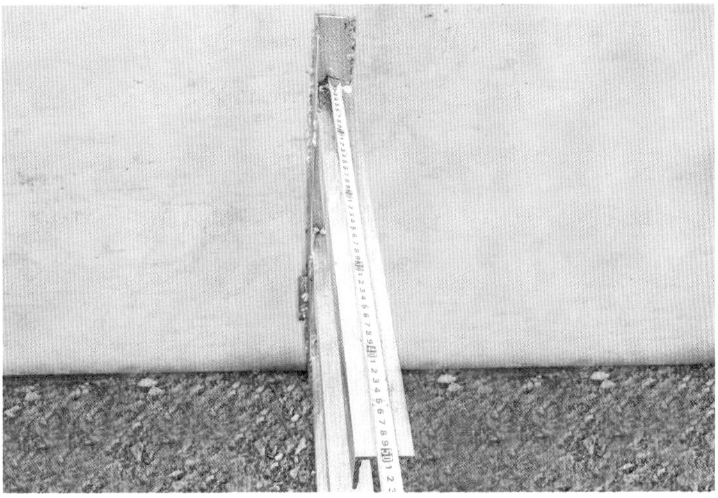

图 11-11 支架 3×500mm

土方回填

模板拆除时间应根据实际情况确定。拆模时掌握好撬棍力度，避免损伤混凝土表面和棱角，模板拆除后，进行土方回填，以机械为主，人工配合。土方回填高度应与主体路面高度吻合。余土用自卸汽车运至余土废置场。

注意事项

分层回填，每层厚度为 150mm，并进行夯实，严禁回填垃圾土及虚填。

11.3 砖砌电缆沟施工工艺

砖砌电缆沟施工工艺流程

砖砌电缆沟施工工艺流程图如图 11-12 所示。

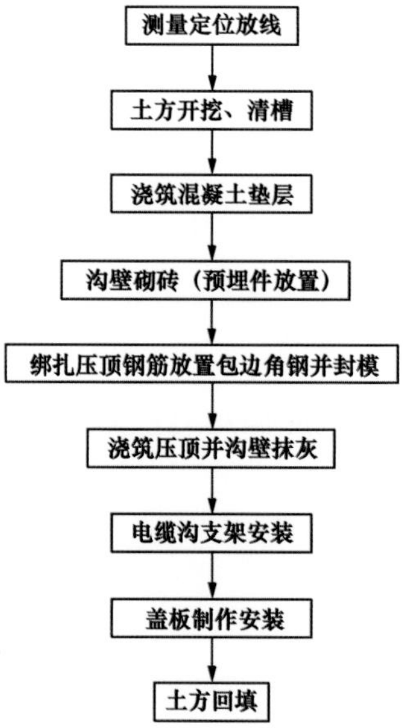

图 11-12 砖砌电缆沟施工工艺流程图

测量定位放线

根据平面布置图，对基坑中心位置及外轮廓进行定位、放样。

土方开挖、清槽

电缆沟开槽以机械施工为主，人工配合为辅。机械挖土应严格控制标高，防止超挖或扰动地基，分层分段开挖，挖至槽底设计标高以上 200 ～ 300mm 应人工修整（见图 11-13）。

图 11-13 土方开挖、清槽

开槽过程中，如遇地下管线或其他基础时，应摸清情况并按规范要求做移位或保护。同时应严格控制槽底高度和宽度，防止超挖。

地基验槽完成后，须清除表层浮土和扰动土，不留积水。沟槽边沿 1.5m 范围内严禁堆放土、设备或材料等，1.5m 以外的堆土高度不应大于 1m。

混凝土垫层

混凝土垫层强度等级为 C15，厚度为 200mm（见图 11-14）。

施工要点

1 垫层下的地基应稳定且夯实平整。

2 垫层材料宜采用混凝土；若采用其他材料，应根据工程实际情况合理选取，满足强度及工艺的相关要求。

3 垫层混凝土浇筑时施工环境应满足无水施工要求。

4 垫层混凝土应密实，上表面应平整。

图 11-14 C15 混凝土底板浇筑

沟壁砖砌（放置预埋件）

根据电缆沟尺寸，在混凝土基础上定出中心线，量出内径。用 M10 水泥砂浆、抗压强度等级为 MU15 的砖沿电缆沟基础四周进行砌筑（见图 11-15）。

图 11-15 MU15 砖用 M10 水泥砂浆砌筑

施工要点

砌筑时做到上下两砖错缝，不允许出现竖向通缝；砖与砖之间砂浆应饱满。采用 120×80×6 镀锌钢板和 4 只 ϕ 12 拉钩焊接整体镀锌。左右预埋件中心线间距 800mm（见图 11-16），上下预埋件中心线间距 350mm（见图 11-17），双侧支架预埋件两边应相互错开。

图 11-16 左右预埋件中心线间距 800mm

图 11-17 上下预埋件中心线间距 350mm

绑扎压顶钢筋放置包边角铁并封模

电缆沟壁砖砌至一定高度后进行压顶钢筋放置，采用主筋为 8×8mm（直径），箍筋直径 8mm、间距 150mm（见图 11-18）。电缆沟压顶支撑盖板的凹角处预埋∠ 50mm×50mm×5mm 镀锌角钢（见图 11-19）。

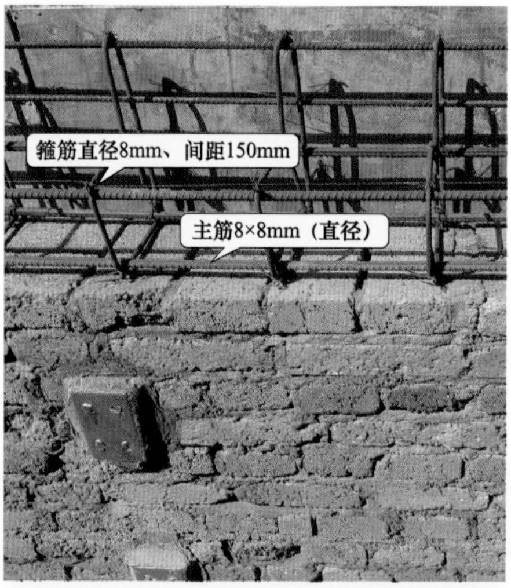

图 11-18 压顶梁主筋为 8×8mm（直径），箍筋直径 8mm、间距 150mm

图 11-19 ∠ 50mm×50mm×5mm 镀锌角钢

施工要点

在预埋固定钢筋上应焊一根水平钢筋。焊接时用水平仪控制标高，使水平钢筋上顶为镀锌角钢底标高，保证镀锌角钢水平度。在镀锌角钢上定出边线，并将镀锌角钢点焊接至水平钢筋上，复核准确后，再加焊加固。然后进行模板拼接，保证模板拼接无高低（见图 11-20）。

图 11-20 模板制作安装

浇筑压顶并沟壁抹灰

浇筑时，采用强度等级为 C30 混凝土（见图 11-21）。拆模后用 20 厚 1:2 水泥砂浆对沟壁抹灰（见图 11-22）。

施工要点

振捣时采用振捣棒，上下混凝土振动均匀，使混凝土中的气泡充分上浮消散，拆模板前对混凝土充分洒水养护，保证混凝土强度正常增长。

图 11-21 C30 混凝土压顶

图 11-22 20 厚 1:2 水泥砂浆抹灰

支架安装

1 支架安装前应划线定位，保证排列整齐，横平竖直。

2 角钢应平直，无明显扭曲（见图 11-23），支架为 3×500mm。下料误差应在范围内，切口无卷边、毛刺。

3 支架焊接应牢固，无显著变形，各横撑间的垂直净距为 250mm（见图 11-24）。

施工要点

电缆支架宜与沟壁预埋件焊接，焊接应饱满，焊接处应进行热镀锌防腐防锈处理。各支架应牢固，横平竖直，同层横撑的水平间距应一致。

图 11-23 角钢支架

图 11-24 垂直净距为 250mm

土方回填

土方回填应机械为主，人工配合。土方回填的高度与主体路面高度吻合。余土用自卸汽车运至余土废置场。

注意点：分层回填，每层厚度为 150mm，并须夯实，严禁回填垃圾土及虚填。

电缆沟接地装置敷设

注意点：部件连接处全部采用双面焊，且焊接高度大于 6mm；焊接完毕后，清除焊渣，并涂一层防腐漆，两层银色油漆；接地带沿全沟内侧通长敷设，接地极每 50m 设置一处；双侧支架电缆沟设置双侧接地极，单侧支架电缆沟设置单侧接地极。电缆沟接地装置图见图 11-25，电缆接地装置材料表见表 11-3。

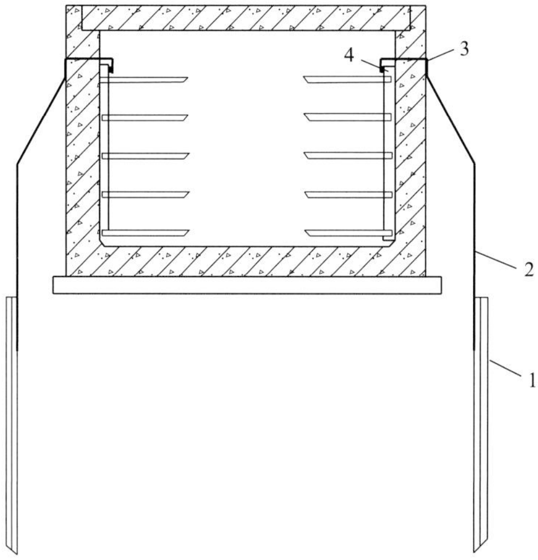

图 11-25 电缆沟接地装置图

表 11-3 电缆接地装置材料表

编号	名称	规格	长度（mm）	单位	数量	单重（kg）	小计（kg）	备注
1	接地极	∠ 50mm×5mm	2500	根	2	9.45	18.9	与连接带焊接
2	外连接带	— 50mm×5mm	2500	根	2	4.9	9.8	与预埋件及接地极焊接
3	预埋件	— 50mm×5mm	900	根	2	1.75	3.5	每 50m 一道，预埋沟墙台帽内
4	内接地极	— 50mm×5mm	与电缆沟同长	根	2			与预埋件焊接、电缆支架焊接，电缆沟通长
每处接地极钢材总质量（不包含内接地带）32.2kg，当为单侧支架时重量减半								

第12章

电缆井施工工艺

12.1 概述

电缆井敷设按型式分为直线井、转角井、三通井、四通井及八角形四通井五种形式。

1 直线井。直线井按沟体结构、外部荷载、盖板模式等要求分 8 个断面，有两种盖板模式，各断面形式详见表 12-1；本图集钢筋混凝土电缆井以 6.0m×1.9m×1.5m 直线井（钢筋混凝土）盖板开启式和 3.0m×1.6m×1.9m 钢筋混凝土直线电缆井这两种方式为例，砖砌电缆井以 3.0m×1.2m×1.5m 直线井（砖砌）盖板开启式方式为例。

表 12-1 直线井断面形式表

序号	沟体结构	荷载通车轴标准轴载	长（m）×宽（m）×深（m）	盖板模式
1	砖砌	≤ 35kN	3.0×1.6×1.9	人孔
		≤ 10kN/m^2	3.0×1.2×1.5	全开启
2	砖砌	≤ 35kN	6.0×1.6×1.9	人孔
		≤ 10kN/m^2	6.0×1.2×1.5	全开启
3	砖砌	≤ 35kN	3.0×2.0×1.9	人孔
		≤ 10kN/m^2	3.0×1.7×1.5	全开启
4	砖砌	≤ 35kN	6.0×2.0×1.9	人孔
		≤ 10kN/m^2	6.0×1.7×1.5	全开启
5	钢筋混凝土	≤ 100kN	3.0×1.6×1.9	人孔
			3.0×1.3×1.5	全开启
			3.0×1.3×1.8	全开启
6	钢筋混凝土	≤ 100kN	6.0×1.6×1.9	人孔
			6.0×1.3×1.5	全开启
			6.0×1.3×1.8	全开启
7	钢筋混凝土	≤ 100kN	3.0×2.0×1.9	人孔
			3.0×1.9×1.5	全开启
			3.0×1.9×1.8	全开启
8	钢筋混凝土	≤ 100kN	6.0×2.0×1.9	人孔
			6.0×1.9×1.5	全开启
			6.0×1.9×1.8	全开启

2 转角井按沟体结构、外部荷载、盖板模式等要求分 4 个断面，两种盖板模式，各断面形式详见表 12-2；本图集钢筋混凝土电缆井以（6.0 ～ 10.0）m×1.9m×1.5m 转角井（钢筋混凝土）盖板开启式方式为例。

表 12-2　　转角井断面形式表

序号	沟体结构	荷载通车轴标准轴载	长（m）×宽（m）×深（m）	盖板模式
1	砖砌	≤ 10kN/m²	（6.0 ~ 10.0）×1.2×1.5	全开启
2	砖砌	≤ 10kN/m²	（6.0 ~ 10.0）×1.7×1.5	全开启
3	钢筋混凝土	≤ 100kN	（6.0 ~ 10.0）×1.6×1.9	人孔
			（6.0 ~ 10.0）×1.3×1.5	全开启
			（6.0 ~ 10.0）×1.3×1.8	全开启
4	钢筋混凝土	≤ 100kN	（6.0 ~ 10.0）×2.0×1.9	人孔
			（6.0 ~ 10.0）×1.9×1.5	全开启
			（6.0 ~ 10.0）×1.9×1.8	全开启

3 三通井按沟体结构、外部荷载、盖板模式等要求分 4 个断面，有两种盖板模式，各断面形式详见表 12-3。

表 12-3　　三通井断面形式表

序号	沟体结构	荷载通车轴标准轴载	长（m）×宽（m）×深（m）	盖板模式
1	砖砌	≤ 10kN/m²	6.0×1.2×1.5	全开启
2	砖砌	≤ 10kN/m²	6.0×1.7×1.5	全开启
3	钢筋混凝土	≤ 100kN	5.0×1.6×1.9	人孔
			6.0×1.3×1.5	全开启
			6.0×1.3×1.8	全开启
4	钢筋混凝土	≤ 100kN	5.0×2.0×1.9	人孔
			6.0×1.9×1.5	全开启
			6.0×1.9×1.8	全开启

4 四通井按沟体结构、外部荷载、盖板模式等要求分 6 个断面，有两种盖板模式，各断面形式详见表 12-4；本图集钢筋混凝土电缆井以 6.0m×（1.3/1.3）m×1.5m 四通井（钢筋混凝土）盖板开启式方式为例。

表 12-4　　四通井断面形式表

序号	沟体结构	荷载通车轴标准轴载	长（m）×宽（m）×深（m）	盖板模式
1	砖砌	≤ 10kN/m²	6.0×（1.2/1.2）×1.5	全开启
2	砖砌	≤ 10kN/m²	6.0×（1.7/1.7）×1.5	全开启
3	钢筋混凝土	≤ 100kN	5.0×（1.6/1.6）×1.9	人孔
			6.0×（1.3/1.3）×1.5	全开启
			6.0×（1.3/1.3）×1.8	全开启
4	钢筋混凝土	≤ 100kN	5.0×（2.0/2.0）×1.9	人孔
			6.0×（1.9/1.9）×1.5	全开启
			6.0×（1.9/1.9）×1.8	全开启

续表

序号	沟体结构	荷载通车轴标准轴载	长（m）×宽（m）×深（m）	盖板模式
5	砖砌	≤ 10kN/m²	6.0×（1.2/1.7）×1.5	全开启
6	钢筋混凝土	≤ 100kN	5.0×（1.6/2.0）×1.9	人孔
			6.0×（1.3/1.9）×1.5	全开启
			6.0×（1.3/1.9）×1.8	全开启

5 八角形四通井按沟体结构、外部荷载、盖板模式等要求分 2 个断面，有两种盖板模式，各断面形式详见表 12-5。

表 12-5　　八角形四通井断面形式表

序号	沟体结构	荷载通车轴标准轴载	长（m）×宽（m）×深（m）	盖板模式
1	钢筋混凝土	≤ 100kN	3.6×3.6×1.8	全开启
2	钢筋混凝土	≤ 100kN	4.6×4.6×1.8	全开启

12.2 现浇混凝土电缆井盖板开启式

施工流程

现浇混凝土电缆井盖板开启式施工工艺流程如图 12-1 所示。

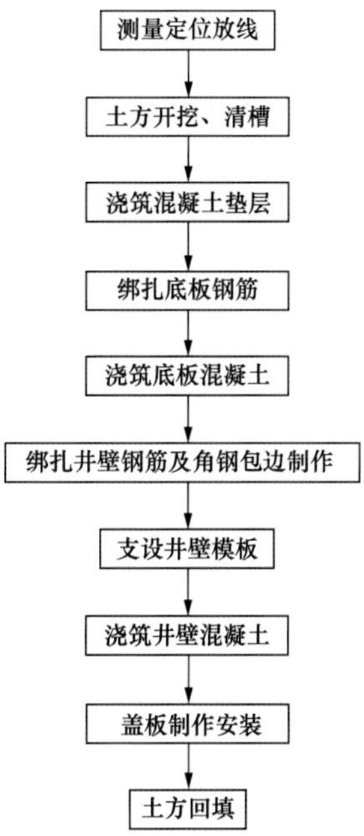

图 12-1　现浇混凝土电缆井盖板开启式施工工艺流程图

测量定位放线

根据平面布置图，对基坑中心位置及外轮廓进行定位、放样。具体操作中，尽量减少偶然误差对测量结果带来的影响。

土方开挖、清槽

电缆井开槽以机械施工为主，人工配合为辅。机械挖土应严格控制标高，防止超挖或扰动地基，分层分段开挖，挖至槽底设计标高以上 200 ～ 300mm 应用人工修整，如图 12-2 所示。

图 12-2 土方开挖

开槽过程中，如遇地下管线或其他基础时，应摸清情况并按规范要求做移位或保护。同时应严格控制槽底高程和宽度，防止超挖。

地基验槽完成后，须清除表层浮土和扰动土，不留积水。沟槽边沿 1.5m 范围内严禁堆放土、设备或材料等，1.5m 以外的堆土高度不应大于 1m。

浇筑混凝土垫层

混凝土垫层的强度等级为 C15，厚度 100mm，如图 12-3 所示。

施工要点

1 垫层下的地基应稳定且夯实平整。

2 垫层材料宜采用混凝土；若采用其他材料，应根据工程实际情况合理选取并满足强度及工艺的相关要求。

3 垫层混凝土浇筑时施工环境应满足无水施工要求。

4 垫层混凝土应密实，上表面应平整。

图 12-3　垫层 C15 厚度为 100mm

绑扎底板钢筋

1 钢筋严格按照图纸尺寸集中加工。

2 垫层混凝土强度达到 1.2MPa 后，表面弹线进行钢筋绑扎，钢筋连接点处必须全部绑扎，先绑扎底板钢筋再绑扎侧壁钢筋。

3 底板钢筋绑扎：钢筋连接方式为搭接绑扎，其中靠近外围两行的相交点和双向受力钢筋须将钢筋交叉点须满扎。

各方式的电缆井钢筋布置分别为：6.0m×1.9m×1.5m 直线井（钢筋混凝土）盖板开启式底板受力钢筋直径 14mm、间距 200mm，分布钢筋直径 12mm、间距 200mm 双层双向布置（见图 12-4）。

6.0m×（1.3/1.3）m×1.5m 四通井（钢筋混凝土）盖板开启式底板受力钢筋直径 14mm、间距 200mm，分布钢筋直径 12mm、间距 200mm 双层双向布置（见图 12-5）。

图 12-4　底板受力钢筋直径 14mm、间距 200mm，分布钢筋直径 12mm、间距 200mm 双层双向布置

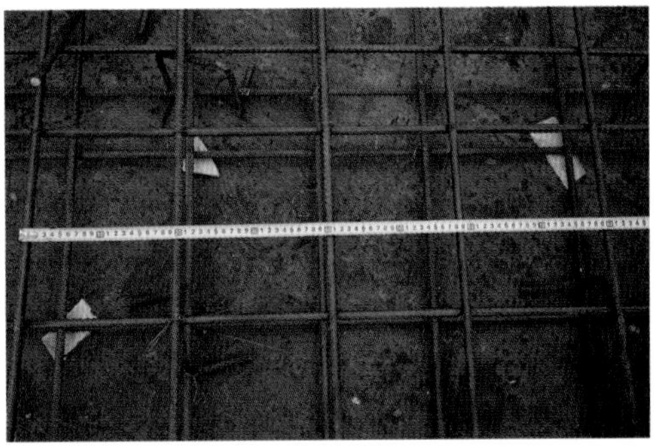

图 12-5　底板受力钢筋直径 14mm、间距 200mm，分布钢筋直径 12mm、间距 200mm 双层双向布置

（6.0 ～ 10.0）m×1.9m×1.5m 转角井（钢筋混凝土）盖板开启式底板受力钢筋直径 14mm、间距 200mm，分布钢筋直径 12mm、间距 200mm 双层双向布置

（见图 12-6）。

图 12-6　底板受力钢筋直径 14mm、间距 200mm，分布钢筋直径 12mm、间距 200mm 双层双向布置

绑完下层钢筋后，放置垫块，间距 1m 为宜，厚度满足钢筋保护层要求。摆放钢筋马凳筋（见图 12-7），在马凳筋上摆放纵横两个方向定位钢筋，钢筋上下次序及绑扎方法同底板下层钢筋。

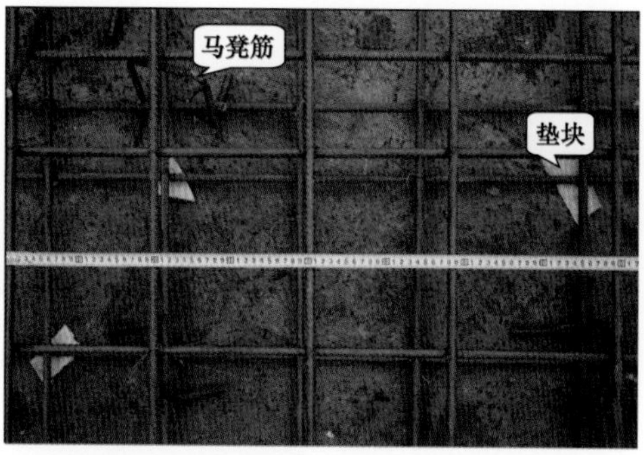

图 12-7　放置垫块，摆放钢筋马凳筋

浇筑底板混凝土

浇筑底板时，采用强度等级为 C30 混凝土，底板厚为 200mm（见图 12-8）。

施工要点

混凝土应遵循从一端向另一端浇筑，振捣遵循“快插慢拔”的原则，每一振点的延续时间，以表面呈现浮浆和不再沉落为达到要求，振捣时避免碰撞钢筋。

图 12-8　强度等级为 C30，底板厚为 200mm

绑扎井壁钢筋及角钢包边制作

井壁钢筋绑扎：井壁受力钢筋直径 14mm、间距 200mm，分布钢筋直径 12mm、间距 200mm 双层双向布置并用 S 形拉钩固定（见图 12-9）。

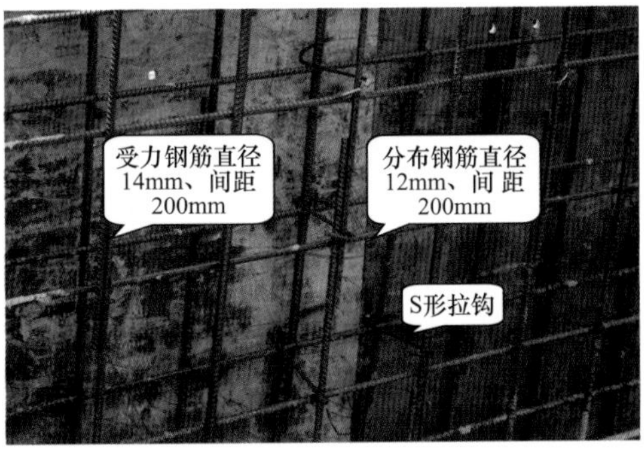

图 12-9　井壁受力钢筋直径 14mm、间距 200mm，分布钢筋直径 12mm、间距 200mm 双层双向布置并用 S 形拉钩固定

施工要点

所有钢筋交叉点应逐点绑扎，横竖筋搭接长度和搭接位置须符合设计图纸要求，井壁筋的外侧应放置垫块，以保证钢筋保护层厚度。为保证预留洞口标高位置正确，应在洞口竖筋上画出标高线。预留洞口要按设计要求绑扎洞口加强筋（见图 12-10），锚入墙内长度要符合设计及规范。

包边角钢：电缆井压顶支撑盖板的凹角处焊接一根水平钢筋并放置∠ 75mm×50mm×5mm 镀锌角钢（见图 12-11）。焊接时用水平仪控制标高，使水平钢筋上顶为镀锌角钢底标高，保证镀锌角钢水平度。在镀锌角钢上定出边线，并将镀锌角钢点焊接至水平钢筋上，复核准确后，再加焊加固。

图 12-10 绑扎洞口加强筋

图 12-11 ∠ 75mm×50mm×5mm 的电缆井井圈镀锌角铁放置

支设井壁模板

1 模板及支架应具有足够的承载能力、刚度和稳定性，能可靠地承受混凝土的重量、侧压力以及施工荷载。模板及支架拆除的顺序及安全措施应按施工技术方案执行。

2 测量人员放线后进行复线，确定模板的安装位置。根据各种构件的断面尺寸和设计方法配模板，并分类、分规格堆码，模板应涂抹脱模剂，不得沾污钢筋和混凝土。

3 为提高模板拆模后混凝土表面的观感度及光洁度，模板支撑体系采用钢管支撑体系，井壁内部使用与壁厚相同尺寸的钢筋做模板支撑并与钢筋绑扎牢固确保模板位置准确。内外井壁之间采用钢管及拉线体系支撑，模板与模板之间使用螺杆连接（见图 12-12）。预留洞口尺寸应设置相应的木框。

施工要点

模板内钢筋隐蔽检查验收合格后，根据模板的位置线冲洗干净后关模。水平方向加钢管楞，通过拉杆固定好模板的位置。模板安装须进行校正，检查模板的断面尺寸、标高、轴线位置、接缝宽度、垂直度。各项指标满足要求后进行加固，确保混凝土浇筑过程中模板不变形。

图 12-12 内外封模并用钢管螺杆固定防止浇筑混凝土时爆模

浇筑井壁混凝土

浇筑时，采用强度等级为 C30 混凝土，井壁厚为 200mm。

施工要点

混凝土卸车前应充分搅拌均匀，不允许任意加水，混凝土发生离析时，浇筑前应二次搅拌。浇筑混凝土时，混凝土振捣遵循“快插慢拔”的原则，洞口两侧要振捣密实，不得漏振。每一振点的延续时间，以混凝土表面呈现浮浆和不再沉落为达到要求，振捣时避免碰撞钢筋、模板等物。

土方回填

模板拆除时间应根据实际情况确定。拆模时掌握好撬棍力度，避免损伤混凝土表面和棱角，模板拆除后，进行土方回填，以机械为主，人工配合。土方回填高度应与主体路面高程吻合。余土用自卸汽车运至余土废置场。

注意事项：分层回填，每层厚度为 150mm，并进行夯实，严禁回填垃圾土及虚填。

12.3 现浇电缆井盖板人孔式

施工流程

现浇电缆井盖板人孔式施工流程图如图 12-13 所示。

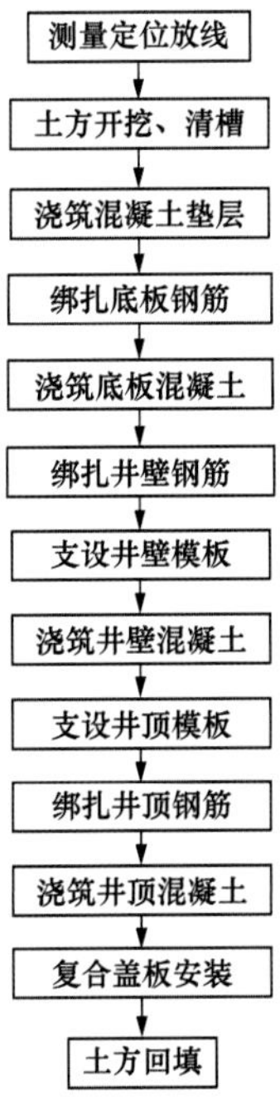

图 12-13　现浇电缆井盖板人孔式施工流程图

测量定位放线

根据平面布置图，对基坑中心位置及外轮廓进行定位、放样。在具体操作中，尽量减少偶然误差对测量结果带来的影响。

土方开挖、清槽

1 电缆井开槽以机械施工为主，人工配合为辅。机械挖土应严格控制标高，防止超挖或扰动地基，应分层分段开挖，挖至槽底设计标高以上 200 ～ 300mm 应用人工修整（见图 12-14）。

图 12-14 土方开挖

2 开槽过程中，如遇地下管线或其他基础时，应摸清情况并按规范要求做移位或保护。同时应严格控制槽底高程和宽度，防止超挖。

3 地基验槽完成后，须清除表层浮土和扰动土，不留积水。

4 沟槽边沿 1.5m 范围内严禁堆放土、设备或材料等，1.5m 以外的堆土高度不应大于 1m。

浇筑混凝土垫层

浇筑混凝土垫层的厚度为 100mm，强度等级为 C15。

施工要点

1 垫层下的地基应稳定且夯实平整。

2 垫层材料宜采用混凝土；若采用其他材料，应根据工程实际情况合理选取，满足强度及工艺的相关要求。

3 垫层混凝土浇筑时施工环境应满足无水施工要求。

绑扎底板钢筋

1 钢筋严格按照图纸尺寸集中加工。

2 垫层混凝土强度达到 1.2MPa 后，表面弹线进行钢筋绑扎，钢筋连接点处必须全部绑扎，先绑扎底板钢筋再绑扎侧壁钢筋。

3 底板钢筋绑扎：底板受力钢筋直径 16mm、间距 180mm，分布钢筋直径 12mm、间距 200mm 双层双向布置（见图 12-15），钢筋连接方式为搭接绑扎，采用交错变向绑扎，靠近外围两行的相交点和双向受力钢筋交叉点须满扎。绑完下层钢筋后，放置垫块，间距 1m 为宜，厚度满足钢筋保护层要求，摆放马凳筋（见图 12-16），在马凳筋上摆放纵横两个方向定位钢筋，钢筋上下次序及绑扎方法同底板下层钢筋。

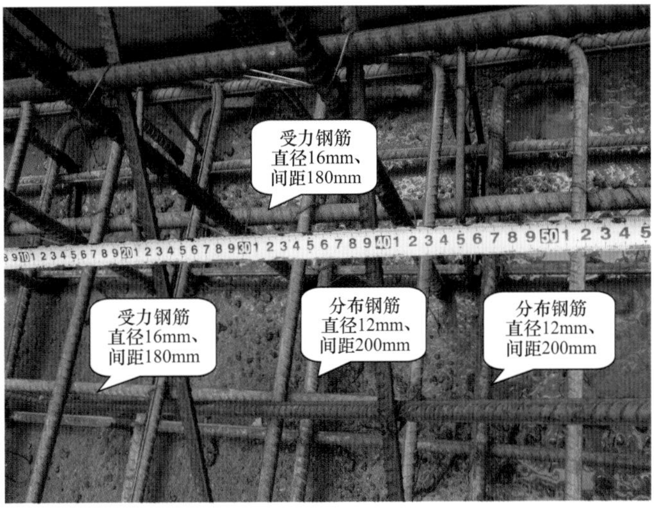

图 12-15 底板受力钢筋直径 16mm、间距 180mm，分布钢筋直径 12mm、间距 200mm 双层双向布置

图 12-16 绑完下层钢筋后，放置垫块，摆放马凳筋

浇筑底板混凝土

浇筑时，采用强度等级为 C30 混凝土，底板厚为 250mm（见图 12-17）。

施工要点

混凝土浇筑应遵循从一端向另一端浇筑原则，振捣遵循“快插慢拔”的原则，每一振点的延续时间，以混凝土表面呈现浮浆和不再沉落为达到要求，振捣时避免碰撞钢筋。

图 12-17 底板厚为 250mm

绑扎井壁钢筋

井壁钢筋绑扎：井壁受力钢筋直径 14mm、间距 200mm，分布钢筋直径 12mm、间距 200mm 双层双向布置（见图 12-18），爬梯钢筋为 ϕ 18（共 10 个）（见图 12-19），拉环钢筋为 ϕ 16（共 6 个）（见图 12-20），所有钢筋交叉点应逐点绑扎，横竖筋搭接长度和搭接位置须符合设计图纸要求，井壁筋的外侧应放置垫块，以保证钢筋保护层厚度。为保证预留洞口标高位置正确，应在洞口竖筋上画出标高线。预留洞口要按设计要求绑扎洞口加强筋，锚入墙内长度要符合设计及规范。

图 12-18 井壁受力钢筋直径 14mm、间距 200mm，分布钢筋直径 12mm、间距 200mm 双层双向布置

图 12-19 爬梯钢筋直径 18mm

图 12-20 拉环钢筋直径 16mm

支设井壁模板

1 模板及支架应具有足够的承载能力、刚度和稳定性，能可靠的承受混凝土的重量、侧压力以及施工荷载。模板及支架拆除的顺序及安全措施应按施工技术方案执行。

2 测量人员放线后进行复线，确定模板的安装位置。根据各种构件的断面尺寸和设计方法配模板，并分类、分规格堆码，模板应涂抹脱模剂，不得沾污钢筋和混凝土。

3 为提高模板拆模后混凝土表面的观感度及光洁度，模板支撑体系采用钢管支撑体系，井壁内部使用与壁厚相同尺寸的钢筋做模板支撑并与钢筋绑扎牢固确保模板位置准确。内外井壁之间采用钢管及拉线体系支撑，模板与模板之间使用螺栓连接。预留洞口尺寸应设置相应的木框。

施工要点

模板内钢筋隐蔽检查验收合格后，根据模板的位置线冲洗干净后关模。水平方向加钢管楞，通过拉杆固定模板的位置。模板安装后进行校正，检查模板的断面尺寸、标高、轴线位置、接缝宽度、垂直度。各项指标满足要求后进行加固，确保混凝土浇筑过程中模板不变形。

浇筑井壁混凝土

浇筑时，采用强度等级为 C30 混凝土，井壁厚为 250mm。

施工要点

混凝土卸车前应充分搅拌均匀，不允许任意加水，混凝土发生离析时，浇筑前应二次搅拌。浇筑混凝土时，混凝土振捣遵循“快插慢拔”的原则，洞口两侧要振捣密实，不得漏振。每一振点的延续时间，以混凝土表面呈现浮浆和不再沉落为达到要求，振捣时避免碰撞钢筋、模板、预埋件等物。

支设顶板模板

1 模板及支架应具有足够的承载能力、刚度和稳定性，能可靠地承受混凝土的重量及施工荷载。模板及支架拆除的顺序及安全措施应按施工技术方案执行。

2 测量人员放线后进行复线，确定模板的安装位置。根据各种构件的断面尺寸和设计方法配模板，并分类、分规格堆码，模板应涂抹脱模剂，不得沾污钢筋和混凝土。

施工要点

支设模板支撑架，从每个框架单位角部向四周布置立杆，同时安装第一排、第二排横杆，立杆下垫木垫块。第一排横杆距离地面 300mm，最上一层距离板底 300mm，横杆与立杆采用十字卡连接扣紧，力求扣之间松紧度适合，以使其均匀传力。模板支撑安装完毕后进行顶板模板敷设，模板采用硬拼，顶板模板和侧模交接部位采用顶板压侧模的方式（见图 12-21）。

图 12-21 顶板封模

绑扎顶板钢筋

顶板受力钢筋直径 14mm、间距 200mm，分布钢筋直径 14mm、间距 200mm 双层双向布置（见图 12-22）。

施工要点

绑扎顶板钢筋时，用顺扣或八字扣。每一个“十”字交叉点均应绑扎，绑扎丝头必须弯头向下。在两层钢筋网间加设马凳筋，以确保上部钢筋的位置。

图 12-22 顶板受力钢筋直径 14mm、间距 200mm，分布钢筋直径 14mm、间距 200mm 双层双向布置

浇筑顶板混凝土

浇筑顶板采用强度等级为 C30 混凝土。

施工要点

混凝土浇筑应遵循从一端向另一端浇筑原则，混凝土振捣遵循“快插慢拔”的原则，不得漏振。每一振点的延续时间，以混凝土表面呈现水平不再显著下沉、不再出现气泡、表面泛出浮浆为达到要求，振捣时避免碰撞钢筋、模板等物。

复合盖板安装

复合盖板采用高分子复合材料经高温模压而成。

施工要点

1 在安装之前，井盖地基要整齐坚固，要按井盖的尺寸确定内径以及长和宽。

2 在水泥路面安装复合井盖的时候，要注意井口的砌体上要使用混凝土浇注好，还要在外围建立 C30 素混凝土固定井圈。

3 在沥青路面安装复合井盖要注意避免施工的机械直接碾压井盖和井座，以免发生损坏。

4 为了保持井盖的美观以及字迹、花纹的清晰，在路面浇注沥青和水泥时要注意不要弄脏井盖。

土方回填

模板拆除时间应根据实际情况确定。拆模时掌握好撬棍力度，避免损伤混凝土表面和棱角，模板拆除后，进行土方回填，以机械为主，人工配合。土方回填高度应与主体路面高程吻合。余土用自卸汽车运至余土废置场。

注意事项

分层回填，每层厚度为 150mm，并进行夯实，严禁回填垃圾土及虚填。

12.4 砖砌电缆井盖板开启式

工艺流程

砖砌电缆井盖板开启式工艺流程图如图 12-23 所示。

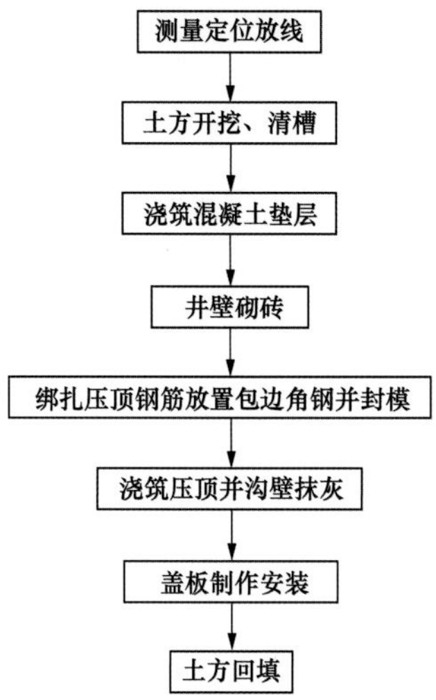

图 12-23 砖砌电缆井盖板开启式工艺流程图

测量定位放线

根据平面布置图，对基坑中心位置及外轮廓进行定位、放样。

土方开挖、清槽

电缆井（沟）开槽以机械施工为主，人工配合为辅。机械挖土应严格控制标高，防止超挖或扰动地基，分层分段开挖，挖至槽底设计标高以上 200 ～ 300mm 应用人工修整。

开槽过程中，如遇地下管线或其他基础时，应摸清情况并按规范要求做移位或保护。同时应严格控制槽底高程和宽度，防止超挖。

地基验槽完成后，须清除表层浮土和扰动土，不留积水。沟槽边沿 1.5m 范围内严禁堆放土、设备或材料等，1.5m 以外的堆土高度不应大于 1m。

浇筑混凝土垫层

浇筑混凝土垫层强度等级为 C20，厚度为 200mm。

施工要点

1 垫层下的地基应稳定且夯实平整。

2 垫层材料宜采用混凝土；若采用其他材料，应根据工程实际情况合理选取，满足强度及工艺的相关要求。

3 垫层混凝土浇筑时施工环境应满足无水施工要求。

4 垫层混凝土应密实，上表面应平整。

井壁砖砌

根据电缆井的尺寸，在混凝土基础上定出中心线，量出内径。用 M10 水泥砂浆、抗压强度等级为 MU15 的砖沿电缆井基础四周进行砌筑（见图 12-24），墙厚为 360mm（见图 12-25）。

施工要点

砌筑时做到上下两砖错缝，不允许出现竖向通缝；砖与砖之间的砂浆饱满。

图 12-24　MU15 砖用 M10 水泥砂浆砌筑

图 12-25　墙厚 360mm

绑扎压顶钢筋放置包边角钢并封模

在电缆井砖砌至一定高度后进行压顶模板制作和钢筋安装，压顶梁主筋 5×12mm（直径），箍筋直径 6mm、间距 200mm（见图 12-26），模板拼接处保证模板拼接无高低。电缆井压顶支撑盖板的凹角处预埋∠ 75mm×50mm×5mm 镀锌角钢（见图 12-27）。

图 12-26 压顶梁主筋 5×12mm（直径），箍筋直径 6mm、间距 200mm

图 12-27 电缆井井圈∠75mm×50mm×5mm 镀锌角钢放置并内外封模

施工要点

在预埋固定钢筋上焊一根水平钢筋。焊接时用水平仪控制标高，使水平钢筋上顶为镀锌角钢底标高，保证镀锌角钢水平度。在镀锌角钢上定出边线，并将镀锌角钢边线点焊在水平钢筋上，复核准确后，再加焊加固。

浇筑压顶并井壁抹灰

浇筑时，采用强度等级为 C30 混凝土。拆模后采用 20mm 厚 1:2 水泥砂浆对电缆井壁抹灰（见图 12-28）。

图 12-28 墙体 20mm 厚 1:2 水泥砂浆抹灰

施工要点

振捣时采用振捣棒，上下混凝土振动均匀，使混凝土中的气泡充分上浮消散，拆模板前对混凝土充分洒水养护，保证混凝土强度正常增长。

土方回填

土方回填应机械为主，人工配合。土方回填的高度与主体路面高程吻合。余土用自卸汽车运至余土废置场。

注意事项

分层回填，每层厚度为 150mm，并进行夯实，严禁回填垃圾土及虚填。

第13章

电缆井（沟）盖板制作

盖板框采用镀锌∠ 75mm×50mm×5mm 角钢焊接而成，电缆井（沟）盖板长度为 1500mm（见图 13-1），电缆井（沟）盖板宽度为 495mm（见图 13-2）。钢筋采用 HRB400 级，在角钢框中放置双层双向钢筋网，受力钢筋为 12 根直径 14mm、间距 100mm 均匀分布，长度 1440mm（见图 13-3），分布钢筋为 22 根直径 8mm、间距 100mm 均匀分布，长度 450mm（见图 13-4），受力钢筋和分布钢筋均匀布置并进行点焊（见图 13-5）。

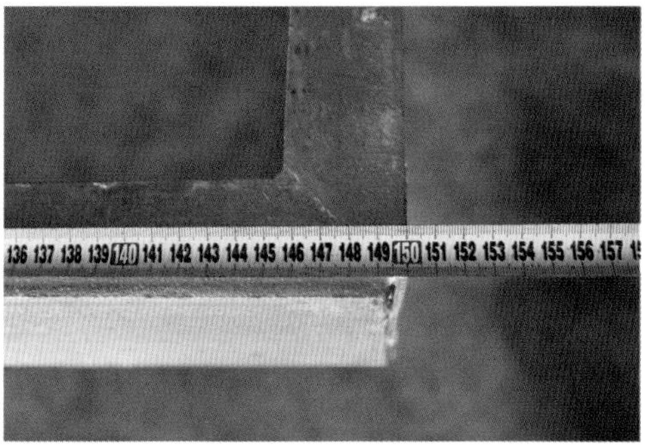

图 13-1　电缆井（沟）盖板长度为 1500mm

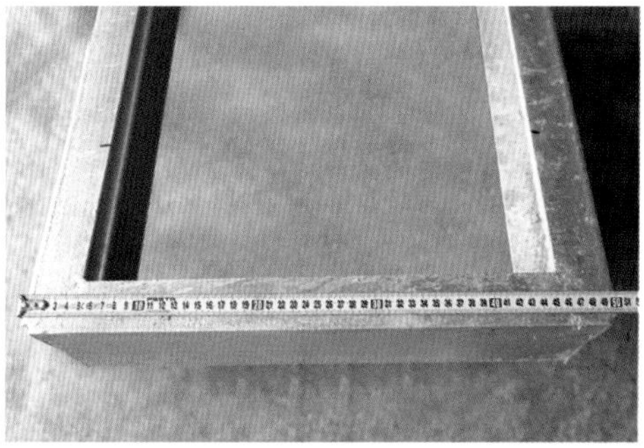

图 13-2　电缆井（沟）盖板宽度为 495mm

图 13-3　受力钢筋为 12 根直径 14mm、间距 100mm 均匀分布，长度 1440mm

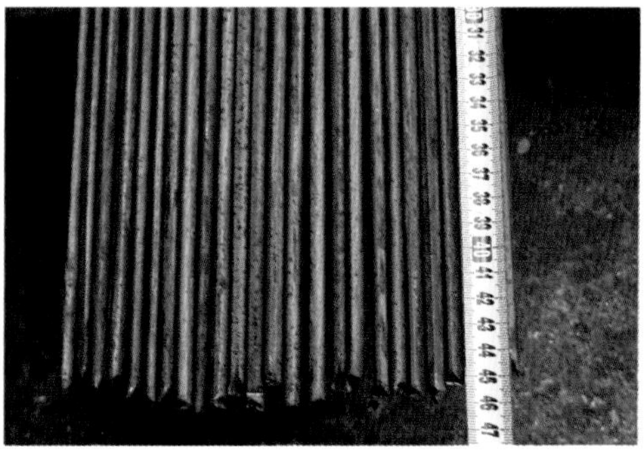

图 13-4　分布钢筋为 22 根直径 8mm、间距 100mm 均匀分布，长度 450mm

图 13-5　受力筋和分布筋均匀布置并进行点焊

盖板进行混凝土浇制抹面前，应选择平整的场地，并在角钢框底板敷设钢板和塑料模具，浇制前在塑料模具上涂刷脱模剂，以保证盖板底面的平整。盖板放置模具上并预留 ϕ 18 孔、槽深 18mm，两端均设（见图 13-6）。

图 13-6 盖板放置模具上并预留 ϕ 18 孔、槽深 18mm，两端均设

盖板浇筑采用强度等级为 C30 混凝土，表面混凝土需压光，压光成活遍数不应少于 3 遍。浇筑完应进行养护防止混凝土开裂。模具拆除后检查观感质量（见图 13-7），合格后放置 ϕ 16 拉环（见图 13-8）。

图 13-7 模具拆除后的观感质量

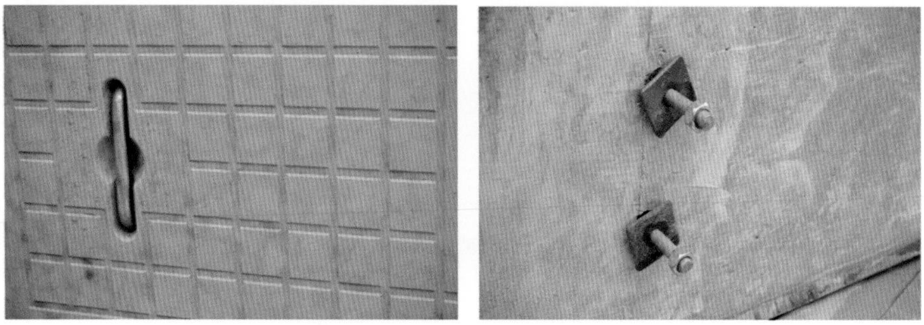

图 13-8 放置 ϕ 16 拉环

第14章

直埋敷设施工工艺

14.1 概述

电缆直埋敷设方式按不同电缆回路、敷设根数、保护方式和敷设间距等要求分为 12 种断面，具体分组见表 14-1。本图集以保护板直埋敷设方式为例，其他方式的排管施工工艺基本相似。

表 14-1　　直埋敷设断面形式表

序号	电缆敷设根数	保护方式	电缆截面（芯数 × 截面，mm^2）	断面规模（沟底宽，m）
1	1	保护板	3×（70 ~ 400）	0.4
2	2	保护板	3×（70 ~ 400）	0.6
3	3	保护板	3×（70 ~ 400）	0.8
4	4	保护板	3×（70 ~ 400）	0.9
5	1	砖砌槽盒	3×（70 ~ 400）	0.64
6	2	砖砌槽盒	3×（70 ~ 400）	0.84
7	3	砖砌槽盒	3×（70 ~ 400）	1.04
8	4	砖砌槽盒	3×（70 ~ 400）	1.24
9	1	预制槽盒	3×（70 ~ 400）	0.42
10	2	预制槽盒	3×（70 ~ 400）	0.62
11	3	预制槽盒	3×（70 ~ 400）	0.82
12	4	预制槽盒	3×（70 ~ 400）	1.02

电缆直埋同一路径电缆根数不超过 4 根。在无通车可能的城市人行道下、公园绿地、建筑物的边沿地带或城市郊区等不易经常开挖的地段，宜采用保护板直埋敷设方式。电缆敷设的距离不长时，一般情况下可采用砖砌槽盒直埋敷设方式；相对重要的场合可采用预制槽直埋敷设方式。

14.2 保护板直埋敷设

电缆应敷设于壕沟内，沿电缆全长的上、下、侧面应铺以厚度不小于 100mm 的软土或砂层，电缆全长应覆盖保护板，宽度不小于电缆两侧各 50mm。保护板直埋敷设断面示意图如图 14-1 所示。

电缆壕沟底应位于原状土层，地基承载力特征值大于或等于 100kPa。如建设地点有孔穴、虚土坑，或土层分布不均匀，应先进行地基处理，达到要求后施工。

敷设前应将沟底铲平夯实。电缆埋设后回填土应分层夯实，压实系数不应小于 0.94。地面恢复形式满足市政要求，不得造成路面塌陷。

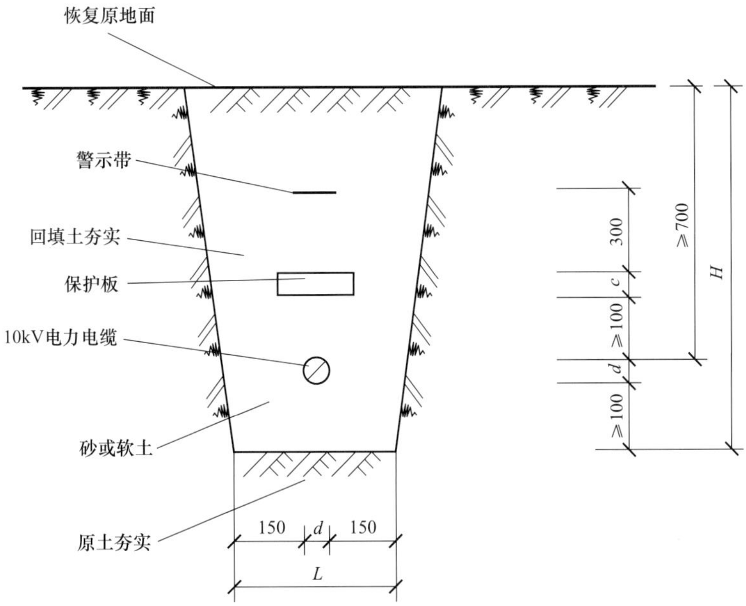

说明：1. L、H为电缆壕沟的宽度和深度，应根据电缆根数和外径确定。
2. d为电缆外径，c为保护板厚度。

图 14-1　保护板直埋敷设断面示意图

14.3 敷设要求

直埋电缆的覆土深度不应小于 0.7m，农田中覆土深度不应小于 1.0m。电缆应埋在冻土层下，应根据当地冻土层厚度确定电缆埋置深度，当受条件限制时，应采取防止电缆受损的保护措施。

电缆进入电缆沟、电缆井、建筑物以及配电屏、开关柜、控制屏时，应做阻火封堵。直埋敷设应避开含有酸、碱强腐蚀或杂散电流电化学腐蚀严重影响的地段。未采取防护措施时，应避开白蚁危害地带、热源影响和易遭外力损伤的区段。

禁止电缆与其他管道上下平行敷设，电缆与管道、地下设施、铁路、公路平行交叉敷设的要求详见图 14-2 ～图 14-10。该部分图纸详注了电缆采用直埋敷设方式时，与管道及地下设施平行交叉允许的最小距离，若采用砖砌槽盒、预制槽盒敷设方式，应参照设计说明及 GB 50217—2007《电力工程电缆设计规范》中相关规定执行。

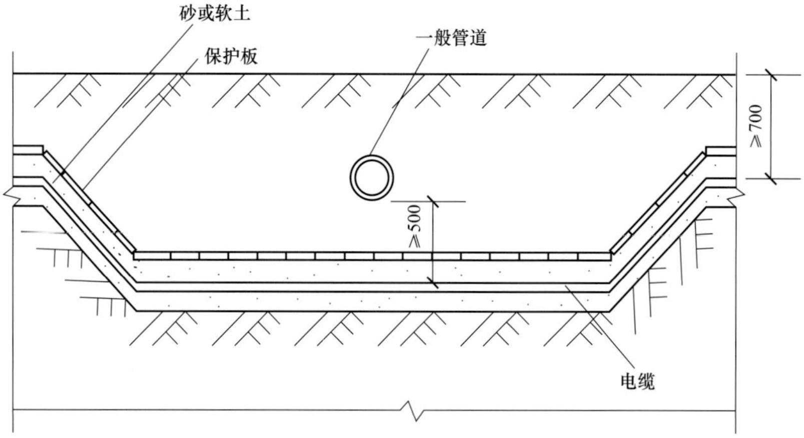

（a）

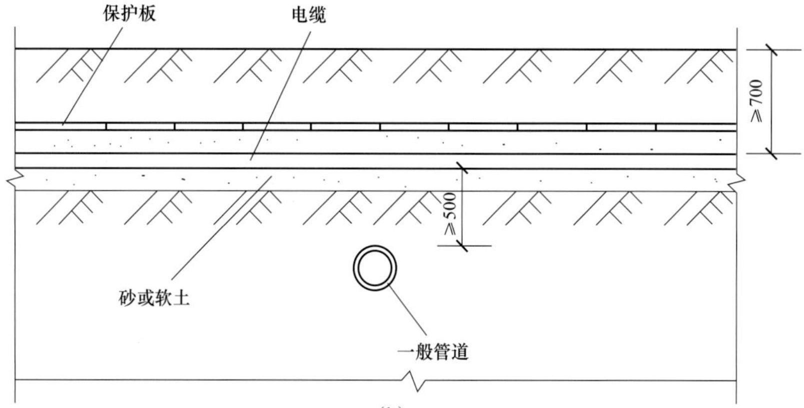

（b）

说明：1. 一般管道指水管、石油管、煤气管等。
2. 电缆在砖砌槽、预制槽盒中敷设，交叉距离同穿管敷设。

图 14-2 电缆与一般管道交叉敷设示意图

（a）电缆与管道交叉方式（一）；（b）电缆与管道交叉方式（二）

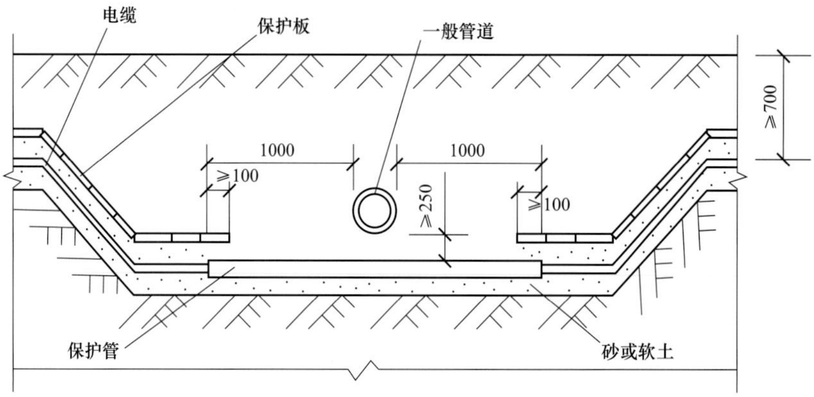

（a）

图 14-3 电缆穿管与一般管道交叉敷设示意图（一）

（a）电缆穿管与管道交叉方式（一）

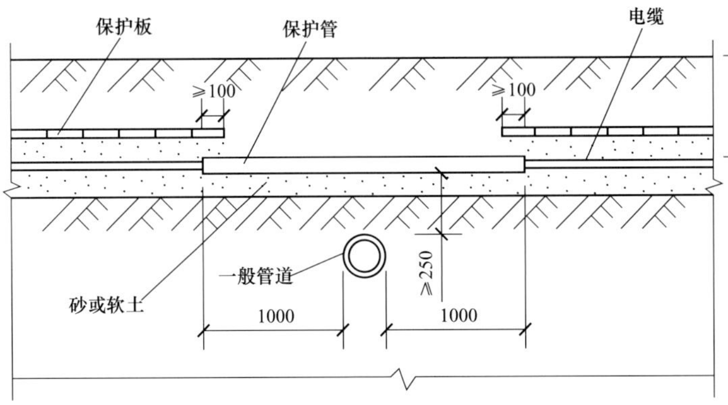

（b）

说明：1．一般管道指水管、石油管、煤气管等。

2．电缆在砖砌槽、预制槽盒中敷设，交叉距离同穿管敷设。

图 14-3　电缆穿管与一般管道交叉敷设示意图（二）

（b）电缆穿管与管道交叉方式（二）

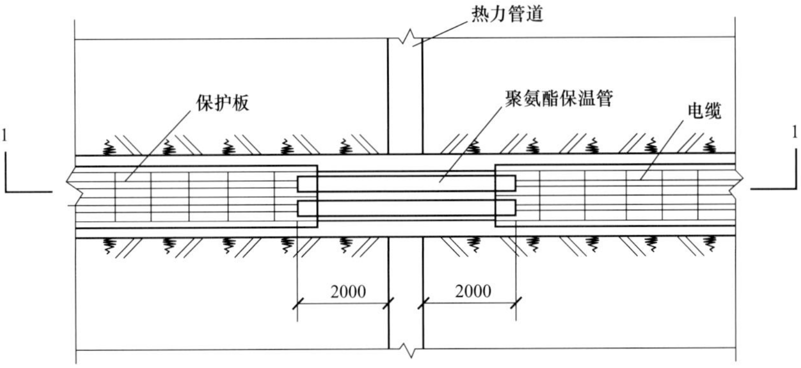

（a）

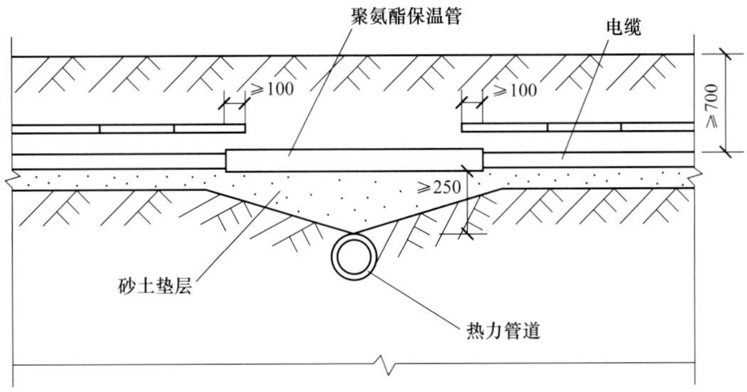

（b）

说明：1．电缆穿保护管后和热力管沟交叉的距离规定，砖砌槽、预制槽盒内直埋也按本图规定执行。

2．电缆与热力管道交叉时，如不采用隔热措施，其净距不应小于 500mm。

3．隔热板采用矿棉保温板，岩棉保温板，微孔硅酸钙保温板，其厚度不应小于 50mm，并外包二毡三油。

图 14-4　电缆与热力沟管交叉敷设示意图

（a）电缆与热力管道交叉；（b）1—1 剖面图

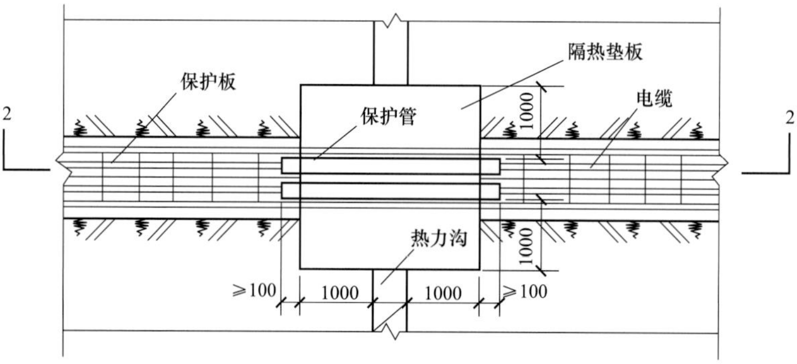

(a)

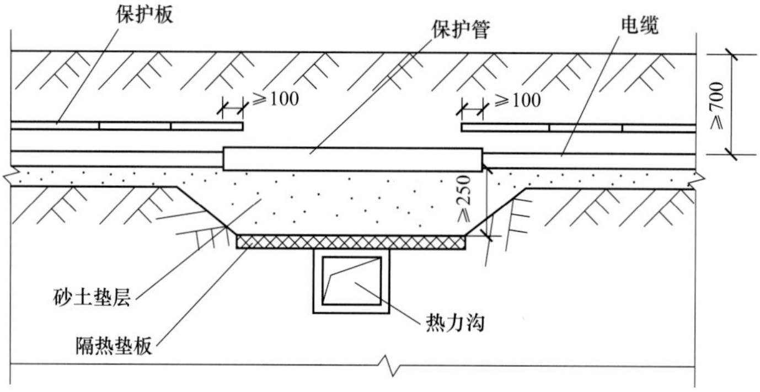

(b)

说明：1．电缆穿保护管后和热力管沟交叉的距离按本图规定进行，砖砌槽、预制槽盒内直埋也按本图规定执行。

2．电缆与热力管道交叉时，如不采用隔热措施，其净距不应小于 500mm。

3．隔热板采用矿棉保温板，岩棉保温板，微孔硅酸钙保温板，其厚度不应小于 50mm，并外包二毡三油。

图 14-5 电缆与热力沟管交叉敷设示意图

(a) 电缆与热力沟交叉；(b) 2—2 剖面图

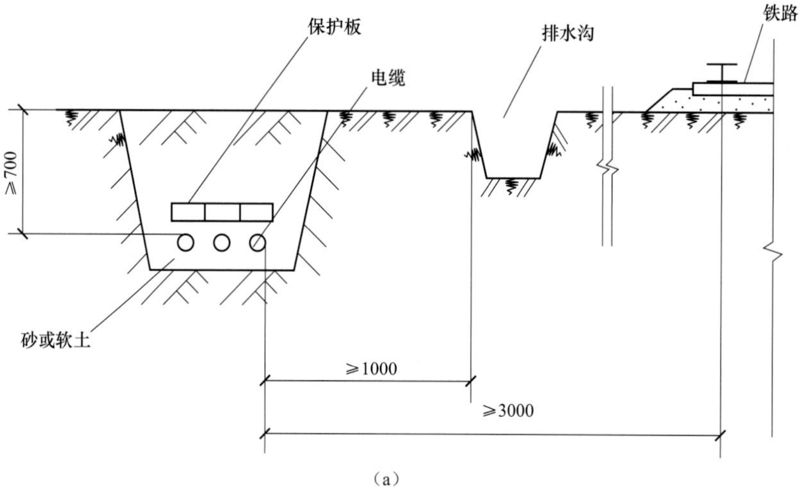

(a)

图 14-6 电缆与铁路平行交叉敷设示意图（一）

(a) 电缆与铁路平行

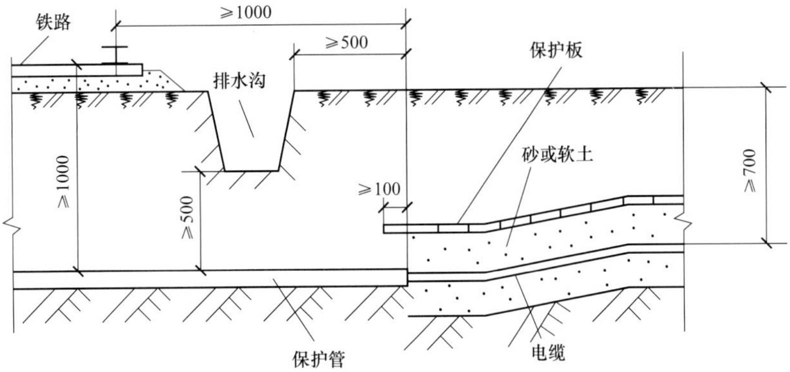

（b）

说明：1．当电缆和直流电气化铁路平行时，净距不应小于 10m，与非直流电气化铁路平行时，净距不应小于 3m，并考虑防蚀措施。

2．电缆在砖砌槽、预制槽盒中直埋也按本图执行。

图 14-6 电缆与铁路平行交叉敷设示意图（二）

（b）电缆与铁路交叉

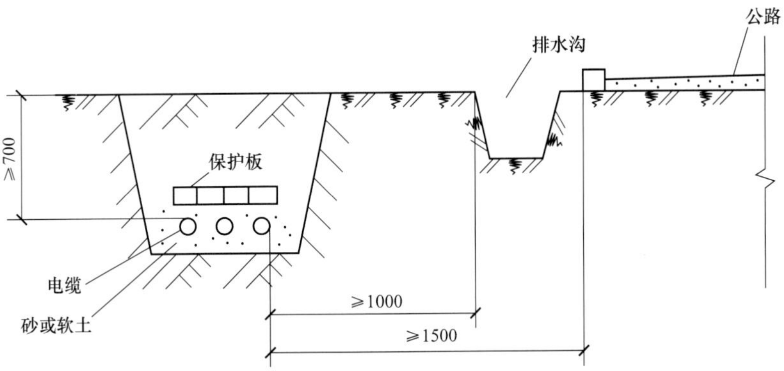

（a）

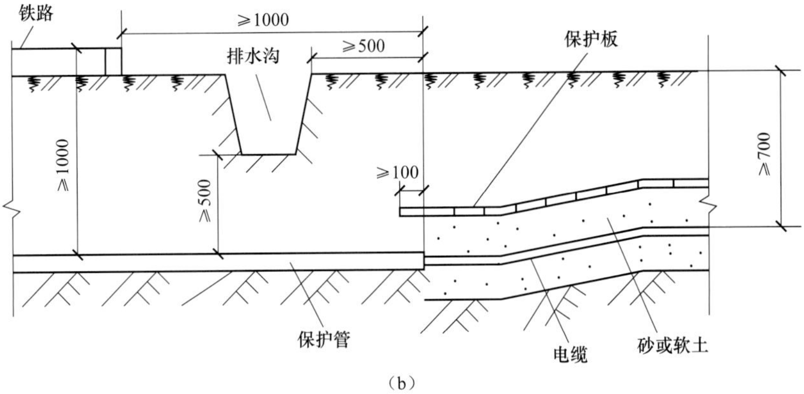

（b）

说明：电缆在砖砌槽、预制槽盒中直埋也按本图执行。

图 14-7 电缆与公路平行交叉敷设示意图

（a）电缆与公路平行；（b）电缆与公路交叉

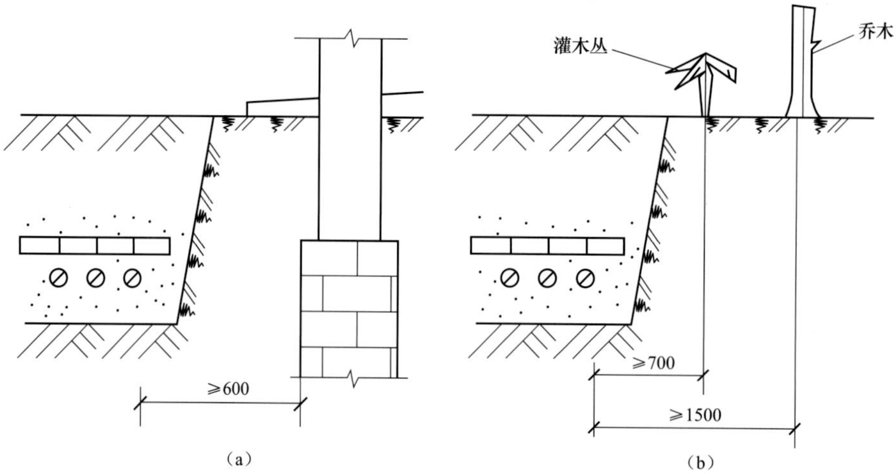

说明：1．电缆与热力沟（管）的距离，若有一段不能满足 2000mm 时可以减小，但不得小于 500mm，此时应在与电缆接近的一段热力管路上加装隔热装置，使电缆周围土壤的温升不超 10℃。
2．不允许将电缆平行敷设在管道的上面或下面。
3．电缆与 1kV 以上架空杆塔基础接近净距应大于 4000mm。
4．电缆在砖砌槽、预制槽盒中直埋也按本图执行。

图 14-8 电缆与室外地下设施平行接近敷设示意图

(a) 电缆与建筑物平行；(b) 电缆与树木接近

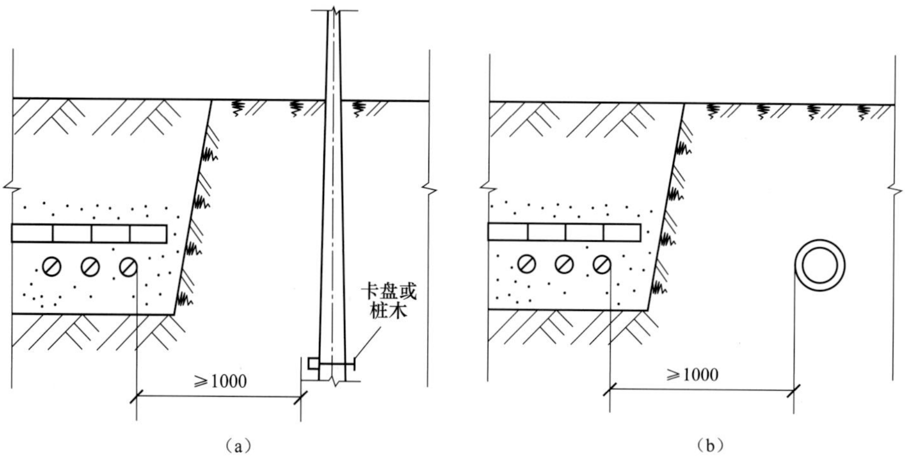

说明：1．电缆与热力沟（管）的距离。若有一段不能满足 2000mm 时可以减小，但不得小于 500mm，此时应在与电缆接近的一段热力管路上，加装隔热装置，使电缆周围土壤的温升不超 10℃。
2．不允许将电缆平行敷设在管道的上面或下面。
3．电缆与 1kV 以上架空杆塔基础接近净距应大于 4000mm。
4．电缆在砖砌槽、预制槽盒中直埋也按本图执行。

图 14-9 电缆与室外地下设施平行接近敷设示意图

(a) 电缆与电杆接近；(b) 电缆与石油煤气管平行

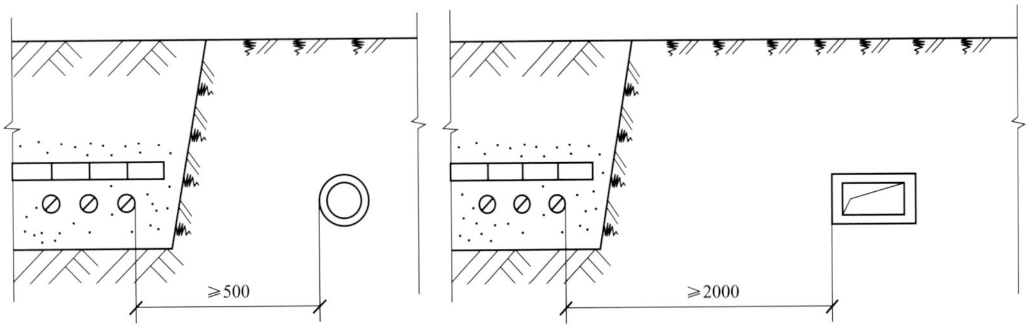

说明：1．电缆与热力沟（管）的距离，若有一段不能满足 2000mm 时可以减小，但不得小于 500mm，此时应在与电缆接近的一段热力管路上加装隔热装置，使电缆周围土壤的温升不超 10℃。
2．不允许将电缆平行敷设在管道的上面或下面。
3．电缆与 1kV 以上架空杆塔基础接近净距应大于 4000mm。
4．电缆在砖砌槽、预制槽盒中直埋也按本图执行。

图 14-10 电缆与室外地下设施平行接近敷设示意图

(a) 电缆与水管平行；(b) 电缆与热力沟（管）平行

14.4 附属设施要求

标识桩一般为普通钢筋混凝土预制构件，面喷涂料，颜色宜为黄底红字（见图 14-11、表 14-2）。当电缆路径沿道路时，标识桩在敷设路径起、终点及转弯处，以及直线段每隔 20m 应设置一处，当电缆路径在绿化隔离带、灌木丛等位置时可延至每隔 50m 设置一处（见图 14-12）。

表 14-2 标识桩参数

参数变量	参数（mm）	参数变量	参数（mm）
L_1	80	L	100
H_1	150	α	45°
H_2	250		

直埋电缆在人行道、车行道等不能设置高出地面的标志时，可采用平面标识贴。电缆标识贴应牢靠固定于地面，宜选用树脂反光或不锈钢等耐磨损耐腐蚀的材料。树脂反光材料背面用网格地胶固定；不锈钢材料背面做好锚固件。

标识贴规格宜为 120mm×80mm，形状、大小可根据地面状况适当调整；标识贴上应有电缆线路方向指示，电缆井周围 1m 范围内，各方向通道上均应设置标识贴（见图 14-13、图 14-14）。

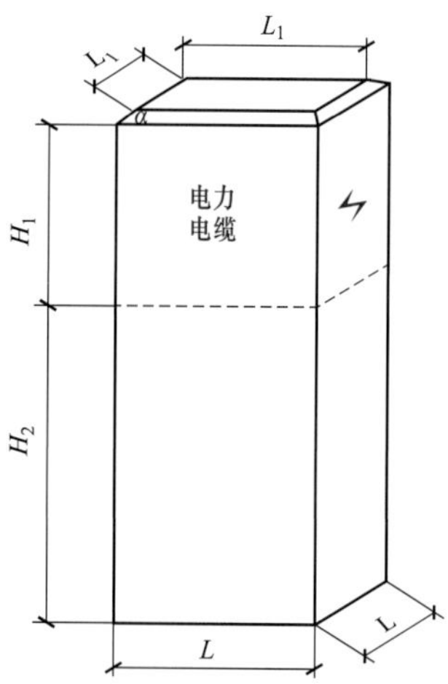

图 14-11 标识桩

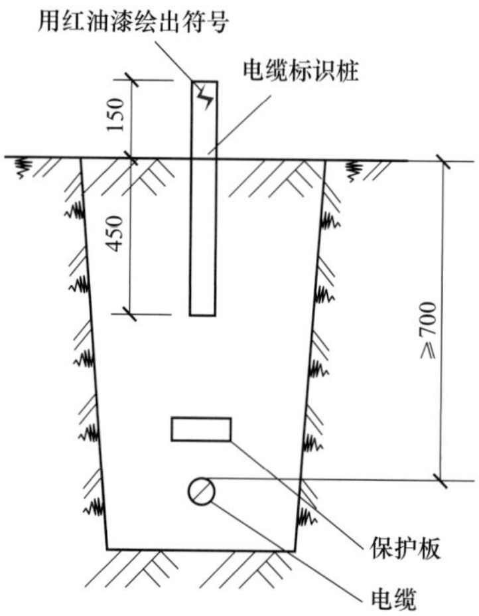

图 14-12 电缆直埋标识桩及安装示意图

图 14-13 标识贴

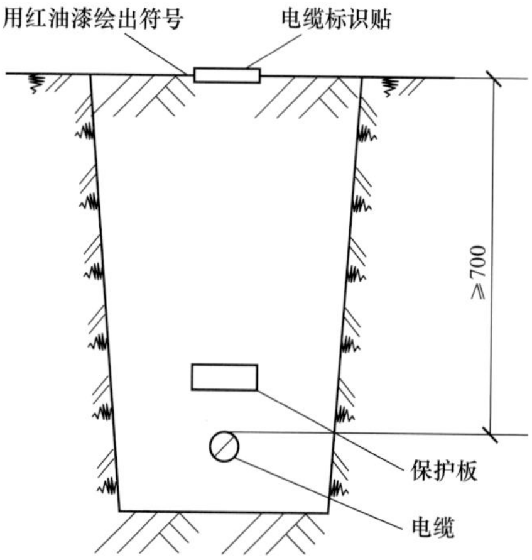

图 14-14 电缆直埋标识块及安装示意图

附 录

附录 1　一级动火工作票（样张）

××电力公司一级动火工作票格式

盖“合格 / 不合格”章	盖“已执行 / 作废”章

××电力公司一级动火工作票

部门（单位）__________________　　编号____________

1．动火工作负责人______________________　　班组________________

2．动火执行人____

3．动火地点及设备名称____

____

4．动火工作内容（必要时可附页绘图说明）__________________________

____

____

____

____

____

5．动火方式

动火方式可填焊接、切割、打磨、电钻、使用喷灯等。

6．申请动火时间

自_____年__月__日__时__分至_____年__月__日__时__分

7．（设备管理方）应采取的安全措施

____

____

8．（动火作业方）应采取的安全措施

____

____

动火工作票签发人签名____________签发日期______年__月__日__时__分

动火部门（单位）消防负责人（消防员）签名__________________

动火部门（单位）安监负责人（安监员）签名__________________

动火部门（单位）分管生产的领导或技术负责人签名________________

局保卫处消防负责人签名（必要时）______________________________

地方公安消防管理部门人员签名（必要时）________________________

9．确认上述安全措施已全部执行

动火工作负责人签名___________　运行许可人签名________________

许可时间______年__月__日__时__分

10．应配备的消防设施和采取的消防措施、安全措施已符合要求。可燃性、易燃气体含量或粉尘浓度测定合格。

动火作业消防监护人签名________________

动火部门（单位）安监负责人（安监员）签名________________

动火部门（单位）消防负责人（消防员）签名________________

动火部门（单位）分管生产的领导或技术负责人签名________________

局保卫处消防负责人签名（必要时）________________________________

地方公安消防管理部门人员签名（必要时）__________________________

动火工作负责人签名________________　动火执行人签名________________

许可动火时间______年__月__日__时__分

11．动火工作终结

动火工作于______年__月__日__时__分结束，材料、工具已清理完毕，现场确无残留火种，参与现场动火工作的有关人员已全部撤离，动火工作票已结束。

动火执行人签名___________　动火作业消防监护人签名___________

动火工作负责人签名___________　运行许可人签名___________

12．备注

（1）对应的检修工作票、工作任务单和事故应急抢修单编号________________

（2）其他事项

____

____

附录2 二级动火工作票（样张）

××电力公司二级动火工作票格式

盖“合格/不合格”章	盖“已执行/作废”章

××电力公司一级动火工作票

部门（单位）____________________ 编号______________

1．动火工作负责人________________________ 班组__________________

2．动火执行人____

3．动火地点及设备名称____

____

4．动火工作内容（必要时可附页绘图说明）____________________________

____

____

____

____

____

5．动火方式

动火方式可填焊接、切割、打磨、电钻、使用喷灯等。

6．申请动火时间

自______年__月__日__时__分至______年__月__日__时__分

7．（设备管理方）应采取的安全措施

____

____

8．（动火作业方）应采取的安全措施

____

____

____

动火工作票签发人签名____________ 签发日期______年__月__日__时__分

动火部门或班级消防员签名______________

动火部门或班组安检员签名______________

动火部门（单位）分管生产的领导或技术负责人签名__________________

9．确认上述安全措施已全部执行

动火工作负责人签名______________ 运行许可人签名______________

许可时间______年__月__日__时__分

10．应配备的消防设施和采取的消防措施、安全措施已符合要求。可燃性、易燃气体含量或粉尘浓度测定合格。

动火作业消防监护人签名______________

动火部门或班组安监员签名______________

动火工作负责人签名_______________ 动火执行人签名__________________

许可动火时间______年__月__日__时__分

11．动火工作终结

动火工作于______年__月__日__时__分 结束，材料、工具已清理完毕，现场确无残留火种，参与现场动火工作的有关人员已全部撤离，动火工作票已结束。

动火执行人签名_______________ 动火作业消防监护人签名___________

动火工作负责人签名____________ 运行许可人签名_____________

12．备注

（1）对应的检修工作票编号（如无，填写“无”）__________________

（2）其他事项

____

____

____

____

____

____